低接觸經濟下
的商業服務業發展

商業服務業年鑑

2020
|
2021

COMMERCIAL SERVICE
YEARBOOK

目錄

contents

General 總論

第一章　全球服務業發展現況與商業發展趨勢

▶ 商研院商業發展與策略研究所／黃兆仁所長、傅中原研究員

第二章　我國服務業發展現況與商業發展趨勢

▶ 商研院商業發展與策略研究所／朱浩副所長

Basic Information 基礎資訊篇

第三章　批發業發展關鍵報告

▶ 商研院商業發展與策略研究所／傅中原研究員

目錄

contents

部長序

　　今（2020）年對於全球與我國的經濟發展而言，是相當具挑戰性的一年。年初爆發的 COVID-19 疫情，擾亂了全世界日常生活與經濟活動的運作步調，根據國際貨幣基金（IMF）於今年 10 月 13 日所發布的《世界經濟展望》報告，預測 2020 年全球的經濟成長率為 -4.4%，雖然較原本預測的 -5.2% 上修，但各國持續推動社交距離等防疫措施，仍延後經濟活動重啟的時間。

　　面對來勢洶洶的疫情海嘯，我國雖不免受其影響，然而政府迅速反應且積極應對，不僅從疫情爆發初始即嚴加防疫把關，更在 2 月起即陸續推出一系列的紓困振興方案，緊接著又於 7 月起推出包括三倍券等振興措施，以降低疫情對經濟與產業帶來的衝擊，協助產業與國民度過難關。根據行政院主計總處於 8 月所發布的統計資料，我國 2020 年上半年經濟成長率為 0.78%，可見即便全球疫情嚴峻，但我國在政府與民間齊力抗疫與拼經濟下，仍能維持正成長。

　　在經濟結構上，我國服務業仍是全國經濟生產的主要來源。依據行政院主計總處的統計，2019 年服務業為我國所創造的 GDP 為新臺幣 11 兆 1,529.47 億元，約達到全國比重 6 成左右；在就業結構方面，2019 年服務業的就業人數達到 684.9 萬人，占總就業人數亦達 6 成之多，顯示服務業對我國經濟扮演著舉足輕重的角色。其中，包含批發、零售、餐飲及物流業等商業服務業範疇，其產值及就業人數則均超過 GDP 及總就業人數的 2 成，可見商業服務業在我國經濟產出與就業穩定上均至關重要。

　　有鑑於服務業在我國經濟中具有重要地位，經濟部商業司委託財團法

人商業發展研究院編撰「商業服務業年鑑」，記錄商業服務業發展軌跡與動態趨勢，出版至今已邁入第 11 年。每年年鑑皆持續收錄全球及我國服務業的發展動態、相關政策及數據資料於「總論篇」和「基礎資訊篇」；而「專題篇」則蒐羅當前最新的產業趨勢與關鍵議題，期待能帶給業者前瞻視野，洞燭機先。今年因逢 COVID-19 疫情，一連串防疫作為，必然加速低接觸或無接觸服務的發展，故商業服務業年鑑也特別將主題定為「低接觸經濟下的商業服務業發展」，以超前的角度，將數位轉型、行動支付、雲端與數據應用，及疫情前後消費行為轉變等重要課題納入專題篇，彙集產學各界專家智慧，希望有助業者審時度勢、及早布局，應對後疫情時代，並迎接未來瞬息萬變的挑戰。

經濟部長 王美花 謹誌

2020 年 10 月

召集人序 ●────

　　COVID-19 自 2020 年初肆虐全球以來，短短九個多月已超過四千萬人感染，逾百萬人死亡。各國政府為了有效控制疫情，紛紛採取邊境管制、入境限期隔離、大型聚會人數規範，以及維持適當社交距離等等措施。這些管控雖然有效抑制疫情蔓延，但人們幾乎無法隨意出門工作、旅遊，和從事各種日常活動，消費力明顯下降，全球商業服務業因此受到巨大的影響。

　　COVID-19 對全球的挑戰可分為二階段，第一階段為健康危機管理，第二階段則是經濟危機管理。臺灣在第一階段的防疫表現突出，健康危機管理成效全球矚目。接下來臺灣必須面對第二階段的經濟危機治理挑戰，也就是在疫情不確定之下，尋求企業成長。

　　過去十年，服務業已是臺灣產業發展的主流，就業人口數占約六成的比率，產值是臺灣 GDP 六成以上。其中商業服務業（批發、零售、餐飲、物流）扮演非常重要的角色，其產值和就業人口分別超過 GDP 和總就業人口數的二成。根據經濟部統計處公布的「109 年 8 月批發、零售及餐飲業營業額統計」顯示，109 前半年 COVID-19 對餐飲業的影響頗大，營業額只有 108 年的七、八成，但第三季已迅速回升至 108 年的水準。

　　臺灣在 2020 年上半年經濟成長是亞洲四小龍之首，GDP 成長率達 0.78％，表現相當亮眼，展現了臺灣企業經營的韌性，與政府防疫紓困、振興措施的成效。

　　回顧超過半年以來的發展，COVID-19 已然改變了一些消費者行為與價值觀：（1）首先，消費者從享樂消費轉換成精實消費，對流行服飾及高

級汽車的需求降低；（2）產品市場擴散曲線改變，線上治療開始被接受，長輩族群使用數位採購比例也逐漸增加；（3）到店消費轉換成在家消費，宅經濟商機升溫激勵業者全新的數位運用思維；（4）在家上班，職場與居家的界線趨於模糊，生活型態與消費需求隨著發生改變；（5）民眾對人與產品的衛生信任感大幅降低，各場所及接待工作的衛生保健管理成為關注重點，無接觸服務模式相應產生；（6）宅在家的創意天賦使許多消費者轉變為供應商，直播主各擅其才，網路直播行業方興未艾；（7）社會大眾變得更焦慮、孤獨與沮喪，線上社交軟體、遊戲軟體快速成長。

這些 COVID-19 疫情影響產生的消費行為，可歸納稱為「新冠消費二因子論」。企業必須同時提供衛生安全環境，以及差異化的產品服務二因子，才能吸引消費者進行經濟消費活動。

要兼顧防疫與經濟發展，企業唯有加速數位轉型，善用大數據精準行銷，建立以消費者為中心的低接觸經濟生態服務系統，才能在「低接觸經濟消費時代」占得優越席位，永續發展。

因此，2020-2021 商業服務業年鑑特別針對「低接觸經濟消費時代」的議題，邀請國內學者、智庫與產業界專家分別從服務創新、行動支付、數位轉型、雲端數據、新消費行為，以及新公司法下組織型態的選擇與運用等六大構面深入探究，在本年鑑「專題篇」中輯成選粹，編綴為「無接觸式經濟與服務創新之前瞻」、「行動支付、數位貨幣翻轉服務業，帶來新商機」、「商業服務業之數位轉型」、「結合雲端與數據，零售業再創新格局」、「後疫時代消費行為與商業服務業行銷關鍵」、「最新公司法下

組織型態之選擇與運用」等篇章。

2020-2021 商業服務業年鑑內容延續多年來的主要架構，分為「總論」、「基礎資訊篇」以及「專題篇」三大主軸，共十二章。除上述「專題篇」六章外，另有「總論」二章，介紹「全球服務業發展現況與商業發展趨勢」及「我國服務業發展現況與商業發展趨勢」；「基礎資訊篇」四章，分別就批發服務業、零售服務業、餐飲服務業、物流服務業等四大商業服務業進行扼要分析，並提出未來發展的關鍵報告。

商業服務業年鑑由經濟部商業司發行，委託財團法人商業發展研究院編撰，自 2010 年發行首版以來，已邁入第十一年。主要任務在每年盤點我國商業服務業產業現況並研析未來產業發展趨勢，同時收錄商業服務業相關動態、政策與數據資料，是提供給國人瞭解商業服務業發展趨勢與掌握產業脈動的經典工具書。

2020-2021 商業服務業年鑑能夠以專業且豐富的樣態順利完成，首先依託於經濟部商業司的大力支持，以及「2020-2021 商業服務業年鑑編輯委員會」的各位產官學界專家不吝指導，其次幸運仰仗財團法人商業發展研究院的研究同仁，以及國內各大學、研究機構、產業界專家學者通力合作，為本年鑑在編撰、選題與審稿上貢獻心力。各界的加持是商業服務業年鑑的榮光，在此致上本人萬分謝意。

編輯委員會召集人　陳厚銘　謹識
2020 年 10 月

總論

General

CHAPTER 01 ▶ 全球服務業發展現況與商業發展趨勢

商研院商業發展與策略研究所／黃兆仁所長、傅中原研究員

第一節 前言

　　2020 年係全球經濟與商業服務業發展最嚴峻挑戰的一年。由於 COVID-19（新冠肺炎）對全球經貿與商業活動仍存不確定性威脅，各國政府為了保障其國民生命安全，紛紛祭出封鎖與限制經濟活動，以減緩疫情病毒傳播速度。這場全球性的人類公共衛生危機已對全球經濟造成廣泛且深遠的影響。今年全球疫情已對世界經濟所造成嚴重負向影響，包括全球受疫情感染人數持續增加、各國防疫措施強度拉高、企業停工或歇業、產業斷鏈風險、金融市場資金緊縮、消費者消費模式的轉變與原物料產品價格波動等因素，而這些因素都對全球經濟前景投入不確定的變數。

　　為因應全球經濟活動的限制，各國商業服務業為因應疫情對消費者及住民行為的限制，進而發展出諸多外送商業模式或無接觸經濟，降低營收的衝擊發展，這些模式包含為商家導入行動支付、點餐系統、外送服務、平台經濟、網路購物等，做到虛實整合的數位營銷，擴大市場服務對象，力求生存。

　　本章為掌握及瞭解當今全球服務業發展概況及商業發展趨勢，係以全球及主要國家總體經濟的最新數據進行蒐集與分析，做為呈現，藉以掌握全球經濟發展現況。此外，本章亦對新興消費趨勢以及全球主要智庫機構對未來商業服務業走勢的看法，提出整體性論述。論述內容除了說明全球經濟概況與主要國家經濟情勢，分析主要國家經濟成長表現與其國內經濟發展情況；其次，運用服務業生產毛額、服務貿易金額、服務業就業情況以及服務業國外直接投資金額等相關指標進行分析說明，藉以瞭解主要國家服務業發展情形；另外，為掌握全球商業服務業景氣與展望，也參考美國採購經理人指數以及 AT Kearney 信心指數做為依據，

以說明全球整體經濟與服務業後續發展趨勢；最後則是初探新冠肺炎疫情對商業服務業影響，提出疫情對全球商業服務業影響與各國紓困對策及未來全球商業服務業發展及未來消費可能趨勢。

第二節　全球經濟發展現況概述

國際貨幣基金組織（International Monetary Fund, IMF）發行之《世界經濟展望》提到，2020 年全球經濟成長率為 -4.9%，特別指出新冠肺炎持續擴散的疫情對全球 2020 年上半年經濟活動造成嚴重衝擊。倘若疫情在 2020 下半年能夠獲有效控制，2021 年全球成長率有機會可達 5.4%[1]。

迄今，COVID-19 疫情已對全球經濟產生重大負向影響，更帶給各國總體經濟及產業嚴重衝擊，說明如下。

一　各國經濟出現嚴重衰退影響

由下表 1-2-1 可看出，受影響程度較大的區域主要分布在歐盟地區（經濟成長率平均為 -10% 以上）與中南美洲（經濟成長率接近 -10%）等地。2021 年 IMF 則樂觀全球經濟有望從谷底復甦，經濟成長率預計可達 5.4%。

表 1-2-1　**2017 年至 2021 年全球主要地區經濟成長率**

單位：%、* 預測值

國家／地區 \ 年度	2017 年	2018 年	2019 年	2020 年 *	2021 年 *
全球	3.8	3.6	2.9	-4.9	5.4
已開發國家	2.4	2.2	1.7	-8.0	4.8
美國	2.2	2.9	2.3	-8.0	4.5
歐元區	2.4	1.9	1.3	-10.2	6.0

註 1　本章節內容參考 IMF 於 2020 年 4 與 6 月分別出版《世界經濟展望》報告。

國家／地區 \ 年度	2017 年	2018 年	2019 年	2020 年 *	2021 年 *
德國	2.2	1.4	0.6	-7.8	5.4
法國	2.3	1.7	1.5	-12.5	7.3
義大利	1.7	0.9	0.3	-12.8	6.3
西班牙	3.0	2.6	2.0	-12.8	6.3
日本	1.9	0.8	0.7	-5.8	2.4
英國	1.8	1.4	1.4	-10.2	6.3
加拿大	3.0	1.9	1.7	-8.4	4.9
其他已開發國家	2.9	2.6	1.7	-4.8	4.2
新興市場與開發中國家	4.8	4.5	3.7	-3.0	5.9
俄羅斯	2.2	2.7	1.3	-6.6	4.1
中國大陸	6.8	6.6	5.5	1.0	8.2
印度	7.2	6.8	4.2	-4.5	6.0
東協五國	5.3	5.2	4.9	-2.0	6.2
拉丁美洲與加勒比海國家	1.2	1.0	0.1	-9.4	3.7
巴西	1.1	1.1	1.1	-9.1	3.6
墨西哥	2.1	2.0	-0.3	-10.5	3.3
中東、北非等地區	2.1	1.6	1.0	-4.7	3.3
撒哈拉以南非洲	2.9	3.1	3.1	-3.2	3.4
低度所得國家	4.7	4.9	5.2	-1.0	5.2

資料來源：整理自 IMF, World Economic Outlook Update, 2019, July. 2020 年。

說　　明：東協五國分別為印尼、馬來西亞、菲律賓、泰國與越南。

 ## 二　消費與投資力道明顯下降

　　為避免疫情擴散，各國政府紛紛祭出保持社交距離、避免出入聚集場所等措施，並且關閉部分地區之商店，僅開放必要物品購買之場所。此一措施對消費者而言，將直接減少外出消費之可能性，迫使店家銷售收入減少，也連帶上游生產商減緩對生產設備投資的需求，也意味著消費與投資的減少將進一步削弱經濟成長之動能。

三　人員流動仍然受限

　　以全球情況來看，人員流動管制程度最高的時間點落於 3 月中旬至 5 月中旬左右。但隨著各國對於人員移動封鎖措施逐漸解禁後，有小部分商務人士可開始跨境移動外，但其餘大多數觀光與留學等活動仍尚未回復到疫情前的情況，整體人員移動情況仍屬低迷。

　　另外，各國境內已逐步解禁，開始恢復原有生活步調，但根據 Google 的社區人流統計報告可看出，如表 1-2-2，各國居民已降低出入人多的地區如零售店家、大眾運輸站、工作場所等地，可見疫情已對消費者購物習慣、上下班、甚至搭乘大眾交通等方式出現疑慮，也將影響相關企業與店家之營運情況。[2]

表 1-2-2　各國境內設施人員流動情況

單位：%

場域\ 國家	零售店和休閒設施	雜貨店和藥局	公園	大眾運輸站	工作場所	住宅區
美國	-14	-4	48	-32	-38	10
德國	1	-1	138	-22	-33	5
南韓	-4	8	26	-8	-3	3
新加坡	-29	-5	-37	-37	-33	23
日本	-13	-1	-14	-20	-11	6
英國	-29	-14	40	-46	-51	14
加拿大	-10	4	145	-47	-45	11
印度	-56	-6	-48	-39	-33	16

資料來源：整理自 Google COVID-19 社區人流趨勢報告，2020 年。

註 2　根據 Google 社區人流統計報告顯示，我國截至 2020 年 7 月 27 日止，與過去基準值相比，有 2％的消費者減少出入如餐廳、咖啡廳、購物中心、主題樂園、博物館、圖書館、電影院和其他類似場所；有 9％的人增加前往雜貨市場、食品量販店、農夫市集、特殊食材專賣店、藥妝店、藥局和其他類似場所；有 1％的人增加前往：國家公園、公共海灘、碼頭、寵物公園、廣場、公共花園和其他類似場所；有 12％的人減少前往地鐵站、公車站和火車站等大眾運輸轉運站和其他類似場所；有 8％的人減少出入工作場所；有 3%的人會增加在住宅區停留。

勞動力市場受到嚴重衝擊

　　根據 IMF 2020 年 6 月的研究報告指出，疫情對低階技術工人的影響較為嚴重，因為這群低技術勞工大多屬第一線人員，大多需要面對顧客以提供服務，而疫情使店面關閉後，這群勞工被迫放無薪假或是被裁員，嚴重影響其生計。

　　從國際勞工組織（ILO）的估計結果顯示，由於疫情持續擴散，於 2020 年第一季時，全球約減 1.3 億個正職工作，且第二季恐約減少 3 億個正職工作；另外，疫情對兼職勞工影響更加嚴峻，預估全球約有 16 億個從事臨時性工作之勞工受到影響。

第三節　全球服務業發展概況

 全球與主要國家服務業發展現況

　　學理上衡量服務業對經濟成長的貢獻程度多利用服務業創造出的附加價值占國內生產毛額（Gross Domestic Product, GDP）的比率來估算，以此分析服務業對全球經濟活動的重要程度。

　　除了分析服務業附加價值的數據外，本節也將深入探討服務業占總就業人口比率、服務進出口貿易金額以及服務業國外直接投資金額等指標，瞭解全球服務業發展現況與趨勢。

（一）全球服務業發展情勢

　　從衡量服務業附加價值占整體國內生產毛額比率，可以客觀顯現一個國家服務業發展情形。由圖 1-3-1 可以看出，服務業占 GDP 比重與經濟發展程度高度相關，意味高所得國家的服務業占 GDP 比重較高，而低所得國家的服務業占 GDP

比重則較低。[3]

　　此外，從 2014~2018 年期間的服務業附加價值占 GDP 比率趨勢來看，全球高所得國家的經濟成長模式係以服務業驅動，其相關產業所衍生出的價值鏈已取代以生產為主導的供應鏈模式[4]。另外，中所得國家其服務業占比已超過 50%，意味服務業已逐漸成為其經濟成長主要來源，而低所得國家主要成長來源仍以農工業的發展模式。

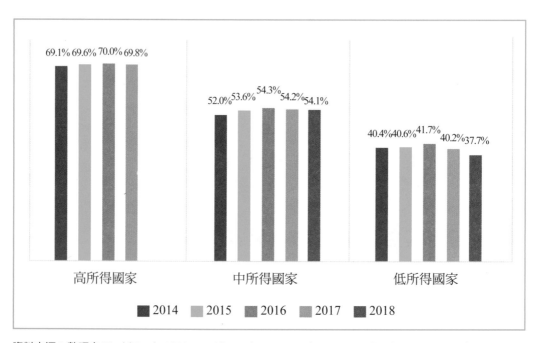

資料來源：整理自 World Bank, 2020, World Development Indicators Databank，2014~2018 年。

說　　明：參照世界銀行的分類標準，人均 GDP 低於 1,045 美元為低所得國家；1,045~4,125 美元為中等偏下所得國家；4,126~12,735 美元之間為中等偏上所得國家；高於 12,736 美元為高所得國家。

圖 1-3-1　服務業附加價值產值占 GDP 比率─依所得區分

註3　於本文截稿之前，高所得國家均尚未公布 2018 年服務業附加價值產值占 GDP 比例，因此僅能以 2017 年數值替代說明。以 2017 年與 2018 年服務業占 GDP 比重為例，依 IMF 所定義的高中低所得國家分類，依序分別為 69.8%、54.1% 以及 37.7%，可知國家經濟發展程度與服務業占比息息相關。

註4　由於高所得國家積極發展知識密集的服務業，例如數位經濟、大數據、AI 技術等新興科技，透過導入產業智慧化不僅可帶動相關服務業發展，更可提升製造業產業轉型以服務為主體的商業模式，進而達成國家數位轉型與產業升級。

（二）主要國家服務業發展情勢

1. 服務業規模及其成長趨勢

由表 1-3-1 可看出，以國家別來說，美國的服務業規模全球最高，2017 年其規模來到 13.14 兆美元，成長率為 2.1%；若以 2018 年服務業規模來看，除美國外，中國大陸服務業達 5.1 兆美元、日本 4.3 兆美元、德國 2.4 兆美元、法國為 2.11 兆美元、英國為 2.08 兆美元；若成長速度來看，成長最快的國家依序為中國大陸為 8%、印度 7.7%、馬來西亞 6.9% 與印尼 5.8%。由上述數據可看出，先進國家服務業具相當規模，但開發中國家發展速度快。

表 1-3-1 **2015 年至 2018 年全球主要國家與地區服務業附加價值及其成長率**

單位：十億美元、%

國家別	年度	2015	2016	2017	2018
阿根廷	附加價值	240.54	240.52	246.04	244.62
	成長率	2.7	0.0	2.3	-0.6
澳大利亞	附加價值	863.02	894.55	920.60	946.66
	成長率	2.8	3.7	2.9	2.8
巴西	附加價值	1,376.31	1,348.13	1,351.28	1,367.18
	成長率	-2.2	-2.0	0.2	1.5
加拿大	附加價值	1,176.87	1,201.37	1,234.02	1,259.00
	成長率	1.5	2.1	2.7	2.1
中國大陸	附加價值	4,017.29	4,326.48	4,668.50	5,129.72
	成長率	8.2	7.7	7.9	8.0
香港	附加價值	238.26	243.68	252.44	260.09
	成長率	1.7	2.3	3.6	3.1
法國	附加價值	1,992.08	2,022.29	2,065.69	2,112.78
	成長率	1.1	1.5	2.1	2.1
德國	附加價值	2,288.12	2,317.47	2,365.78	2,427.59
	成長率	1.4	1.3	2.1	1.5

國家別 \ 年度	2015	2016	2017	2018
印尼 附加價值	422.95	446.91	472.19	499.68
印尼 成長率	5.5	5.7	5.7	5.8
印度 附加價值	1,119.67	1,214.19	1,312.28	1,398.93
印度 成長率	9.4	8.4	8.1	7.7
日本 附加價值	4,204.73	4,208.22	4,160.60	4,307.06
日本 成長率	0.9	0.1	-1.1	0.4
義大利 附加價值	1,397.03	1,410.09	1,430.02	1,447.73
義大利 成長率	0.8	0.9	1.4	0.5
南韓 附加價值	679.31	696.16	710.88	806.18
南韓 成長率	2.8	2.5	2.1	3.2
馬來西亞 附加價值	168.48	178.09	189.42	202.52
馬來西亞 成長率	5.3	5.7	6.4	6.9
紐西蘭 附加價值	108.34	112.68	116.81	121.51
紐西蘭 成長率	3.5	4.0	3.7	3.0
俄羅斯 附加價值	888.82	884.10	901.22	932.03
俄羅斯 成長率	-2.2	-0.5	1.9	2.7
沙烏地阿拉伯 附加價值	269.30	271.43	276.50	283.54
沙烏地阿拉伯 成長率	2.9	0.8	1.9	2.6
新加坡 附加價值	210.82	215.57	221.82	233.28
新加坡 成長率	3.6	2.3	2.9	3.5
南非 附加價值	263.05	267.48	269.72	272.42
南非 成長率	1.7	1.7	0.8	1.3
泰國 附加價值	211.95	221.72	234.53	248.30
泰國 成長率	5.2	4.6	5.8	5.1
美國 附加價值	12,645.17	12,881.90	13,149.79	-
美國 成長率	2.9	1.9	2.1	-
英國 附加價值	1,973.12	2,011.65	2,047.97	2,079.22
英國 成長率	2.7	2.0	1.8	1.6

資料來源：整理自 IMF, World Economic Outlook Update, 2020 年。

說　　明：上表中的「-」代表該年度尚未有統計資料。

2. 服務業占比

　　由表 1-3-2 可看出，歐美國家服務業占 GDP 比重普遍較高，歐美地區主要國家服務業占 GDP 比重皆在 60% 以上。不過亞洲國家 / 地區依其發展程度差異而有不同比重，例如香港因受英國治理，其服務業發展時間較早，且其 2018 年的比重為全球最高，達到 88.6%，其次為日本 69.3%、新加坡 69.04%、南韓 55.4%、中國大陸 53.3%。

表 1-3-2　2015 年至 2018 年主要國家服務業附加價值占 GDP 比率

單位：%

國家別＼年度	2015	2016	2017	2018
阿根廷	55.8	56.1	57.0	55.5
澳大利亞	67.3	68.3	67.0	66.7
巴西	62.3	63.2	63.1	63.0
加拿大	66.7	-	-	-
中國大陸	50.5	51.8	51.9	53.3
香港	89.8	89.5	88.6	88.6
法國	70.2	70.5	70.3	70.2
德國	62.0	61.6	61.4	61.8
印尼	43.3	43.6	43.6	43.4
印度	47.8	47.8	48.5	48.8
義大利	66.7	66.4	66.2	66.3
日本	69.3	69.3	69.1	69.3
南韓	54.0	53.7	52.8	55.4
馬來西亞	51.2	51.7	51.0	53.0
紐西蘭	65.8	65.6	-	-
俄羅斯	56.1	56.8	56.3	53.5
沙烏地阿拉伯	51.9	54.0	51.6	48.4
新加坡	70.0	70.6	70.2	69.4
南非	61.4	61.0	61.5	61.0

年度 國家別	2015	2016	2017	2018
泰國	54.9	55.8	56.4	57.1
美國	76.8	77.6	77.4	-
英國	70.8	71.0	70.6	71.0

資料來源：整理自 IMF, World Economic Outlook Update, 2020 年。

3. 每人平均服務業附加價值

　　表 1-3-3 顯示，2018 年每人平均服務業產值最高的國家分別為新加坡為 41,371.5 美元、其次為美國 40,443.7 美元（2017 年數值）、澳大利亞 37,892.5 美元、香港地區 34,906.5 美元與日本 34,040 美元等。

　　比較表 1-3-1 與 1-3-3 數據可看出，平均而言，歐美系國家服務附加價值規模不僅高於亞洲國家，且人均附加價值亦高於亞洲國家，代表歐美主要國家服務業發展已達到成熟穩定的階段。

表 1-3-3 2015 年至 2018 年主要國家與地區每人平均服務業附加價值

單位：美元

年度 國家別	2015	2016	2017	2018
阿根廷	5,576.8	5,517.7	5,586.2	5,497.7
澳大利亞	36,236.8	36,978.8	37,420.0	37,892.5
巴西	6,687.6	6,485.3	6,482.5	6,526.9
加拿大	32,961.8	33,205.8	33,733.3	33,973.9
中國大陸	2,960.1	3,182.5	3,426.4	3,683.2
香港	32,676.9	33,212.3	34,133.1	34,906.5
法國	29,958.9	30,337.6	30,956.8	31,550.2
德國	28,123.8	28,331.8	28,943.4	29,281.3
印尼	1,636.9	1,708.7	1,784.2	1,866.8
印度	854.6	916.9	969.9	1,034.2
義大利	23,175.5	23,443.7	23,795.4	23,960.5

年度 國家別	2015	2016	2017	2018
日本	33,080.3	33,366.5	33,851.4	34,040.0
南韓	14,506.2	14,871.3	15,215.6	15,621.7
馬來西亞	5,565.9	5,804.5	6,089.9	6,423.3
紐西蘭	23,803.4	24,238.8	24,602.1	25,100.0
俄羅斯	6,206.1	6,169.5	6,279.2	6,451.0
沙烏地阿拉伯	8,490.4	8,366.4	8,353.8	8,413.8
新加坡	38,370.5	38,885.9	40,178.8	41,371.5
南非	4,741.8	4,738.7	4,717.1	4,714.8
泰國	3,102.1	3,239.6	3,412.5	3,576.4
美國	39,430.8	39,869.7	40,443.7	-
英國	30,305.1	30,676.0	30,968.6	31,285.1

資料來源：整理自 IMF, World Economic Outlook Update, 2020 年。

說　　明：上表中的「-」代表該年度尚未有統計資料。另外，每人平均服務業產值計算公式為服務業附加價值（以 2010 年美元作為計價標準）除以總人口數。

4. 服務業就業情況

　　由表 1-3-4 所示，從全球總就業人口結構比率來看，全球服務業就業人口占比已突破 50%，來到 50.12%，成為最主要吸納勞動力之產業部門，高於農業部門的 26.86% 與製造業部門 23.03%；若以國家別來說，不論是已開發國家或是開發中國家之服務業就業人口占比已高於製造業與農業部門，成為主要提供工作機會的產業別，意味各國服務業持續成長。

　　以區域別來看，歐美地區 2019 年服務業就業人口占總就業人口比率皆超過 70%，美國服務業就業人口占總就業人口達 78.85%，英國更高達 81.09%，可見歐美國家產業已發展為服務業為主的經濟結構；亞洲地區雖多數國家服務業就業人口比重達 60% 以上，且香港甚至高達 88.23%，而新加坡、日本與南韓分別來到 83.80%、72.31% 與 69.99%，但仍有部分國家之服務業就業人口比重較低，如中國大陸為 46.44%、印尼 48.91%、泰國 45.75%。

表 1-3-4 **2019 年全球與主要國家三級產業占總就業人口比率**

單位：%

產業別 國家別	農業	製造業	服務業
全球	26.86	23.03	50.12
阿根廷	0.09	21.41	78.50
澳大利亞	2.56	19.81	77.64
巴西	9.22	19.78	71.00
加拿大	1.45	19.48	79.07
中國大陸	25.36	28.20	46.44
香港	0.17	11.60	88.23
法國	2.44	20.09	77.47
德國	1.21	27.04	71.75
印度	42.38	25.58	32.04
印尼	28.64	22.45	48.91
義大利	3.68	25.87	70.44
日本	3.42	24.27	72.31
南韓	4.88	25.13	69.99
馬來西亞	10.36	27.00	62.64
紐西蘭	5.66	19.58	74.76
俄羅斯	5.76	26.67	67.57
沙烏地阿拉伯	2.40	24.68	72.92
新加坡	0.73	15.47	83.80
南非	5.09	22.91	72.01
泰國	31.61	22.63	45.75
美國	1.34	19.81	78.85
英國	1.03	17.88	81.09

資料來源：World Bank, World Development Indicators Databank, 2020 年。

二 全球與主要國家服務貿易活動

由表 1-3-5 可知，2019 年全年服務貿易出口金額達 6.14 兆美元，而進口金額 5.82 兆美元。

以出口金額來說，美國、英國兩國為全球主要服務貿易出口國，兩國 2019 年服務貿易出口金額為 8,758 億美元與 4,163 億美元，且兩國出口金額占全球總出口金額 21%。

以進口金額來說，又以美國、中國大陸兩國最高，分別為 5,883 億美元與 5,006 億美元；以貿易餘額來看，美英兩國為服務貿易順差國，且位居前兩名，貿易餘額分別為 2,874 億美元與 1,325 億美元，而逆差最大的國家為中國大陸，其貿易餘額為 -2,174 億美元。

表 1-3-5 **2019 年全球與主要國家之服務業進出口金額與貿易餘額**

單位：十億美元

國家別＼服務業貿易	出口金額	進口金額	貿易餘額
全球	6,144.03	5,826.34	317.70
阿根廷	14.18	19.37	-5.18
澳大利亞	69.98	71.53	-1.56
巴西	33.97	69.11	-35.14
加拿大	100.34	115.17	-14.83
中國大陸	283.19	500.68	-217.49
法國	287.62	262.85	24.77
德國	340.73	364.60	-23.87
印度	214.36	179.18	35.19
印尼	31.60	39.39	-7.78
義大利	122.01	124.22	-2.21

服務業貿易 國家別	出口金額	進口金額	貿易餘額
日本	205.06	203.59	1.47
南韓	102.43	126.42	-23.99
馬來西亞	40.88	43.50	-2.62
紐西蘭	16.87	14.32	2.55
俄羅斯	62.71	98.81	-36.11
沙烏地阿拉伯	24.18	74.97	-50.79
新加坡	204.81	199.05	5.76
南非	14.73	15.67	-0.95
泰國	82.01	58.77	23.25
英國	416.31	283.79	132.52
美國	875.83	588.36	287.47

資料來源：International Trade Centre, International trade statistic, 2020 年。

 三　全球與主要國家服務業投資活動

　　產業若來自國外的直接投資（Foreign Direct Investment, FDI）增加，象徵國際投資者或經營者對於該國未來經濟發展的中長期評估樂觀；另一方面，該國對外投資增加又可視為其經濟實力的展現。

　　表 1-3-6 為全球與主要國家直接投資金額與淨投資統計表。如下表所示，全球 2019 年對內投資金額為 1.53 兆美元，而對外投資金額為 1.31 兆美元，淨投資為 2,261.1 億美元。

　　以對內投資來說，吸納外來投資金額最高的國家為美國，金額為 2,462 億美元，其次為中國大陸，有 1,412 億美元、新加坡為 920.8 億美元；以對外投資來說，日本投資 2,266 億美元最高，該比率占全球近五分之一的投資額，其次分別為美國與中國大陸，金額分別為 1,249 億美元與 1,171 億美元。

表 1-3-6 **2019 年全球與主要國家直接投資金額與淨投資**

單位：十億美元

服務業貿易 / 國家別	對內投資	對外投資	淨投資
全球	1,539.88	1,313.77	226.11
阿根廷	6.24	1.57	4.67
澳大利亞	36.16	5.40	30.76
巴西	71.99	15.52	56.47
加拿大	50.33	76.60	-26.27
中國大陸	141.23	117.12	24.11
法國	33.96	38.66	-4.70
德國	36.36	98.70	-62.34
印度	50.55	12.10	38.45
印尼	23.43	3.38	20.05
義大利	26.57	24.93	1.64
日本	14.55	226.65	-212.10
南韓	10.57	35.53	-24.97
馬來西亞	7.65	6.30	1.35
紐西蘭	5.43	-0.18	5.61
俄羅斯	31.74	22.53	9.21
沙烏地阿拉伯	4.56	13.19	-8.62
新加坡	92.08	33.28	58.80
南非	4.62	3.12	1.51
泰國	4.15	11.85	-7.70
英國	59.14	31.48	27.66
美國	246.22	124.90	121.32

資料來源：聯合國貿易和發展會議（UNCTAD），World investment report, 2020 年。

第四節　全球商業服務業景氣與展望

 全球商業服務業當前景氣概況

　　圖 1-4-1 顯示全球製造業與非製造業 2015 年 8 月至 2020 年 5 月的商業活動走勢，當中 PMI 指數從 2020 年 1 月以來，從 50.9 直落到統計期間內的最低點 41.5（即 2020 年 4 月份），到了 5 月份再稍微回升到 43.1，反映出各國防疫措施局部性解禁後對經濟前景有些許恢復，但整體而言，經理人對經濟景氣看好度仍處於低檔。[5]

　　NMI 的走勢亦如 PMI 走勢，從 2020 年 2 月的相對高點 57.3 開始衰退到 4 月的 41.8，但到了 5 月又有逐步回升的跡象，來到 45.4。以上數據顯示出，COVID-19 影響嚴重影響製造業與非製造業前景，雖各國經濟活動已逐漸恢復，但整體成長力道仍不足，全球企業經理人對未來景氣信心仍未恢復。

註5　採購經理人指數（Purchasing Managers' Index, PMI）是由美國供應管理協會（Institute for Supply Management, ISM）所編製，藉由詢問全球主要國家 3,500 位採購經理人，每月進行一次問卷調查，針對上個月有關企業經營活動（Business Activity）、新訂單（New Order）、工作積壓（Backlogs of Work）、價格（Prices）、進出口以及僱用員工（Employment）之狀況與現況進行比較所計算出的製造業景氣指數。ISM 除了編製 PMI 外，亦針對非製造業編製 NMI（Non-Manufacturing Index），呈現非製造業景氣調查結果。PMI 與 NMI 指數每項指標均反映商業活動的真實情況，製造業景氣指數則反映製造業及服務業的整體增長或衰退狀況。製造業 PMI 及非製造業 NMI 商業報告分別於每月第一個和第三個工作日發佈，發佈時間超前政府其他部門的統計報告；再者，所選的指標又具有領先性，因此已成為監測經濟運行的及時且可靠的先行指標，得到政府、商界與廣大經濟學家、預測專家的普遍認同。非製造業 NMI 係針對標準行業分類（Standard Industrial Classification, SIC）中 9 個類別 62 個不同的行業小類，超過 370 位服務業企業的採購與供應經理調查的結果彙整而成。這些行業係根據標準行業分類目錄變化的，並基於各行業對 GDP 的貢獻而決定其權重。服務業 NMI 指標主要包括：企業經營活動、新接訂單、存貨水準、存貨水準觀感、進口數量、採購價格、人力僱用狀況和供應商交貨狀況等。目前，NMI 指數係由商業活動、新接訂單、人力僱用狀況與供應商交貨狀況等四項指標加權平均而成。NMI 指數是以 50 為基準，若指數高於 50 表示服務業該項指標呈現擴張趨勢；若指數低於 50，則表示服務業該項指標為衰退；指數越高，代表該業景氣越熱絡，反之亦然。

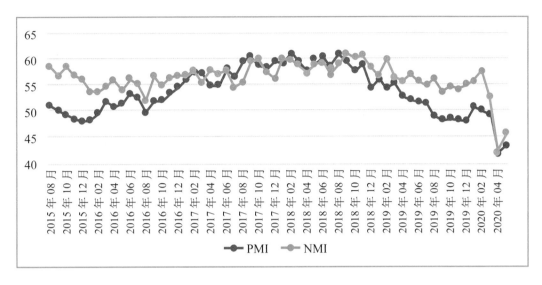

資料來源： Institute for Supply Management, ISM Report on Business, 2015~2020 年。

圖 1-4-1 **2015 年 8 月至 2020 年 5 月全球 PMI 與 NMI 指數變化**

二 全球商業服務業未來景氣展望

　　圖 1-4-2 則是 AT Kearney 對全球高階主管進行當地國的國外直接投資、產業現況、及未來景氣趨勢進行問卷，瞭解各主要地區經濟景氣可能變化，以提早決策者參考及預為因應。[6]

　　根據調查結果可看出，不同地區受訪者對 2020 年景氣看法差異相當大，歐洲與美洲地區對景氣仍持較正向看法，分別是 56% 與 53%，持平的比率分別為34% 與 39%，持悲觀看法的比率分別是 11% 與 9%。亞洲地區則是樂觀與持平的比率差距不大，各別有 49% 與 41%；最後則是中東與非洲地區則是認為 2020年的景氣為持平，對景氣保持悲觀的比率亦高於其他地區，比率來到 16% 與19%。

註 6　AT Kearney 信心指數（FDI Confidence Index）係由全球管理諮詢公司 AT Kearney 所發展出的指標，針對該公司在全球超過 40 個據點對當地知名企業高階管理人或商業領袖進行問卷調查。該調查的評分方式為受訪者給予每一題項 0~3 分的評分，0 分代表悲觀而 3 分代表樂觀，之後再透過加權方式計算出每一題項得分。

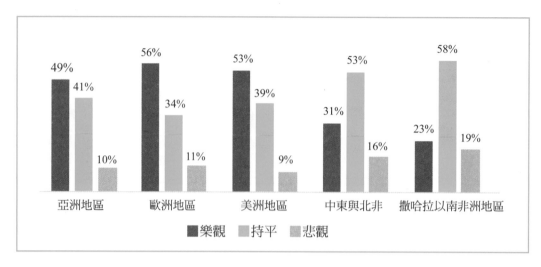

資料來源：AT Kearney FDI Confidence Index, 2020 年。

圖 1-4-2　高階經理人對 2020 年所在區域景氣的預期 ── 依地區別

　　進一步詢問 2020 年全球經濟主要的風險來源，即圖 1-4-3。受訪者認為全球主要的風險來自於總體經濟環境不確定（比率有 39%），其次是全球各類型風險顯現（比率有 35%）、各國管制政策趨嚴（比率有 33%）、國際匯率波動大（比率有 24%）、投資標的金額漸增（比率有 20%）與資金融通不易（比率有 16%）。

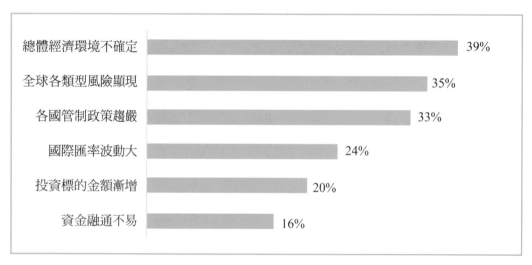

資料來源：AT Kearney FDI Confidence Index, 2020 年。

圖 1-4-3　高階經理人認為 2020 年影響全球投資主要風險來源

第五節　COVID-19 對商業服務業影響初探

新冠肺炎（又稱新型冠狀肺炎，而正式名稱為 COVID-19）疫情持續擴散中。截至 2020 年 7 月 31 日為止，全球將近 220 國家均出現災情，確診人數超過 1700 萬名，死亡人數也來到 67 萬多人，此事件成為繼 2008 年金融海嘯後對全球經濟衝擊最嚴重的事件之一。

 一　COVID-19 疫情對商業服務業影響分析

COVID-19 疫情擴散主因係來自於群聚感染，而各國政府為了減緩病毒的傳播速度，紛紛祭出限制人員移動與暫停經濟活動等措施，包含學校停課、關閉非販售民生必需品之商店和禁止大型聚會等，並且鼓勵員工在家上班，減少因外出而受到感染之機率。

在此環境下，全球零售業面臨巨大的挑戰，使得全球零售業銷售額開始出現衰退，並導致負成長。由圖 1-5-1 所示，2020 年全球零售業銷售額預計為 -5.7%，而 2021 年的成長率則成長 7.2%。

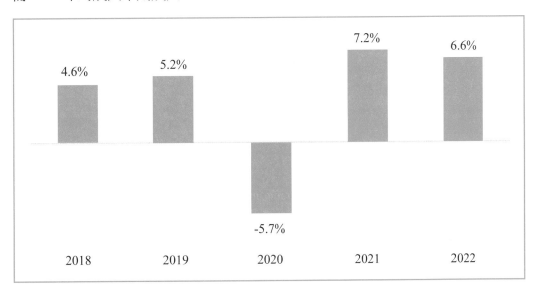

資料來源：Statista, retail sales growth worldwide, 2018-2020 年。

圖 1-5-1　**2018-2022 年全球零售業銷售額成長率**

　　全球疫情大流行對於消費者的購物通路亦產生顯著的變化，導致實體店面的消費人數大幅銳減，進而影響營收。根據美國 statista 資料庫調查，有超過 47％的消費者會減少到實體店面消費，以避免受到感染，店內包裝產品的銷量比去年同期增加了 10％以上；同時亦有 20％的消費者從線下轉往線上來購買商品。[7]

　　全球消費者對於網上瀏覽購物品項也有明顯的差異，如圖 1-5-2 所示。從該表中可看出，消費者因為疫情無法外出消費後，大多選擇網上瀏覽超級市場或賣場類的購物網站，選購日常用品、清潔類的用品，且該比率高達 60.7％；另外，消費者因假日無法外出，對於運動用品、銀行與保險、家具用品的需求大增，成長幅度分別為 48.1％、24.2％ 與 15.5％；不過，受到各國邊境管制與境內人員行動限制等措施，消費者近期無法從事跨境旅遊相關活動，相對在網上瀏覽次數找旅遊相關用品的需求大幅下降，出現負成長（-40.8％）。

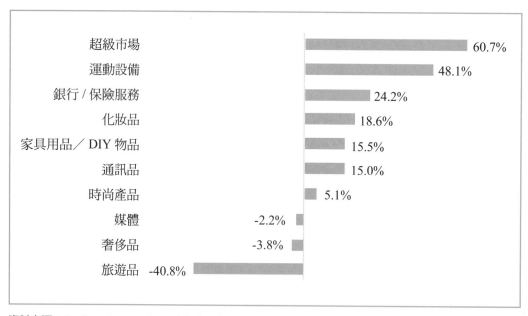

資料來源：Statista, Coronavirus global online traffic impacts, 2020 年。

圖 1-5-2　全球消費者網站瀏覽次數成長率 —— 依產品別分

註 7　這意味著疫情讓消費者更不敢出門消費，但若真要外出購物，採買數量會比過去增加更多；在產品的挑選上也會比較偏好挑選有外包裝的產品，而盡量少購買散裝產品，以防止受到汙染。

主要國家紓困及因應措施比較

由於全球疫情不僅造成嚴重生命財產損失外，對於各國經濟也造成嚴重的影響，連帶衝擊到國境內勞工就業與家計單位之生計，因此，各國政府紛紛推出一系列的紓困與因應措施，相關措施包含延長繳稅期限、減徵或減免所得與設備相關租稅、員工薪資補貼、提供員工在職訓練等課程、擴大與防疫相關的研發與政府支出、提供企業低利貸款等措施，尋求在防疫與經濟政策取得平衡點，政策上提出各式經濟補貼及企業紓困作法，以維持經濟動能，做好穩就業、保企業、顧生計。

下表 1-5-1 部分彙整出疫情期間所提出的紓困與因應措施。

表 1-5-1 **主要國家紓困及因應措施比較**

政策 國家別	紓困及因應措施
美國	■ 研發疫苗、採購醫療用品 ■ 提供受疫情波及企業低利貸款 ■ 提供家庭照顧假、帶薪病假 ■ 擴大失業保險補助 ■ 向國民提供 1,200 美元一次性津貼，擁有小孩的個人或夫婦，每位小孩將可額外 ■ 獲得 500 美元 ■ 企業租稅優惠
中國大陸	■ 鼓勵地方政府推出相關財政扶持政策 ■ 加大政府採購 ■ 提供低利融資 ■ 受疫情影響嚴重、到期還款困難個體工商戶，延長貸款期限 ■ 疫情期間從事群眾基本生活保障的零售業個體經營者，依法予以豁免登記 ■ 疫情防控期間，住宿餐飲企業免徵增值稅 ■ 暫退旅行社部分旅遊服務質量保證金
日本	■ 補貼托兒所消毒作業 ■ 購買醫療用口罩，優先分發給醫療機構 ■ 提供銷售額下滑中小企業低息貸款

政策 國家別	紓困及因應措施
德國	■ 採購醫療保健設備、疫苗開發 ■ 向陷入困境的企業提供貸款 ■ 增加基礎建設投資
英國	■ 投入疫情相關研究 ■ 居家隔離已無法工作者，放寬申請法定病假工資規定 ■ 提供雇主薪資補貼 ■ 提供休閒娛樂住宿業相關折扣或減免補助 ■ 政府為銀行提供擔保，鼓勵銀行向中小企業提供貸款
南韓	■ 提供企業低利貸款 ■ 提供企業投資設備抵減 ■ 提供企業短期研發經費補助

資料來源：國家發展委員會「世界各國為因應新冠肺炎之衝擊，採取對策對我國財政、金融、經濟整體環境所造成之影響與政府因應之道」專案報告，發佈日期：109 年 3 月 31 日。

第六節　趨勢與結語

　　本章節係利用總體經濟數據與主要國際調查機構的問卷統計結果來觀測全球經濟成長、服務貿易現況，商業服務業未來景氣展望，然而，因疫情而興起的新型商業發展趨勢，諸如無接觸經濟的擴大、宅經濟行為盛行等，也因生活型態與消費者行為的改變，商家為求生存而積極投入線上線下行銷科技與服務，滿足疫情時期居家或辦公的購物及訂餐需求，相關作法與特點說明如下。

 無接觸的服務場域

　　行動裝置與穿戴裝置問世後，對零售業等產業造成重大革命。交易的發生不限於實體店面，而是可隨時隨地出現，完全不受時間地域的影響局限，意味將對品牌商產生無形商機。

　　根據 Cisco 公司的研究報告指出，汽車品牌 Jaguar 與殼牌汽油（shell）合作推出車內加油支付系統，車主可於殼牌加油站加完油後，透過車內觸控螢幕就能

支付加油費用，完全不需要像以往刷卡或支付現金，降低接觸風險，並且簡化消費者購物流程。[8]

根據 Intershop 網站調查，批發業採取數位化的趨勢在於提供全通路服務（omni-channel services）以及一鍵訂購的服務（quick and easy order processing services），以便利客戶選購與下訂單，而德國 Würth 公司就是數位化下的受益者。Würth 透過建立線上購物平台、行動 APP 以及條碼掃描機等，提供不限時間空間的商業交易場域，便利客戶選購與快速重複訂購，節省客戶訂購時間。

二 宅經濟興起

隨著外在環境的不確定性，愈來愈多消費者選擇留在家裡，足不出戶。舒適家居生活帶動新興的消費商機，舉凡餐飲服務、網路購物、家居清潔，甚至是休閒娛樂等活動，都可以在家完成訂購、專人到府服務，大幅度取代了傳統到店消費的模式，也同樣衝擊了實體店面的營收。

國際消費者調查公司 Euromonitor 提到法國 Wecasa 公司提供給消費者到宅美容美髮、家庭清潔、按摩等服務，並且已在法國各大城市推出相關服務。消費者只要上網預訂服務類型，並且指定日期與時間，就會有專業服務人員上門提供服務。[9]

總之，2020 年全球景氣因 COVID-19 疫情出現嚴重衰退的情況，迫使大部分的經濟活動都停擺或暫緩，造成各國國家經濟面臨巨大的衝擊，連帶影響國民消費與企業投資力道，亦造成人員失業與企業停工等局面。然而，若要疫情獲有效控制，仍須靠各界努力才可達成。但在此之前，商業服務業也因疫情而出現眾多新興商業模式，業者謀求生路。目前看到各式無接觸經濟、宅經濟與循環經濟的商業行為或創新也提供產品銷售與服務提供新做法，為低迷的全球商業服務業環境帶來一線商機。

註8　資料來源：https://www.cisco.com/c/dam/en_us/solutions/industries/retail/consumer-2020-final.pdf，最後參閱日期:2020/8/24。

註9　資料來源：https://go.euromonitor.com/white-paper-EC-2020-Top-10-Global-Consumer-Trends.html，最後參閱日期:2020/8/24。

CHAPTER 02 我國服務業發展現況與商業發展趨勢

商研院商業發展與策略研究所／朱浩副所長

第一節　前言

　　服務業的業態眾多，其定義並無一致性，有的將初級產業與次級產業以外的產業皆歸類於服務業，有的將無形商品為主要交易對象的產業視為服務業。不過，目前國內外愈來愈多的學者認為服務業是將生產或技術導向轉變成為以市場或需求導向的產業。依據國內學者許士軍教授的說法，服務業是「將初級和次級產業的產出，融入文化、科技與創意後，轉化為具高附加價值以及具市場價值的服務產品」的產業。

　　由於服務業本身的特性，政府機構對於服務業的產業範圍的分類也顯示出差異，尤其近年來因應民眾與產業的需求，新型態、跨產業的服務業不斷產生，更加深此一現象。行政院主計總處在 2016 年 1 月完成我國行業標準分類第 10 次修訂，將服務業範圍劃分為以下 13 大類：G 類「批發及零售業」、H 類「運輸及倉儲業」、I 類「住宿及餐飲業」、J 類「出版、影音製作、傳播及資通訊業」、K 類「金融及保險業」、L 類「不動產業」、M 類「專業、科學及技術服務業」、N 類「支援服務業」、O 類「公共行政及國防」、P 類「教育服務業」、Q 類「醫療保健及社會工作服務業」、R 類「藝術、娛樂及休閒服務業」、S 類「其他服務業」。

　　本章為提供讀者全面性的商業服務業觀察視野，將採用上述行政院主計總處之服務業分類，先說明 2019 年總體經濟活動情形，再詳細探討我國服務業及商業發展現況與趨勢。

第二節　我國服務業與商業發展概況

 我國服務業占 GDP 之比較

　　依據行政院主計總處統計，2019 年製造業與服務業所創造的 GDP 分別為新臺幣 6 兆 1,897.28 億元及 11 兆 1,529.47 億元，分別占 GDP 的 32.38% 及 58.34%；對比 2018 年占 GDP 比例的 32.85% 與 57.867% 可知，與製造業相比，服務業占 GDP 比例均有些許上揚，顯示服務業仍是我國經濟產值的主要來源（如表 2-2-1 所示）。

　　從成長率來看，相較於 2018 年，2019 年製造業僅為 0.48%，而服務業卻有 2.77%（如表 2-2-1 所示）。在服務業中，成長率最高者為支援服務業，達到 5.51%；其次為出版、影音製作、傳播及資通訊業的 5.23%，再次之為藝術、娛樂及休閒服務業的 4.81%。從服務業各業別來看，以商業範疇（包含批發及零售業、運輸及倉儲業、住宿及餐飲業）所占比例最高，GDP 達新臺幣 4 兆 283.11 億元，約占整體 GDP 比重 21.07%，其次為不動產業之 1 兆 4,842.41 億元及金融與保險業 1 兆 2,777.16 億元，分別占整體 GDP 的 7.76% 與 6.68%（如表 2-2-1）。

表 2-2-1 我國各業生產毛額、成長率結構及經濟成長貢獻度

單位：新臺幣百萬元、%

基期：2016 年 =100	各業生產毛額		成長率（%）		占 GDP 比例（%）		經濟成長貢獻度（%）	
	2018	2019	2018	2019	2018	2019	2018	2019
礦業及土石採取業	11,810	12,281	8.09%	3.99%	0.06%	0.06%	0	0
製造業	6,160,418	6,189,728	3.31%	0.48%	32.85%	32.38%	1.08	0.14
電力及燃氣供應業	302,713	306,902	2.20%	1.38%	1.61%	1.61%	0.03	0.02
用水供應及污染整治業	105,721	108,725	4.31%	2.84%	0.56%	0.57%	0.03	0.02
營造業	415,729	424,558	1.91%	2.12%	2.22%	2.22%	0.04	0.05
服務業	10,851,840	11,152,947	2.93%	2.77%	57.86%	58.34%	1.78	1.73
批發及零售業	2,885,728	2,976,219	3.29%	3.14%	15.39%	15.57%	0.51	0.49

基期：2016 年 =100	各業生產毛額		成長率（%）		占 GDP 比例（%）		經濟成長貢獻度（%）	
	2018	2019	2018	2019	2018	2019	2018	2019
運輸及倉儲業	573,088	584,779	5.46%	2.04%	3.06%	3.06%	0.17	0.06
住宿及餐飲業	451,039	467,313	2.84%	3.61%	2.40%	2.44%	0.07	0.09
出版、影音製作、傳播及資通訊業	593,651	624,710	4.20%	5.23%	3.17%	3.27%	0.13	0.16
金融及保險業	1,228,109	1,277,716	3.79%	4.04%	6.55%	6.68%	0.25	0.27
不動產業	1,459,532	1,484,241	2.58%	1.69%	7.78%	7.76%	0.21	0.14
專業、科學及技術服務業	403,766	415,896	3.05%	3.00%	2.15%	2.18%	0.07	0.07
支援服務業	317,438	334,933	4.39%	5.51%	1.69%	1.75%	0.07	0.1
公共行政及國防	1,065,192	1,078,649	0.70%	1.26%	5.68%	5.64%	0.04	0.07
教育服務業	737,178	739,325	0.12%	0.29%	3.93%	3.87%	0	0.01
醫療保健及社會工作服務業	537,155	557,409	3.37%	3.77%	2.86%	2.92%	0.1	0.11
藝術、娛樂及休閒服務業	148,827	155,989	2.64%	4.81%	0.79%	0.82%	0.02	0.04
其他服務業	451,137	455,768	3.31%	1.03%	2.41%	2.38%	0.08	0.03

資料來源：行政院主計總處，2019，《國民所得及經濟成長統計資料庫：歷年各季國內生產毛額依行業分》。

說　　明：本表不含統計差異、進口稅及加值營業稅，故各業生產毛額加總不等於國內生產毛額。

　　若依往例可計算各細業的貢獻度，惟計算結果顯示除了「批發及零售業」、「出版、影音製作、傳播及資通訊業」、「金融及保險業」、「不動產業」、「支援服務業」與「醫療保健及社會工作服務業」的貢獻度達 0.1 以上之外，其它產業的貢獻度數值均小於 0.1。

 我國服務業之貿易活動

　　2019 年我國服務業對外貿易總額達 1,087.50 億美元，較 2018 年增加 1.60%，其中出口 518.42 億美元，較 2018 年增加 3.25%；進口 569.08 億美元，較前一年成長 0.14%，入超為 50.66 億美元，較前一年減少 23.50%，如表 2-2-2 所示。

表 2-2-2 我國服務貿易概況

單位：百萬美元、%

年份	貿易總值		出口總值		進口總值		出（入）超總值	
	金額 （百萬美元）	年增率 （%）	金額 （百萬美元）	年增率 （%）	金額 （百萬美元）	年增率 （%）	金額 （百萬美元）	年增率 （%）
2015 年	92,716	-1.89%	40,968	-1.47%	51,748	-2.22%	-10,780	-4.97%
2016 年	93,069	0.38%	41,291	0.79%	51,778	0.06%	-10,487	-2.72%
2017 年	99,149	6.53%	45,213	9.50%	53,936	4.17%	-8,723	-16.82%
2018 年	107,040	7.96%	50,209	11.05%	56,831	5.37%	-6,622	-24.09%
2019 年	108,750	1.60%	51,842	3.25%	56,908	0.14%	-5,066	-23.50%

資料來源：中央銀行國際收支統計，2020，（臺北：中央銀行）。

 三　我國服務業之投資活動

（一）外人投資我國服務業

2019 年核准服務業僑外投資件數為 4,118 件，較 2018 年增加 13.73％；投（增）資金額 111.96 億美元，較 2018 年減少 2.14％。

進一步觀察各業別的投資狀況，其中製造業投資金額為 42.95 億美元，較前一年的 59.19 億美元減少 27.43%，服務業投資金額為 63.43 億美元，較 2018 年增加 17.55%，其中商業投資件數增加 26.54%，而在投資金額上更是增加 50.82%，顯示外資在 2019 年相較於前一年每件平均投資金額有很明顯的成長（如表 2-2-3）。

在服務業僑外投資細項行業方面，以金融及保險業為最高，達 21.77 億美元，其次是出版、影音製作、傳播及資通訊業的 12.46 億美元，再其次是批發及零售業的 10.66 億美元，接著是專業、科學及技術服務業 10.39 億美元。

至於在投資金額的成長方面，住宿及餐飲業為 480.43%、出版、影音製作、傳播及資通訊業為 429.53%、其他服務業為 226.37%、支援服務業為 200.29%，都有顯著表現；而除公共行政及國防為 -100.00%、不動產業為 -37.88%、金融及保險業為 -32.88% 等，是投資金額減少幅度較大的產業。

表 2-2-3 核准僑外投資分業統計表

單位：件、千美元、%

	2018 年		2019 年		2018 與 2019 年比較	
	件數	千美元	件數	千美元	件數成長率（％）	金額成長率（％）
A 農、林、漁、牧業	4	3,782	9	5,925	125.00%	56.66%
B 礦業及土石採取業	2	89	2	5	0.00%	-93.85%
C 製造業	317	5,918,828	325	4,295,141	2.52%	-27.43%
D 電力及燃氣供應業	29	62,386	31	478,782	6.90%	667.45%
E 用水供應及污染整治業	4	17,242	6	5,315	50.00%	-69.17%
F 營造業	36	42,169	44	68,256	22.22%	61.86%
服務業（G-S）	3,229	5,395,738	3,701	6,342,549	14.62%	17.55%
商業（G-I）	1,688	1,000,574	2,136	1,509,090	26.54%	50.82%
G 批發及零售業	1,354	894,841	1,821	1,065,893	34.49%	19.12%
H 運輸及倉儲業	32	43,973	33	84,722	3.13%	92.67%
I 住宿及餐飲業	302	61,760	282	358,475	-6.62%	480.43%
J 出版、影音製作、傳播及資通訊業	445	235,207	418	1,245,504	-6.07%	429.53%
K 金融及保險業	301	3,244,134	289	2,177,494	-3.99%	-32.88%
不動產業	164	452,653	109	281,170	-33.54%	-37.88%
M 專業、科學及技術服務業	453	378,661	522	1,039,192	15.23%	174.44%
N 支援服務業	65	8,360	81	25,106	24.62%	200.29%
O 公共行政及國防	0	10	0	0	0.00%	-100.00%
P 教育服務業	24	8,702	17	1,895	-29.17%	-78.23%
Q 醫療保健及社會工作服務業	0	0	0	91	0.00%	-
R 藝術、娛樂及休閒服務業	49	58,789	65	34,791	32.65%	-40.82%
S 其他服務業	40	8,646	64	28,217	60.00%	226.37%
合計	3,621	11,440,234	4,118	11,195,975	13.73%	-2.14%

資料來源：整理自經濟部投資審議委員會，2020，《108 年統計月報 - 表 6：核准華僑及外國人投資分區分業統計表》。

（二）陸資投資我國服務業

　　自 2009 年累計 2019 年核准陸資來臺投資件數共有 1,371 件，較累計至 2018 年增加 11.64%；投（增）資金額計 22.85 億美元，較累計至 2018 年增加 4.44%。自 2009 年 6 月 30 日開放陸資來臺投資以來，陸資逐年增加，這一成長趨勢到近年因兩岸新情勢與美國製造業回流、中美貿易戰等因素而面臨挑戰。以來臺投資金額占比來看，陸資投資國內服務業超過 50%。投資金額最多的服務業依序為批發及零售業最高 6.59 億美元，占 28.85%；銀行業 2.01 億美元，占 12.41%；港埠業 1.39 億美元，占 6.09%；研究發展服務業 1.12 億美元，占 4.91%；資訊軟體服務業 1.05 億美元，占 4.59%；住宿服務業 1.05 億美元，占 4.58%。顯示陸資來臺投資仍以批發、零售業與銀行業為主（如表 2-2-4）。

表 2-2-4　陸資來臺投資統計

單位：千美元、%

	2019 件數	2019 金額（千美元）	自 2009 年至 2019 年件數	自 2009 年至 2019 年金額（千美元）	自 2009 年至 2019 年金額比重	2018 年與 2019 年件數成長百分比	2018 年與 2019 年金額成長百分比
批發及零售業	95	62,911	909	659,259	28.85%	11.67%	10.55%
電子零組件製造業	3	615	61	283,661	12.41%	5.17%	0.22%
行業	0	0	3	201,441	8.82%	0.00%	0.00%
港埠業	0	0	1	139,108	6.09%	0.00%	0.00%
機械設備製造業	3	1,117	34	115,157	5.04%	9.68%	0.98%
研究發展服務業	0	0	9	112,135	4.91%	0.00%	0.00%
電腦、電子產品及光學製品製造業	1	163	34	110,954	4.86%	3.03%	0.15%
電力設備製造業	1	325	9	109,708	4.80%	12.50%	0.30%
資訊軟體服務業	14	7,050	93	104,961	4.59%	17.72%	7.20%
住宿服務業	1	14,928	5	104,651	4.58%	25.00%	16.64%

	2019 件數	2019 金額（千美元）	自 2009 年至 2019 年件數	自 2009 年至 2019 年金額（千美元）	自 2009 年至 2019 年金額比重	2018 年與 2019 年件數成長百分比	2018 年與 2019 年金額成長百分比
金屬製品製造業	2	1,297	12	104,386	4.57%	20.00%	1.26%
化學製品製造業	0	0	5	67,241	2.94%	0.00%	0.00%
餐飲業	7	956	61	31,033	1.36%	12.96%	3.18%
廢棄物清除、處理及資源回收業	2	340	9	21,658	0.95%	28.57%	1.59%
紡織業	0	0	2	18,108	0.79%	0.00%	0.00%
醫療器材製造業	1	1,489	3	14,357	0.63%	50.00%	11.57%
食品製造業	0	0	2	13,775	0.60%	0.00%	0.00%
化學材料製造業	2	899	7	13,461	0.59%	40.00%	7.16%
汽車及其零件製造業	2	1,503	4	8,349	0.37%	100.00%	21.95%
塑膠製品製造業	1	648	15	7,699	0.34%	7.14%	9.19%
其他製造業	0	0	2	5,405	0.24%	0.00%	0.00%
產業用機械設備維修及安裝業	1	196	7	5,156	0.23%	16.67%	3.95%
技術檢測及分析服務業	1	1,794	7	4,984	0.22%	16.67%	56.24%
會議服務業	0	0	19	4,478	0.20%	0.00%	0.00%
橡膠製品製造業	0	0	2	4,002	0.18%	0.00%	0.00%
專業設計服務業	1	269	12	3,906	0.17%	9.09%	7.40%
未分類其他專業、科學及技術服務業	1	16	4	3,810	0.17%	33.33%	0.42%
運輸及倉儲業	0	0	20	3,048	0.13%	0.00%	0.00%

	2019 件數	2019 金額（千美元）	自 2009 年至 2019 年件數	自 2009 年至 2019 年金額（千美元）	自 2009 年至 2019 年金額比重	2018 年與 2019 年件數成長百分比	2018 年與 2019 年金額成長百分比
成衣及服飾品製造業	0	0	2	2,947	0.13%	0.00%	0.00%
未分類其他運輸工具及其零件製造業	1	440	5	2,543	0.11%	25.00%	20.92%
創業投資業	0	0	1	1,994	0.09%	0.00%	0.00%
租賃業	2	223	4	1,162	0.05%	100.00%	23.75%
廢污水處理業	0	0	5	385	0.02%	0.00%	0.00%
家具製造業	0	0	1	40	0.00%	0.00%	0.00%
廣告業	0	0	1	6	0.00%	0.00%	0.00%
清潔服務業	1	1	1	1	0.00%	0.00%	0.00%
小計	143	97,180	1,371	2,284,971	100.00%	11.64%	4.44%

資料來源：整理自經濟部投資審議委員會，2020，《108 年統計月報 - 表 1C：陸資來臺投資分業統計表》。

四　我國就業概況

（一）各業就業人數

依據行政院主計總處之統計資料（如表 2-2-5 所示），2019 年我國總就業人口數為 1,150.0 萬人，相對於 2018 年的總就業人數成長了 0.58%。若以三級產業來分析，可以發現總就業人數的成長主要落在服務業，2019 年服務業就業人數達到 684.9 萬人，占總就業人數的 59.6%，較 2018 年成長 0.87%。在服務業細項行業方面，2019 年仍以「批發及零售業」之就業人數最多，高達 191.5 萬人，占總就業人口之比例達 16.7%；居第二位的是「住宿及餐飲業」，就業人數有 84.8 萬人，占比為 7.4%；居第三位的是「教育服務業」，就業人數有 65.7 萬人，占比為 5.7%。至於成長率超過服務業平均成長率的產業，依序為「藝術、娛樂及休閒服務業」的 4.55%，「不動產業」的 1.89%，「資訊及通訊傳播業」的 1.55%，「住宿及餐飲業」的 1.19%，以及「醫療保健及社會工作服務業」與「運輸及倉儲業」，其成長率分別為 1.10% 以及 0.90%。

表 2-2-5 我國各業別年平均就業人數、占比與成長率

單位：千人、%、%

		2015年	2016年	2017年	2018年	2019年	2019年 結構占比	2019年 成長率
農業	農業	555	557	557	561	559	4.9%	-0.36%
工業	工業	4,035	4,043	4,063	4,083	4,092	35.6%	0.22%
	礦業	4	4	4	4	4	0.0%	0.00%
	製造業	3,024	3,028	3,045	3,064	3,066	26.7%	0.07%
	電力燃氣供應業	30	30	30	30	31	0.3%	3.33%
	用水供應污染整治業	82	82	82	81	84	0.7%	3.70%
	營造業	895	899	901	904	907	7.9%	0.33%
服務業		6,609	6,667	6,732	6,790	6,849	59.6%	0.87%
	批發及零售業	1,842	1,853	1,875	1,901	1,915	16.7%	0.74%
	運輸及倉儲業	437	440	443	446	450	3.9%	0.90%
	住宿及餐飲業	813	826	832	838	848	7.4%	1.19%
	資訊及通訊傳播業	246	249	253	258	262	2.3%	1.55%
	金融及保險業	420	424	429	432	434	3.8%	0.46%
	不動產業	100	100	103	106	108	0.9%	1.89%
	專業、科學技術服務業	362	368	372	374	377	3.3%	0.80%
	支援服務業	281	286	292	296	297	2.6%	0.34%
	公共行政及國防；強制性社會安全	375	374	373	367	368	3.2%	0.27%
	教育服務業	650	652	652	653	657	5.7%	0.61%
	醫療保健及社會工作服務業	438	444	451	456	461	4.0%	1.10%
	藝術、娛樂及休閒服務業	99	103	106	110	115	1.0%	4.55%
	其他服務業	546	547	551	554	557	4.8%	0.54%
總計		11,199	11,267	11,352	11,434	11,500	100.0%	0.58%

資料來源：行政院主計總處，2020，《人力資源調查統計年報 - 表 13：歷年就業者之行業》。

（二）各業工時之比較

由於行政院主計總處之統計資料顯示，2014-2016 年的資料有經過調整，所以不適合進行跨年比較，這裡僅將 2017-2019 年資料（表 2-2-6）的發現說明於下：2019 年工業部門之每月平均工時達 161.2 小時，較前一年無變動；而服務業之平均工時亦為 161.2 小時，較前一年減少 0.12%。上述現象除了顯示工業部門與服務業部門的工時趨於一致外，另也表示 2018 年因應勞基法的修正，所全面實施之「一例一休」政策，的確引發產業對工作時間之調整。另就各細項服務業比較，可觀察到「其他服務業」的平均工時最長，達 174.1 小時，而位居第二的是「支援服務業」，平均工時達 170.6 小時，平均工時最低的為「教育服務業」，僅 129.1 小時。此外，「運輸及倉儲業」的加班工時為服務業之冠，達 9.2 小時，位居第二者為「支援服務業」，加班工時達 7.8 小時。這些資料和現象大致和往年類似，顯示有結構性因素存在。

表 2-2-6 我國各產業平均工時與加班工時

單位：小時／月

	2016 年		2017 年		2018 年		平均工時	加班工時
	平均工時	加班工時	平均工時	加班工時	平均工時	加班工時	成長率	成長率
工業及服務業	161.6	8	161.3	8.1	161.2	7.8	-0.06%	-3.70%
工業部門	160.9	13.1	161.2	13.3	161.2	12.7	0.00%	-4.51%
服務業部門	162.1	4	161.4	4.1	161.2	4.3	-0.12%	4.88%
G 批發及零售業	161.3	3.4	160.6	3.7	160.1	4	-0.31%	8.11%
H 運輸及倉儲業	163.1	9	164.4	9	164.1	9.2	-0.18%	2.22%
I 住宿及餐飲業	157.2	3.3	155	3.3	155.7	2.9	0.45%	-12.12%
J 出版、影音製作、傳播及資通訊業	160.5	2.2	159.7	2	159.6	1.8	-0.06%	-10.00%
K 金融及保險業	161.7	3.1	162.7	3.3	162.5	3.3	-0.12%	0.00%
L 不動產業	167.4	1.6	166.7	2.4	164.8	2.9	-1.14%	20.83%
M 專業、科學及技術服務業	161.5	3.7	161.4	3.9	161.1	4.3	-0.19%	10.26%

	2016 年		2017 年		2018 年		平均工時	加班工時
	平均工時	加班工時	平均工時	加班工時	平均工時	加班工時	成長率	成長率
N 支援服務業	172.9	8.7	170.8	7.8	170.6	7.8	-0.12%	0.00%
P 教育服務業	131.4	0.6	130.7	0.7	129.1	0.8	-1.22%	14.29%
Q 醫療保健及社會工作服務業	163.2	3.6	161.9	3.6	161.5	4.2	-0.25%	16.67%
R 藝術、娛樂及休閒服務業	162.6	2	160	2.2	160.3	2.1	0.19%	-4.55%
S 其他服務業	176.6	2.4	175.5	2.5	174.1	2.4	-0.80%	-4.00%

資料來源：行政院主計總處，2020，《薪資及生產力統計資料》。

說　　明：「支援服務業」包括租賃、人力仲介及供應、旅行及相關服務、保全及偵探、建築物及綠化服務、行政支援服務等。

（三）各業勞動生產力比較

依據行政院主計總處之定義，勞動生產力為每單位時間內每位勞工能生產的產量。經由行政院主計總處最新統計資料來看，如表 2-2-7，2019 年全體產業產值勞動生產力指數為 108.58，是自 2015 年起逐年上升以來的最高點。而 2019 年服務業產值勞動生產力指數為 109.06，亦是近五年新高。

在每工時產出方面，2019 年全體產業的每工時產出為 725.03 元，亦較上年度之 631.48 元大幅增加；至於服務業部分，2019 年為 689.54 元，較上年度之 631.62 元增加。若以次產業觀之，可以發現服務業所有的次產業， 2019 年全體產業的每工時產出相較於 2018 年均呈現成長趨勢。另外，2019 年每工時產出金額最高為「金融及保險業」的 1,474.76 元，其次為「不動產業」的 1,303.04 元；而每工時產出最低則為「住宿及餐飲業」，每工時產出僅為 274.33 元，僅比 2018 年的 229.71 元增加 44.62 元，成長幅度相當有限。

以每位就業者產出來看，2019 年全體產業的每位就業者產出為每月 124,196 元，較 2018 年之 108,387 元增加。服務業部分，2019 年為 117,272 元，亦較 2018 年之 107,484 元微幅增加；產出最高者依然為「金融及保險業」的 244,622 元，其次為「不動產業」的 218,034 元，再其次為「資訊與通訊傳播業」的 198,663 元；而服務業最低者為「住宿及餐飲業」，每位就業者產出為 45,865 元，相較上年度之 38,115 元大幅增加 7,750 元，達到近 5 年新高。

表 2-2-7　我國各業勞動生產力比較

	產值勞動生產力指數							
基期 2016年 =100	全體產業	農林漁牧業	工業	服務業	批發及零售業	運輸及倉儲業	住宿及餐飲業	資訊與通訊傳播業
2015	95.76	108.97	93.99	96.67	96.40	94.88	97.58	94.90
2016	100.00	100.00	100.00	100.00	100.00	100.00	100.00	100.00
2017	103.69	109.17	104.21	102.96	102.96	105.78	101.58	100.56
2018	106.31	110.63	106.91	105.57	105.35	109.34	105.28	100.90
2019	108.58	112.27	107.69	109.06	108.52	111.28	107.15	107.79

基期 2016年 =100	金融及保險業	不動產業	專業、科學及技術服務業	支援服務業	醫療保健服務業	藝術、娛樂及休閒服務業	其他服務業	
2015	98.90	99.64	98.15	95.76	94.41	98.18	97.67	
2016	100.00	100.00	100.00	100.00	100.00	100.00	100.00	
2017	102.93	100.33	98.37	101.54	100.98	104.11	103.57	
2018	104.71	98.58	100.00	103.69	103.63	104.41	108.36	
2019	108.90	106.25	106.72	110.51	105.47	102.28	108.64	

	每工時產出							
基期 2016年 =100	全體產業	農林漁牧業	工業	服務業	批發及零售業	運輸及倉儲業	住宿及餐飲業	資訊與通訊傳播業
2015	568.77	189.96	607.56	578.39	671.34	458.17	212.91	1,097.07
2016	593.97	174.33	646.41	598.30	696.43	482.87	218.19	1,156.04
2017	615.92	190.31	673.59	616.03	717.04	510.79	221.64	1,162.45
2018	631.48	192.86	691.08	631.62	733.66	527.96	229.71	1,166.47
2019	725.03	318.00	828.25	689.54	763.52	609.43	274.33	1 232.64

基期 2016年 =100	金融及保險業	不動產業	專業、科學及技術服務業	支援服務業	醫療保健服務業	藝術、娛樂及休閒服務業	其他服務業	
2015	1,309.60	1,101.27	442.98	388.14	493.41	745.56	321.62	
2016	1,324.17	1,105.27	451.33	405.33	522.62	759.36	329.29	
2017	1,362.93	1,108.91	443.95	411.56	527.74	790.57	341.04	
2018	1,386.54	1,089.52	451.34	420.30	541.57	792.83	356.81	
2019	1 474.76	1 303.04	556.03	529.54	650.77	793.45	375.61	

	每就業者產出							
基期 2016年 =100	全體產業	農林漁牧業	工業	服務業	批發及零售業	運輸及倉儲業	住宿及餐飲業	資訊與通訊傳播業
2015	101,386	33,693	109,306	102,452	118,784	83,477	37,414	181,034
2016	102,584	30,138	112,121	102,998	119,208	85,416	37,455	185,994
2017	105,862	32,699	116,695	105,278	122,246	89,794	37,280	188,890
2018	108,387	33,198	119,983	107,484	124,742	93,486	38,115	188,612
2019	124 196	54 314	143 357	117 272	129 526	108 013	45 865	198 663

基期 2016年 =100	金融及保險業	不動產業	專業、科學及技術服務業	支援服務業	醫療保健服務業	藝術、娛樂及休閒服務業	其他服務業	
2015	213,070	194,140	75,730	71,605	85,117	133,442	63,029	
2016	215,949	185,488	74,986	72,362	87,010	130,536	62,633	
2017	224,488	187,292	73,448	73,374	87,996	131,251	63,121	
2018	230,359	184,281	74,681	74,608	89,650	128,774	65,209	
2019	244 622	218 034	91 823	93 937	107 785	130 109	68 328	

資料來源：行政院主計總處，2020，《108 年度產值勞動生產力趨勢分析報告》。

說　　明：本報告書各表之行業分類係依第 9 次修訂之中華民國行業標準分類。

第三節　我國服務業經營概況

 服務業家數及銷售額分析

　　我們可從財政部的統計資料觀察服務業的家數與銷售額，進一步了解目前產業內的樣態，深化對服務業的認識。我國服務業 2019 年銷售額達新臺幣 24 兆 3,812.35 億元，家數約 117.2 萬家；2019 年與 2018 年相比，營業家數與銷售金額均有提升。

（一）結構分析

　　「批發及零售業」依然是服務業中家數與銷售額最高的產業，2019 年的家數約 67.84 萬家，銷售額則由 2018 年的 15 兆 1,576.20 億元，成長至 15 兆 2,485.61 億元。（表 2-3-1）

　　以家數排名來看，家數最高者為「批發及零售業」，其他依序為「住宿及餐飲業」15.71 萬家；「其他服務業」8.49 萬家；「專業、科學及技術服務業」5.08 萬家；「不動產業」3.90 萬家；「金融及保險業」3.61 萬家；「運輸及倉儲業」3.32 萬家；「藝術、娛樂及休閒服務業」3.30 萬家。

　　以銷售額排名分析，除批發及零售業以外，銷售額較多的產業依序為「金融及保險業」2 兆 5,965.33 億元，「不動產業」1 兆 4,486.64 億元，「運輸及倉儲業」1 兆 2,857.37 億元，「出版、影音製作、傳播及資通訊業」1 兆 2,841.48 億元，「專業、科學及技術服務業」7,888.96 億元，「住宿及餐飲業」7,318.37 億元，以及「支援服務業」5,589.18 億元。

表 2-3-1　**我國服務業家數與銷售額**

單位：家、新臺幣百萬元

	2017		2018		2019	
	家數	銷售額	家數	銷售額	家數	銷售額
批發及零售業	668,332	14,386,823	672,736	15,157,620	678,410	15,248,561
運輸及倉儲業	31,489	1,228,365	32,555	1,282,596	33,216	1,285,737

	2017		2018		2019	
	家數	銷售額	家數	銷售額	家數	銷售額
住宿及餐飲業	146,466	662,860	152,200	704,808	157,098	731,837
出版、影音製作、傳播及資通訊業	20,168	1,095,838	21,271	1,174,547	22,653	1,284,148
金融及保險業	32,522	2,244,712	34,333	2,503,432	36,088	2,596,533
不動產業	35,072	1,171,116	36,726	1,254,972	39,028	1,448,664
專業、科學及技術服務業	46,245	718,963	48,331	791,122	50,758	788,896
支援服務業	29,705	581,980	30,536	543,610	31,366	558,918
公共行政及國防	12	2,632	12	3,271	13	4,157
教育服務業	2,950	16,838	3,581	20,350	4,187	22,171
醫療保健及社會工作服務業	976	28,682	1,060	31,520	1,216	34,325
藝術、娛樂及休閒服務業	25,985	93,916	30,569	105,215	32,994	115,501
其他服務業	80,714	245,102	83,041	251,211	84,940	261,787
服務業合計	1,120,636	22,477,826	1,146,951	23,824,274	1,171,967	24,381,235

資料來源：財政部，2020，《財政統計資料庫》。

（二）趨勢變化

從服務業家數成長率與銷售額成長率來看，2019 年服務業主要分為三個族群，包含成長率高的成長性產業、成熟期產業與衰退期產業（表 2-3-2）。

以家數成長率與銷售額成長率來看，2019 年家數與銷售額均呈現成長的產業分別為「批發及零售業」、「運輸及倉儲業」、「住宿及餐飲業」、「出版、影音製作、傳播及資通訊業」、「金融及保險業」、「不動產業」、「支援服務業」、「公共行政及國防」、「教育服務業」、「醫療保健及社會工作服務業」、「藝術、娛樂及休閒服務業」及「其他服務業」等。

若僅以家數成長率分析，2019 年服務業平均家數成長 2.18%。家數成長率較高者依序為「教育服務業」16.92%、「醫療保健及社會工作服務業」14.72%、「金融及保險業」5.57%、「公共行政及國防」8.33%、「藝術、娛樂及休閒服

務業」7.93%、「出版、影音製作、傳播及資通訊業」6.50%、「不動產業」6.27%、「金融及保險業」5.11%、「專業、科學及技術服務業」5.02%、「住宿及餐飲業」3.22%、「支援服務業」2.72% 與「其他服務業」2.29%。

以銷售額成長分析，2019 年服務業平均銷售成長 2.34%。銷售額成長率較高依序為「公共行政與國防」27.07%、「不動產業」15.43%、「藝術、娛樂及休閒服務業」9.78%、「出版、影音製作、傳播及資通訊業」9.33%、「教育服務業」8.95%、「醫療保健及社會工作服務業」8.90%、「其他服務業」4.21%、「住宿及餐飲業」3.83%、「金融及保險業」3.72% 與「支援服務業」2.82%。至於「批發及零售業」0.60%、「運輸及倉儲業」0.24%，是低於總體服務業平均銷售成長的產業；至於「專業、科學及技術服務業」則是衰退 0.28%。

表 2-3-2 我國服務業單店年銷售額、家數及銷售成長率（2018）

單位：新臺幣百萬元、%、%

	單店年銷售額	家數成長	銷售成長
批發及零售業	22.48	0.84%	0.60%
運輸及倉儲業	38.71	2.03%	0.24%
住宿及餐飲業	4.66	3.22%	3.83%
出版、影音製作、傳播及資通訊業	56.69	6.50%	9.33%
金融及保險業	71.95	5.11%	3.72%
不動產業	37.12	6.27%	15.43%
專業、科學及技術服務業	15.54	5.02%	-0.28%
支援服務業	17.82	2.72%	2.82%
公共行政及國防	319.77	8.33%	27.07%
教育服務業	5.30	16.92%	8.95%
醫療保健及社會工作服務業	28.23	14.72%	8.90%
藝術、娛樂及休閒服務業	3.50	7.93%	9.78%
其他服務業	3.08	2.29%	4.21%
服務業合計	20.80	2.18%	2.34%

資料來源：財政部，2020，《財政統計月報民國 109 年》，（臺北：財政部）。

（三）銷售額區域分布

從服務業銷售區域來看，臺北市在 2019 年與上年度一樣仍排名第一，可見臺北市依然為服務業各次產業的集中地；也因此對服務業來說，臺北市的競爭最為激烈。而排名第二名的縣市則依各區域的發展政策、地方特色及地理位置有所不同。

以「批發及零售業」來說，臺北市銷售額最高達 5 兆 8,321.62 億元，且遠遠領先其他縣市，第二為新北市 2 兆 0,737.17 億元，第三為高雄市 1 兆 5,778.05 億元，第四為台中市 1 兆 4,773.61 億元（表 2-3-3）。

另就近幾年較熱門的「餐飲及住宿業」來說，臺中市因位於臺北市與高雄市的中間位置，結合了我國南、北不同的口味，成為餐飲業試水溫相當好的地點，「住宿及餐飲業」在當地銷售額為 914.70 億元，與過去幾年一樣為全臺第二，僅次於臺北市的 2,306.93 億元，可見其在住宿及餐飲業的發展潛力。

與我國進出口息息相關的「運輸及倉儲業」，桃園市的銷售額自 2014 年為各縣市第二，超越原本排名第二的高雄市後，2019 年繼續維持這樣的排名。桃園市的「運輸及倉儲業」銷售額為 2,185.51 億元，僅次於臺北市的 5,523.37 億元，也領先高雄市的 1,353.82 億元，與新北市的 1,344.71 億元。

而以與我國工業最相關的服務業「專業、科學及技術服務業」來說，新竹縣「專業、科學及技術服務業」銷售額 458.19 億元，位居全國第六，若把新竹市一併納入視為新竹科學園區的腹地，則加計新竹市 484. 50 億元的銷售額，新竹縣市合計的銷售額為 942.69 億元，仍然僅次於臺北市的 4,331.91 億元。

表 2-3-3　我國服務業銷售額區域分布（2018）

單位：新臺幣百萬元

地區別	批發及零售業	運輸及倉儲業	住宿及餐飲業	資訊及通訊傳播業	金融及保險業	不動產業
總計	15,248,561	1,285,737	731,837	1,284,148	2,596,533	1,448,664
新北市	2,073,717	134,471	74,331	115,912	118,843	236,869
臺北市	5,832,162	552,337	230,693	932,743	2,039,229	563,940
桃園市	1,205,050	218,551	56,098	15,517	70,469	100,377
臺中市	1,477,361	64,552	91,470	48,414	110,303	203,596
臺南市	788,577	27,270	44,632	18,574	46,324	63,910
高雄市	1,577,805	135,382	73,170	42,535	87,327	133,721
宜蘭縣	100,385	9,903	16,383	3,783	8,428	8,221

2020-2021 商業服務業年鑑

地區別	批發及零售業	運輸及倉儲業	住宿及餐飲業	資訊及通訊傳播業	金融及保險業	不動產業
新竹縣	271,684	11,886	16,464	31,751	11,453	28,259
苗栗縣	172,379	6,326	8,662	4,760	7,767	8,565
彰化縣	379,275	15,427	16,839	8,616	20,202	22,343
南投縣	87,512	5,074	12,947	4,004	8,511	4,632
雲林縣	160,439	11,974	7,714	4,996	9,361	10,984
嘉義縣	99,819	12,673	5,517	1,031	5,649	2,854
屏東縣	195,892	5,383	16,369	5,345	9,568	7,462
臺東縣	37,210	4,093	8,704	1,899	2,444	1,716
花蓮縣	70,395	5,155	12,300	3,543	5,499	5,459
澎湖縣	16,178	3,320	3,341	913	829	***
基隆市	55,420	43,285	7,086	5,143	5,231	3,191
新竹市	498,429	7,723	16,276	27,800	20,519	29,260
嘉義市	122,172	5,308	10,064	5,886	8,006	9,743
金門縣	25,210	4,494	2,356	826	560	2,242
連江縣	1,493	1,147	421	157	12	***

地區別	專業、科學及技術服務業	支援服務業	教育服務業	醫療保健及社會工作服務業	藝術、娛樂及休閒服務業	其他服務業
總計	788,896	558,918	22,171	34,325	115,501	261,787
新北市	93,001	48,169	1,970	2,015	14,713	28,031
臺北市	433,191	330,782	8,888	7,072	41,941	75,870
桃園市	47,523	32,614	2,557	544	7,733	29,121
臺中市	48,450	39,310	3,061	2,418	11,967	27,365
臺南市	15,821	16,413	1,145	619	6,017	12,969
高雄市	31,340	43,054	2,082	19,778	9,320	27,751
宜蘭縣	1,922	2,500	115	43	1,932	3,423
新竹縣	45,819	7,757	260	248	3,439	7,574
苗栗縣	4,822	3,259	88	150	1,759	5,078
彰化縣	5,051	5,389	330	481	1,764	8,644
南投縣	1,628	1,812	63	29	2,561	2,977
雲林縣	1,839	2,738	142	45	1,483	3,990
嘉義縣	1,467	4,379	25	***	789	2,356
屏東縣	2,529	2,795	201	92	2,893	5,388
臺東縣	771	993	47	19	546	1,408
花蓮縣	1,637	1,530	114	508	1,468	1,836
澎湖縣	139	1,005	19	***	314	480
基隆市	1,404	2,531	56	61	1,149	2,357
新竹市	48,033	8,573	718	131	2,278	9,959
嘉義市	2,071	2,284	279	51	1,223	4,723
金門縣	392	963	5	3	170	439
連江縣	48	69	6	0	43	48

資料來源：財政部，2020，《財政統計月報民國 109 年》。

說　　明：*** 表示不陳示數值以保護個別資料。

服務業各業別規模變化

　　企業規模可從企業平均人數來觀察，如表 2-3-4 所示。進一步依產業與企業兩種面向分析企業規模，可分成行業總人數（行業規模）與企業平均人數（企業規模）同步上升的同步成長行業、只有產業指標單項成長行業、只有企業指標單項成長行業以及兩項指標皆退步的同步下降行業來觀察。由於 2019 年僅有行業指標單項成長的行業，因此以下就以這個構面來說明：

　　2019 年所有細項服務業的產業人數都有成長，但企業人均數卻反向縮小，可見這些行業的家數變多但每家的規模都縮小，顯示所有細項服務產業在最近一年有更多的業者加入該產業，進而帶動產業人數成長，但因為產業增加就業人數並未如業者增加的速度快，造成企業人均數下降。

表 2-3-4 **我國服務業員工人數及企業規模**

單位：家、千人、人、%

	2018 年家數	2019 年家數	2018 年人數	2019 年人數	2018 年企業人均數	2019 年企業人均數	2019 年企業人均數成長率	2019 年行業總人數成長率
批發及零售業	672,736	678,410	1,901	1,915	2.83	2.82	-0.11%	0.74%
運輸及倉儲業	32,555	33,216	446	450	13.70	13.55	-1.11%	0.90%
住宿及餐飲業	152,200	157,098	838	848	5.51	5.40	-1.96%	1.19%
出版、影音製作、傳播及資通訊業	21,271	22,653	258	262	12.13	11.57	-4.64%	1.55%
金融及保險業	34,333	36,088	432	434	12.58	12.03	-4.42%	0.46%
不動產業	36,726	39,028	106	108	2.89	2.77	-4.12%	1.89%
專業、科學及技術服務業	48,331	50,758	374	377	7.74	7.43	-4.02%	0.80%
支援服務業	30,536	31,366	296	297	9.69	9.47	-2.32%	0.34%

	2018年家數	2019年家數	2018年人數	2019年人數	2018年企業人均數	2019年企業人均數	2019年企業人均數成長率	2019年行業總人數成長率
公共行政及國防	12	13	367	368	30,583.33	28307.69	-7.44%	0.27%
教育服務業	3,581	4,187	653	657	182.35	156.91	-13.95%	0.61%
醫療保健及社會工作服務業	1,060	1,216	456	461	430.19	379.11	-11.87%	1.10%
藝術、娛樂及休閒服務業	30,569	32,994	110	115	3.60	3.49	-3.14%	4.55%
其他服務業	83,041	84,940	554	557	6.67	6.56	-1.71%	0.54%

資料來源：財政部，2020，《財政統計資料庫》；行政院主計總處，2020，《108年人力資源調查統計》。

三　服務業就業情勢

（一）服務業就業人數及結構

1. 服務業就業人數

（1）2019年服務業就業人數較多的業別

服務業中以「批發及零售業」人數與占比最高，與上年度相同，占全國總就業人數比率為16.65%。主要因為批發零售業，係將商品由製造業移轉至消費者的最後一站，市場對其需求較大，就業吸納能力較大；再者，批發零售展店模式標準化，提高展店效率，在大量展店的情況下，投入人數亦較多。

（2）成長率較高業別

「藝術、娛樂及休閒服務業」在2019年就業人數成長最高，達4.55%，其次為「不動產業」的1.89%，再其次為「出版、影音製作、傳播及資通訊業」的1.55%成長。其他成長率超過1%以上的行業有「住宿及餐飲業」的1.19%，及「醫療保健及社會工作服務業」的1.10%。然而，與2018年相比，2019年服務業人數只成長0.87%的成長，說明整體表現其實不甚理想。

（3）幾近停滯的業別

2019年「公共行政及國防」的就業人數36.8萬人，呈現0.27%的微幅成長，

其原因與近年國防政策調整有關。此外，「專業、科學及技術服務業」、「批發及零售業」、「教育服務業」、「其他服務業」、「金融及保險業」及「支援服務業」就業人數分別為 37.7 萬人、191.5 萬人、65.7 萬人、55.7 萬人、43.4 萬人和 29.7 萬人，其年成長率分別為 0.80%、0.74%、0.61%、0.54%、0.46% 和 0.34%。

表 2-3-5 我國服務業就業人數、占比與成長率

	2014 年	2015 年	2016 年	2017 年	2018 年	2019 年	結構占比	成長率
	千人	千人	千人	千人	千人	千人		
總計	11,079	11,198	11,267	11,352	11,434	11,500	100.00%	0.58%
服務業	6,526	6,609	6,667	6,732	6,790	6,849	59.56%	0.87%
G 批發及零售業	1,825	1,842	1,853	1,875	1,901	1,915	16.65%	0.74%
H 運輸及倉儲業	433	437	440	443	446	450	3.91%	0.90%
I 住宿及餐飲業	792	813	826	832	838	848	7.37%	1.19%
J 出版、影音製作、傳播及資通訊業	241	246	249	253	258	262	2.28%	1.55%
K 金融及保險業	416	420	424	429	432	434	3.77%	0.46%
L 不動產業	98	100	100	103	106	108	0.94%	1.89%
M 專業、科學及技術服務業	354	362	368	372	374	377	3.28%	0.80%
N 支援服務業	273	281	286	292	296	297	2.58%	0.34%
O 公共行政及國防	378	375	374	373	367	368	3.20%	0.27%
P 教育服務業	645	650	652	652	653	657	5.71%	0.61%
Q 醫療保健及社會工作服務業	432	438	444	451	456	461	4.01%	1.10%
R 藝術、娛樂及休閒服務業	95	99	103	106	110	115	1.00%	4.55%
S 其他服務業	543	546	547	551	554	557	4.84%	0.54%

資料來源：行政院主計總處，2020，《108 年人力資源調查統計》。

2. 服務業就業人口結構

以下從性別、年齡及教育程度來分析服務業中就業人口的結構。

（1）性別

2019 年服務業就業人數達 684.9 萬人，其中男性占 45.93%；女性則占 54.07%，屬女性高於男性的行業（如表 2-3-6 所示）。其中「運輸及倉儲業」、「出版、影音製作、傳播及資通訊業」、「不動產業」、「支援服務業」、「公共行政及國防」以及「其他服務業」等產業以男性的就業人口為較多，尤以「運輸及倉儲業」的 76.89% 大幅領先女性。而「批發及零售業」、「住宿及餐飲業」、「金融及保險業」、「專業、科學及技術服務業」、「教育服務業」、「醫療保健及社會工作服務業」以及「藝術、娛樂及休閒服務產業」等，則以女性就業人口占最多，尤以「醫療保健及社會工作服務業」、「教育服務業」與「金融及保險業」女性就業人口最多，分別占 78.96%、75.80% 與 64.29%。

表 2-3-6　我國各產業與服務業就業人口性別結構

單位：千人、%

	2017 年 千人	2018 年 千人	2019 年 千人	男生 人數	男生占 比（%）	女生 人數	女生占 比（%）
總計	11,352	11,434	11,500	6,376	55.44%	5,124	44.56%
農林漁牧業	557	561	559	421	75.31%	139	24.87%
工業	4,063	4,083	4,092	2,810	68.67%	1,282	31.33%
服務業	6,732	6,790	6,849	3,146	45.93%	3,703	54.07%
G 批發及零售業	1,875	1,901	1,915	919	47.99%	996	52.01%
H 運輸及倉儲業	443	446	450	346	76.89%	104	23.11%
I 住宿及餐飲業	832	838	848	400	47.17%	448	52.83%
J 出版、影音製作、傳播及資通訊業	253	258	262	148	56.49%	114	43.51%
K 金融及保險業	429	432	434	155	35.71%	279	64.29%
L 不動產業	103	106	108	59	54.63%	49	45.37%
M 專業、科學及技術服務業	372	374	377	163	43.24%	213	56.50%

	2017 年 千人	2018 年 千人	2019 年 千人	男生 人數	男生占 比 (%)	女生 人數	女生占 比 (%)
N 支援服務業	292	296	297	175	58.92%	123	41.41%
O 公共行政及國防	373	367	368	185	50.27%	184	50.00%
P 教育服務業	652	653	657	159	24.20%	498	75.80%
Q 醫療保健及社會 工作服務業	451	456	461	97	21.04%	364	78.96%
R 藝術、娛樂及休 閒服務業	106	110	115	57	49.57%	57	49.57%
S 其他服務業	551	554	557	282	50.63%	275	49.64%

資料來源：行政院主計總處，2020，《108 年人力資源調查統計》。

說　　明：工業包含礦業及土石採取業、製造業、電力及燃氣供應業、用水供應業與營造業。

（2）年齡

由表 2-3-7 可以得知各年齡區間與各產業類別的結構概況：

① 15~24 歲投入最多的產業：「批發及零售業」、「住宿及餐飲業」。從 15~24 歲的年齡區間可以看出，以「批發及零售業」的就業人口最多，達 17.1 萬人，在「批發及零售業」就業人口中占 8.93%，其次為「住宿及餐飲業」達 16.3 萬人，在「住宿 及餐飲業」就業人口中占 19.22%，只有這兩行業高於 10 萬人以上。且 15~24 歲投入「住宿及餐飲業」占比最高，顯示該行業投入年齡最輕，也顯示此行業之低門檻特性。

② 25~44 歲投入各服務業的絕對、相對人口數為：就絕對人數而言，以「批發及零售業」、「住宿及餐飲業」及「教育服務業」較多，分別為 96.1 萬人、40.2 萬人及 35.6 萬人。其他產業如：「醫療保健及社會工作服務業」、「其他服務業」、「金融及保險業」、「專業、科學及技術服務業」、以及「運輸及倉儲業」也有超過 20 萬人的規模。就相對比例而言，整體服務業達 52.30%，高於整體服務業比例的產業依序為：「出版、影音製作、傳播及資通訊業」、「專業、科學及技術服務業」、「醫療保健及社會工作服務業」、「不動產業」、「金融及保險業」、「教育服務業」及「藝術、娛樂及休閒服務業」；反之，其它產業之就業比例較整體服務業低。另外從每個行業的年齡階層來看，除了「支援服務業」以 45~64 歲投入人口占比最高外，均以 25~44 歲投入人口占比為最高，顯

示各行業幾乎均以此年齡階層為主要投入人口。

③ 45~64 歲投入較多的產業：「批發及零售業」，占比最高為「支援服務業」。從表中可以看出 45~64 歲以「批發及零售業」的就業人口最多，有 71.7 萬人，而「住宿及餐飲業」、「教育服務業」以及「其他服務業」也有 20 萬人以上的規模；參與最少的為「藝術、娛樂及休閒服務產業」、「不動產業」以及「出版、影音製作、傳播及資通訊業」，皆未達 10 萬人。

④ 65 歲以上投入較多的產業「批發及零售業」。「批發及零售業」的 65 歲以上就業人口最高，為 6.6 萬人，其次為「其他服務業」的 1.9 萬人，再其次為「住宿及餐飲業」與「支援服務業」，分別是 1.7 萬人與 1.1 萬人。由於 65 歲以上人口多半皆已退休，故有些行業如「出版、影音製作、傳播及資通訊業」、「不動產業」及「藝術、娛樂及休閒服務產業」等的參與者僅千餘人。

從 4 類年齡區間中，可以發現「批發及零售業」在各年齡區間皆有最多的就業人口，進而可以了解到當今中華民國服務業以「批發及零售業」為服務業主要就業人口之大宗，總共有 191.5 萬人，占服務業比重為 27.96%，占全國總就業人口的 16.65%。

表 2-3-7　我國各產業與服務業就業人口年齡結構（2019）

單位：千人、%

	總計千人	15-24 歲千人	15-24 歲結構比	25-44 歲千人	25-44 歲結構比	45-64 歲千人	45-64 歲結構比	65 歲以上人數	65 歲以上結構比
總計	11,500	872	7.58%	5,986	52.05%	4,352	37.84%	290	2.52%
農林漁牧業	559	19	3.40%	130	23.26%	314	56.17%	98	17.53%
工業	4,092	224	5.47%	2,275	55.60%	1,542	37.68%	51	1.25%
服務業	6,849	629	9.18%	3,582	52.30%	2,496	36.44%	142	2.07%
G 批發及零售業	1,915	171	8.93%	961	50.18%	717	37.44%	66	3.45%
H 運輸及倉儲業	450	26	5.78%	229	50.89%	188	41.78%	7	1.56%
I 住宿及餐飲業	848	163	19.22%	402	47.41%	266	31.37%	17	2.00%
J 出版、影音製作、傳播及資通訊業	262	20	7.63%	179	68.32%	63	24.05%	1	0.38%

	總計 千人	15-24 歲 千人	15-24 歲 結構比	25-44 歲 千人	25-44 歲 結構比	45-64 歲 千人	45-64 歲 結構比	65 歲以 上人數	65 歲以 上結構比
K 金融及保險業	434	21	4.84%	247	56.91%	164	37.79%	2	0.46%
L 不動產業	108	6	5.56%	62	57.41%	40	37.04%	1	0.93%
M 專業、科學及 技術服務業	377	26	6.90%	237	62.86%	110	29.18%	3	0.80%
N 支援服務業	297	14	4.71%	128	43.10%	144	48.48%	11	3.70%
O 公共行政及國 防	368	23	6.25%	176	47.83%	165	44.84%	4	1.09%
P 教育服務業	657	43	6.54%	356	54.19%	254	38.66%	4	0.61%
Q 醫療保健及社 會工作服務業	461	48	10.41%	284	61.61%	124	26.90%	5	1.08%
R 藝術、娛樂及 休閒服務業	115	17	14.78%	62	53.91%	34	29.57%	1	0.87%
S 其他服務業	557	51	9.16%	259	46.50%	227	40.75%	19	3.41%

資料來源：行政院主計總處，2020，《108 年人力資源調查統計》。

說　　明：工業包含礦業及土石採取業、製造業、電力及燃氣供應業、用水供應業與營造業。

（3）教育程度

　　從教育程度來分析服務業就業人口的結構，「國中及以下」、「高中職」、「大專及以上」的占比分別為 10.89%、29.51%、59.59%，可以發現在目前服務業中，「大專及以上」占了半數以上（59.59%）的就業人口（如表 2-3-8 所示）。且「大專及以上」之比重較去年上升，「國中及以下」與「高中職」占比則較上年度下降，顯示國內服務業就業人口教育程度亦隨我國高教普及而愈來愈高。其他分述如下：

　　①「國中及以下」就業人口投入較多的行業：「批發及零售業」與「住宿及餐飲業」、「其他服務業」。

　　在此教育程度中，「批發及零售業」為就業人口投入較多的行業，有 26.7 萬人，其次為「住宿及餐飲業」以及「其他服務業」，就業人口分別為 15.8 萬人、12.2 萬人。而「出版、影音 製作、傳播及資通訊業」、「金融及保險業」、「不動產業」以及「專業、科學及技術服務業」皆未達 1 萬人。

　　②「高中職」就業人口投入較多的行業：「批發及零售業」、「住宿及餐飲業」與「其他服務業」。

「批發及零售業」、「住宿及餐飲業」以及「其他服務業」，投入人口分別為 69.9 萬人、38.3 萬人與 26.2 萬人，而「運輸及倉儲業」為 19.1 萬人、「支援服務業」為 11.4 萬人，其餘產業皆未達 10 萬人。

③「大專及以上」就業人口投入較多的行業：「批發及零售業」、「教育服務業」、「醫療保健及社會工作服務業」、「金融及保險業」。

「批發及零售業」為投入最多的就業人口，有 94.9 萬人，其次為「教育服務業」、「醫療保健及社會工作服務業」以及「金融及保險業」，分別有 59.8 萬人、38.9 萬人，36.4 萬人。在此教育程度中，僅「藝術、娛樂及休閒服務業」及「不動產業」的就業人數未達 10 萬人，此結果也與上年度相同。從以上分析中可以發現，「批發及零售業」不管是從性別、年齡或教育程度來看，皆占最多的就業人口，顯示「批發及零售業」人力需求量大，在就業方面居重要地位。

表 2-3-8　我國各產業與服務業就業人口教育程度結構（2019）

單位：千人、%

	總計千人	國中及以下千人	國中及以下百分比	高中職千人	高中職百分比	大專及以上千人	大專及以上百分比
總計	11,500	1,852	16.10%	3,713	32.29%	5,936	51.62%
農林漁牧業	559	320	57.25%	170	30.41%	69	12.34%
工業	4,092	785	19.18%	1,521	37.17%	1,785	43.62%
服務業	6,849	746	10.89%	2,021	29.51%	4,081	59.59%
G 批發及零售業	1,915	267	13.94%	699	36.50%	949	49.56%
H 運輸及倉儲業	450	71	15.78%	191	42.44%	188	41.78%
I 住宿及餐飲業	848	158	18.63%	383	45.17%	306	36.08%
J 出版、影音製作、傳播及資通訊業	262	2	0.76%	26	9.92%	235	89.69%
K 金融及保險業	434	4	0.92%	66	15.21%	364	83.87%
L 不動產業	108	4	3.70%	34	31.48%	70	64.81%
M 專業、科學及技術服務業	377	3	0.80%	45	11.94%	329	87.27%
N 支援服務業	297	65	21.89%	114	38.38%	118	39.73%

	總計 千人	國中及以 下千人	國中及以 下百分比	高中職 千人	高中職 百分比	大專及以 上千人	大專及以 上百分比
O 公共行政及國防	368	13	3.53%	53	14.40%	303	82.34%
P 教育服務業	657	10	1.52%	48	7.31%	598	91.02%
Q 醫療保健及社會 工作服務業	461	13	2.82%	59	12.80%	389	84.38%
R 藝術、娛樂及休 閒服務業	115	14	12.17%	42	36.52%	59	51.30%
S 其他服務業	557	122	21.90%	262	47.04%	172	30.88%

資料來源：行政院主計總處，2020，《108 年人力資源調查統計》。

說　　明：工業包含礦業及土石採取業、製造業、電力及燃氣供應業、用水供應業與營造業。

3. 服務業薪資結構

依據行政院主計總處之統計資料，2019 年服務業每月平均經常性薪資達 43,819 元（如表 2-3-9 所示），超過上年度的 42,800 元，成長率為 2.38%。從下表可觀察到「金融及保險業」的經常性薪資在服務業中最高，達 63,130 元，其次為「出版、影音製作、傳播及資通訊業」，達 58,909 元，再其次為「醫療保健服務業」的 56,030 元；而經常性薪資高於 4 萬元的產業還有「專業、科學及技術服務業」、「運輸及倉儲業」、「不動產業」及「批發及零售業」。「教育服務業」之經常性薪資為 25,077 元，未滿 3 萬元。若將 2018 年與 2019 年相比，各項服務業的經常性薪資都有成長，其中以「不動產業」成長幅度最大，達 3.29%；「醫療保健服務業」、「出版、影音製作、傳播及資通訊業」、「金融及保險業」成長幅度均超過服務業平均成長；而「支援服務業」、「教育服務業」、「專業、科學及技術服務業」、「藝術、娛樂及休閒服務業」、「其他服務業」、「運輸及倉儲業」、「批發及零售業」與「住宿及餐飲業」經常薪資成長低於整體服務業平均水準。

「教育服務業」為服務業中最低薪資者，其經常性薪資為 25,077 元，非經常性薪資為 1,895 元，而平均經常性薪資較 2018 年成長 1.95%，非經常性薪資則增加 31.96%。然而依據行政院主計總處之統計資料顯示，「教育服務業」有 91.02% 就業人口的教育程度為大專以上，這些資料說明教育服務業的內涵、結

構及問題仍須進一步研究了解。

表 2-3-9 我國各業平均經常薪資與非經常薪資

單位：元新臺幣、%

	2018 年		2019 年		2018 與 2019 年相較	
	經常性薪資	非經常性薪資	經常性薪資	非經常性薪資	經常性薪資	非經常性薪資
工業及服務業	40,959	11,448	41,883	11,774	2.26%	2.85%
工業部門	38,503	13,502	39,275	13,590	2.01%	0.65%
服務業部門	42,800	9,908	43,819	10,426	2.38%	5.23%
G 批發及零售業	40,362	9,436	41,306	10,022	2.34%	6.21%
H 運輸及倉儲業	43,701	11,293	44,719	10,869	2.33%	-3.75%
I 住宿及餐飲業	30,758	3,319	31,487	3,199	2.37%	-3.62%
J 出版、影音製作、傳播及資通訊業	57,383	12,526	58,909	13,235	2.66%	5.66%
K 金融及保險業	61,643	27,572	63,130	29,929	2.41%	8.55%
L 不動產業	40,377	7,281	41,705	8,726	3.29%	19.85%
M 專業、科學及技術服務業	49,721	9,052	50,719	10,607	2.01%	17.18%
N 支援服務業	33,527	3,606	34,100	3,516	1.71%	-2.50%
P 教育服務業	24,597	1,436	25,077	1,895	1.95%	31.96%
Q 醫療保健及社會工作服務業	54,457	12,557	56,030	12,487	2.89%	-0.56%
R 藝術、娛樂及休閒服務業	36,093	2,649	36,891	2,629	2.21%	-0.76%
S 其他服務業	30,984	3,982	31,671	3,923	2.22%	-1.48%

資料來源：行政院主計總處，2020，《薪資及生產力統計資料》。

說　　明：(1) 工業包含礦業及土石採取業、製造業、電力及燃氣供應業、用水供應業與營造業。

　　　　　(2) 本表不含「O 公共行政及國防」之統計資料。

四 服務業研發經費比較

　　我國服務業包含政府與民間投入的研發經費，雖歷年來比例皆不到製造業的一半，但每年皆有成長，加上近幾年政府大力推展服務業，政策上也推動服務業科技化，復以近年來智慧型手機日趨普遍，行動 APP 興起，O2O（On-line To Off-line）營運模式受到重視，因此服務業各行業業主在研發方面相當重視，投入也相當積極，此將有利於我國服務業的創新及持續發展。

　　在研發經費方面，由於資料取得之限制僅更新至 2018 年；在研發經費上，從表 2-3-10 可以看到，「出版、影音製作、傳播及資通訊業」的研發經費投入最高，高達 16,078 百萬元，其次是「專業、科學及技術服務業」的 10,056 百萬元，至於「批發及零售業」、「醫療保健及社會工作服務業」以及「金融及保險業」，也分別有 4,543 百萬元、4,323 百萬元以及 4,147 百萬元的研發經費投入；此外，「住宿及餐飲業」及「不動產業」的研發經費投入分別僅 62 百萬元、88 百萬元。就研發經費投入成長率來看，最高者為「批發及零售業」達 117.46%，其次為「專業、科學及技術服務業」的 37.75%，「住宿及餐飲業」的 34.57%，「其他行業」的 30.78%。而「運輸及倉儲業」衰退 21.79%，「出版、影音製作、傳播及資通訊業」衰退 10.58%，「不動產業」衰退 5.91%。其他如「醫療保健及社會工作服務業」與「金融及保險業」則為小幅度成長。

表 2-3-10　我國服務業歷年研發經費

單位：新臺幣百萬元

	2013 年 研發經費	2014 年 研發經費	2015 年 研發經費	2016 年 研發經費	2017 年 研發經費	2018 年 研發經費
G 批發及零售業	1,542	1,769	1,698	2,044	2,089	4,543
H 運輸及倉儲業	226	261	270	386	523	409
I 住宿及餐飲業	8	2	2	18	46	62
J 出版、影音製作、傳播及資通訊業	14,797	15,286	15,949	17,033	17,981	16,078

	2013 年研發經費	2014 年研發經費	2015 年研發經費	2016 年研發經費	2017 年研發經費	2018 年研發經費
K 金融及保險業	2,376	2,719	3,131	3,504	4,077	4,147
L 不動產業	26	43	36	39	94	88
M 專業、科學及技術服務業	6,995	7,191	7,555	7,502	7,300	10,056
Q 醫療保健及社會工作服務業	3,008	3,446	3,522	3,545	4,158	4,323
其他行業	173	178	162	186	245	320

資料來源：行政院科技部，2020，《全國科技動態調查—科學技術統計要覽》。

說　　明：其他服務業包括藝術、娛樂及休閒、公共行政及國防、強制社會安全及教育服務等。

第四節　我國商業服務業發展趨勢

　　我國商業服務業者多屬中小企業，很容易受到國際情勢與大環境的影響。在國際上因為受到美國川普發動貿易戰的影響，使得國際經濟產生波動，連帶影響我國企業獲利、進而影響我國內需市場與消費。在國內產業環境上，店面零售業者面臨無店面零售業者的強烈競爭，多半呈現低速成長或衰退；外國旅客結構與消費行為的改變、年金制度的改革，或多或少也影響商業服務業的發展，對幾乎占 GDP 六成以上的服務業自然是個不利的發展環境。所以，2020 年我國服務業整體或個別細項產業的發展與經營概況（見本章前二節），所呈現的指標都不夠突出。這些情況其實並非只發生在今日，在過往的一段時間裡已逐漸顯現，只是面對國內外不確定因素愈來愈高，我國商業服務業者應持續提高警覺、積極應對。

　　2020 年初爆發 COVID-19（新冠肺炎）疫情，迅速席捲全球，我國商業服務業者，如大型餐飲業者與大型零售賣場業者等，因消費者擔心到公共場所容易遭受感染，而減少外出消費，連帶造成業者營收下降。好在我國疫情控制得當，行政院陸續推出紓困、振興等政策來協助企業發展、保障員工就業，進而發行三倍振興券，引發民眾「報復性消費」。目前雖然在國際間疫情仍然持續發展，與國際生產鏈相關的產業營收仍受到影響，不過大部分的服務業營收因為國內消費信

心的回升而有所改善。

雖然目前無法預知 COVID-19（新冠肺炎）疫情在 2020 年冬季是否可能會捲土重來，不過，從 2020 年上半年消費行為的變化，就可以觀察出我國商業服務業未來發展的趨勢。

 由於 COVID-19 疫情的影響，消費者又回到線上購物

在 COVID-19（新冠肺炎）爆發之前，根據 PwC（2019）全球消費者洞察調查顯示，消費者每週到實體店家消費的比率，由 2016 年的 40% 提升至 2019 年的 47%，顯示消費者又開始重視實體通路購物。（請參見圖 2-4-1）不過，在 COVID-19（新冠肺炎）爆發之後，這樣的態勢又開始反轉。由於出門購物具有感染的風險，因此消費者開始偏好透過不同的裝置在線上購物，並運用物流服務送至消費者的家中。(請參見圖 2-4-2）

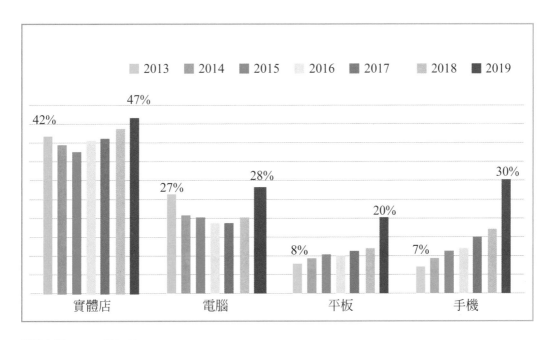

資料來源：PWC（2019）。

圖 2-4-1 **COVID-19（新冠肺炎）爆發前消費者每周消費方式**

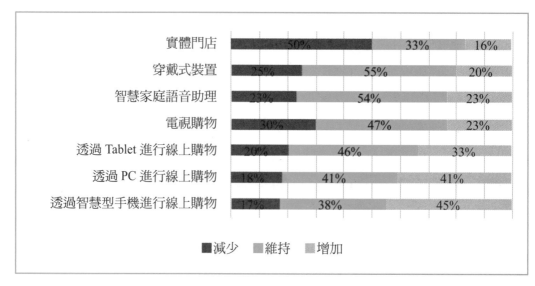

資料來源：PwC（2020）。

圖 2-4-2 **COVID-19（新冠肺炎）爆發後消費者消費方式的改變**

　　消費者因為 COVID-19 疫情改變消費方式，我們也可以從國內實際案例觀察到，在 2020 年 2 月至 4 月，大型實體零售店家因為疫情的影響，來客數減少 4 成，營收至少減少 3 成。在另一方面，消費者線上購物的比率快速增加，連帶提升電商平台的營收。我們也觀察到只要業者有提供線上購物的方式，其所受到的衝擊就會比實體店所受的衝擊小。這個現象不僅呼應了過去年鑑所提到的發展全通路的策略建議，更是在「疫情常態」的狀況下，零售業者必須積極應對的發展方向。

 臺灣外送平台因為疫情而有進一步的發展

　　去年年鑑就曾分析臺灣餐飲外送產業發展態勢，也提出臺灣外送平台成長力道驚人。消費者只要透過手機，進入各餐飲外送平台的 APP，就能點餐。下單後，透過 AI 運算系統，平台會將訂單分配給有餘裕接單的外送員，消費者只要人在家中坐，美食便會自動送上門來。如此「餐飲電商化」，也改變餐飲業的生態。

2020 年初所爆發的 COVID-19（新冠肺炎）疫情，對外送平台帶來進一步發展的機會。由於新冠肺炎爆發疫情的時間在農曆新年假期之後，原是公司行號舉辦春酒、聚餐的時間。因為配戴口罩還可以在實體零售業購買商品，但是在餐廳用餐則一定要拿下口罩，感染的風險更高，因而造成公司行號紛紛退訂，造成大型餐飲在經營上碰到很大的衝擊。不過，由於朋友之間的餐聚是一般民眾的社交習慣，因為社交距離規定盡量不到大型餐廳聚餐，反而可以在家中找朋友小聚；而外食也已經形成習慣，民眾不太會因為疫情而自己下廚，因此餐飲外送的需求就油然而生。

從商研院在 2020 年 3 月、4 月對餐飲業者的調查發現，疫情對於餐飲造成的衝擊與餐飲業者的規模有正相關，大型餐飲業者受到的影響最大，一般的街邊餐飲店所受到的影響較小；而業者若是有結合外送服務，則其營業額不減反增，顯示若是業者能夠對應到消費者的需求，即使是疫情的發展，還是能夠提供業者進一步發展的機會。

此外，外送平台也有進一步的發展。以往外送平台主要聚焦在與餐飲業者的合作，不過在 2020 年外送平台已經展開與其他業者的合作，外送平台展開與便利超商的合作即是一例。

臺灣的便利超商的發展一直是一個典範，臺灣便利超商的密集度聞名全球，而臺灣便利超商所能提供的便利性也為人所稱道，民眾可以在便利超商購買飲料食品、可以購買火車票與高鐵票、可以使用印表機與影印機，也可以繳交電費、水費與相關費用等。便利超商的業者一直以來也認為自己是服務消費者的最後一哩路。不過，此次 COVID-19 的發展卻改變這樣的概念。民眾發現，雖然便利超商相當方便，但是民眾只要出門就必須配戴口罩、就會有感染的風險，到便利超商消費就會有染疫的風險，所以便利超商的營業額也有受到疫情的影響。便利超商與外送平台合作，不但可以協助便利超商補強到消費者的最後一哩路，滿足消費者「低接觸」的需求；也可以開拓便利超商另外一塊的商機。原本消費者到超商消費，僅會購買少量的商品，不太會購買大量的商品。不過，此次便利超商與外送平台的合作，開拓了便利超商的整箱、整打購買的市場，由於有了外送平台的服務，消費者不需煩惱如何將大量商品帶回家，消費者將會增加在便利超商訂購大量商品的意願。

我們可以預見，未來外送平台可能與其他產業合作，開啟不同的服務創新，

來滿足消費者的需求。

行動支付因為疫情而有進一步的發展

依據金管會 2016 年的「金融科技發展策略白皮書」指出，臺灣電子支付比率為 26％，遠低於鄰近的南韓 77％、香港 65％、中國大陸 56％和新加坡 53％，不過根據近年來的努力，此一情況已有所改善。根據資策會（MIC）2018 年 1 月發布的《台灣行動支付消費者調查》顯示，臺灣使用過行動支付的人，已經從 2016 年的 19％提升至 39.7％。不過比起上述其他國家，臺灣行動支付發展仍很有限。分析此原因，行動支付的發展除了需要政府的大力支持、各家業者的相互配合外，更需要改變消費者端最根本的使用習慣，才能獲得持續與穩定的發展。

不過由於 2020 年初 COVID-19 疫情爆發，為減少接觸，臺灣的確有不少人開始刻意使用行動電子支付。根據金管會公布的資料顯示，截至 2020 年 4 月底，共有 5 家專營電子支付機構與 23 家兼營電子支付機構，總使用者人數約 829 萬人，較前個月增加 39 萬人。可見疫情對電子支付的使用，有明顯助攻效應。

目前，因為行動支付 APP 激烈競爭，炒熱行動支付的市場，已經逐步取代信用卡，成為用戶最愛的首選結帳方式。2019 年信用卡支付比例仍達 41.9%，2020 年上半卻掉至 33.9%，行動支付以 35.3% 首度拿下王座。而實際付費行為中，最常使用的行動支付工具前 5 名，分別是 LINE Pay（28.1%）、街口支付（15.5%）、PX Pay（11%）、Apple Pay（9.7%）、Easy Wallet/ 悠遊付（6.2%）。跟 2019 年相比，第一名 Line Pay（含一卡通）市占率微幅增加，但街口跟 Apple Pay 下滑，全聯的 PX Pay 跟 Easy Wallet/ 悠遊付（6.2%）異軍突起衝上第三與第五。

不過在日常生活中，除了便利商店和超市賣場，還是有很多地方無法使用行動支付，因此消費者每隔一段時間，還是要找 ATM 提取現金，出門也還是要帶錢包。不過這樣的情況，隨著消費習慣的改變，消費者一定會逐漸不滿；過去使用行動支付的消費者較少，一般服務業者未提供行動支付對於營業未必會造成影響，但目前因為愈來愈多的消費者開始增加行動支付、熟悉行動支付所帶來的便

利，就會對尚未提供行動支付的業者形成壓力。消費者可能因為店家未能提供行動支付而不登門消費。業者必須儘速對於此一現象有所體認，並儘速建構行動支付的環境。此一轉變，並非只是提供消費者便利交易的環境，業者本身也會因為建構行動支付的環境，開始掌握消費者的消費資料，以便於進行數據分析、精準行銷等經營轉型。

四　唯有強調安全與健康才可以讓消費者回到實體店

如前所述，因為疫情的關係，原本消費者回到實體店消費的趨勢，又開始重回利用各種裝置進行線上消費。那麼實體店的業者又該如何因應呢？我們要解答這個問題之前，還是必須了消費者到實體店消費的主要原因是希望可以在實體店中獲得更好的體驗。根據 PWC（2018）所公布的「2018 消費者體驗的未來」調查報告指出，雖然消費者做出購買決定時，價格和品質仍然是首要的考慮因素，但有 73％的全球受訪者表示，一個美好的體驗是影響其品牌忠誠度的關鍵驅動因素之一。全球消費者願意多花費 16% 的價格，來購買具有高品質客戶體驗的產品和服務。過去消費者在意的「性價比」（C/P 值）逐漸退燒，取而代之的是「價值比」（V/P 值），業者絕對不能忽視此一趨勢。

尤其目前國境未開，外國產品由於產品斷鏈而導致進口減少，民眾出國旅遊的機率也大幅降低，使得臺灣本地優良的產品、熱門景點與熱門商家被關注的機會大增。如何讓消費者可以持續光臨實體店面消費？就是我們必須正視的議題。

根據 PWC（2020）所做的全球調查，可以發現因為 COVID-19 的疫情，民眾對於心理健康、身體健康、體能鍛鍊與食品營養的部分更加重視。此外，消費者對於消費環境的安全與衛生無虞更加注意，因此，實體店的業者必須確保消費環境的安全與衛生，例如，消費者進入場所前應先測量體溫、要求消費者進入營業場所應配戴口罩，營業場所應隨時清潔所消毒，電扶梯扶手與電梯按鈕也必須以酒精擦拭，對於從業人員的身體健康狀況也必須加以掌握。

消費者唯有確保消費場所的安全與衛生無虞，消費者才會前往消費。不管今年秋冬 COVID-19 疫情是否會捲土重來，消費者對於場所環境衛生與安全的要求都應該「回不去」了。業者除了必須透過企業內部工作流程的規劃與訓練，達到

消費者的要求外，還必須將企業重視消費者安全與健康的精神與共識也讓每一位店員知曉，透過具有企業精神與服務熱忱的服務同仁協助傳遞，讓每一位消費者都能有信心到訪消費環境、享受業者提供最佳的消費體驗。

第五節　結論

不論從服務業生產已占實質 GDP 的 58.34%；或是從我國服務就業人口數為 684.9 萬人，占總就業人數的 59.6%；以及 2019 年我國服務業對外貿易總額達 1,087.50 億美元，較 2018 年增加 1.60%，都可以發現服務業在我國經濟成長與就業所扮演的角色更加重要。

在服務投資方面，2019 年核准僑外投資服務業投資金額 63.43 億美元，較 2018 年增加 17.55%，其中商業投資件數與金額都成長，分別增加 26.54% 與 50.82%。

在勞動力生產指數方面，2019 年服務業產值勞動生產力指數為 109.06，是近五年之新高。在每工時產出方面，2019 年服務業為 725.03 元，較上年度之 631.48 元增加，若以次產業觀之，可以發現服務業所有的次產業，2019 年全體產業的每工時產出相較於 2018 年均呈現成長的趨勢，顯示近幾年雖然受到外部環境不景氣影響，不過我國服務業仍然呈現緩步發展的格局。

目前研究發現，在 COVID-19 爆發之前，消費者每週到實體店家消費的比率，由 2016 年的 40% 提升至 2019 年的 47%，顯示消費者又開始重視實體通路購物。不過，在 COVID-19 爆發之後，由於出門購物具有感染的風險，因此消費者開始偏好透過不同的裝置在線上購物，並運用物流服務送至消費者的家中。我們也觀察到只要業者有提供線上購物的方式，其所受到的衝擊就會比實體店所受的衝擊小。這個現象不僅呼應了過去年鑑所提到的發展全通路的策略建議，更是在「疫情常態」的狀況下，零售業者必須積極應對的發展方向。

2020 年初所爆發的 COVID-19 疫情，對外送平台帶來進一步發展的機會。從商研院在 2020 年 3 月、4 月對餐飲業者的調查發現，疫情對於餐飲造成的衝擊與餐飲業者的規模有正相關，大型餐飲業者受到的影響最大，一般的街邊餐飲店所受到的影響較小；而業者若是有結合外送服務，則其營業額不減反增，顯示

若是業者能夠對應到消費者的需求，即使是疫情的發展，還是能夠提供業者進一步發展的機會。此外，外送平台已經展開與其他業者的合作，例如外送平台與便利超商的合作不但可以開拓外送平台的服務，對於便利超商而言，亦可拓展原本沒有掌握的市場，帶動雙贏。

我國過去在行動支付比率，相較於南韓、香港、中國大陸和新加坡都來得低，主要原因是消費者使用習慣還未建立所導致。不過由於 2020 年初 COVID-19 疫情爆發，為減少接觸，臺灣的確有不少人開始刻意使用行動電子支付，消費習慣開始逐漸轉變；又加上行動支付 APP 激烈競爭，炒熱行動支付的市場，已經逐步取代信用卡，成為用戶最愛的首選結帳方式。業者必須儘速對於此一現象有所體認，並儘速建構行動支付的環境。此一轉變，並非只是提供消費者便利交易的環境，業者本身也會因為建構行動支付的環境，開始掌握消費者的消費資料，以便於進行數據分析、精準行銷等經營轉型。

消費者唯有確保消費場所的安全與衛生無虞，消費者才會前往消費。不管今年秋冬 COVID-19 疫情是否會捲土重來，消費者對於場所環境衛生與安全的要求都「回不去」了。業者除了必須透過企業內部工作流程的規劃與訓練，達到消費者的要求外，還必須將企業重視消費者安全與健康的精神與共識也讓每一位店員知曉，透過具有企業精神與服務熱忱的服務同仁協助傳遞，讓每一位消費者都能有信心到訪消費環境、享受業者提供最佳的消費體驗。

基礎資訊
我國商業服務業概況
Basic Information

CHAPTER 03 批發業發展關鍵報告

商研院商業發展與策略研究所／傅中原研究員

第一節　前言

　　批發業在現今商業活動中扮演許多重要角色，除了降低生產端與消費端間的交易成本、搜尋成本及媒合成本外，同時也擔任提供貨物集散、調節市場供需、商品重製加工、融通生產端與消費端資金需求，並且提供市場商品資訊等多元功能，可稱為串聯生產端與消費端不可或缺的中介者。

　　批發業與零售業的分界線在於購買對象的不同。若為供貨給下游生產或配銷業者，則屬於批發商（Business to Business, B2B）；若是直接銷售給消費者，則歸於零售商（Business to Consumer, B2C）。

　　依據行政院主計總處頒布之「中華民國行業標準分類（第10次修訂版）」，定義批發業為「從事有形商品批發、仲介批發買賣或代理批發拍賣之行業，其銷售對象為機構或產業（如中盤批發商、零售商、工廠、公司行號、進出口商等）」。另外，若根據臺北市勞動檢查處（2009）的定義，我國批發業可區分為四類，分別為（1）從國內外購入原料經一定程序之加工處理使成一定之半成品，再行分裝販售；（2）從國內外購入原料經一定之加工處理成成品，再行分裝販售；（3）從國內外購入原料半成品，再經簡單加工處理後，進行分裝販售；（4）從國內外購入原料、成品，再行分裝販售。

　　本章的內容安排如下：前言之後，第二節為我國批發業整體發展現況分析，透過統計數據的呈現，瞭解我國批發業經營現況，並發掘我國批發產業的經營問題；第三節為介紹美國、日本與中國大陸之批發業現況，並且針對新興批發業經營案例進行分析；第四節則為探討COVID-19（新冠肺炎）疫情對我國批發業之影響；最後為結論，針對企業未來發展提供相關建議。

第二節　我國批發業發展現況分析

 批發業發展現況

（一）銷售額

　　由圖 3-2-1 的數據顯示，2019 年我國批發業的銷售總額為新臺幣 104,013 億元，較 2018 年衰退 1.37%，並為 2016 年以來首次出現衰退，主因為美中貿易紛爭衝擊全球貿易，致我國批發產業出口動能出現衰退。

資料來源：整理自財政部財政統計資料庫，營利事業家數與銷售額統計，2015-2019 年。

說　　明：(1) 2013 年以後採用「營利事業家數及銷售額第 7 次修訂」。

　　　　　(2) 勞動人口與薪資資料係整理自行政院主計總處薪資及生產力統計資料庫。

　　　　　(3) 上述表格數據會產生部分計算偏誤係因四捨五入與資料長度取捨所致，但並不影響數據分析結果。

圖 3-2-1 批發業銷售額與營利事業家數趨勢（2015-2019 年）

（二）營利事業家數

　　在營利事業家數方面，2019 年批發業整體家數為 311,690 家，相較於 2018 年，增加 3,343 家，成長幅度為 1.08%，顯見整體批發產業仍具發展潛力，足以

吸引新業者投入市場。

(三) 受僱人數與薪資

　　2019 年我國批發業的受僱人數為 1,067,680 人，年增率為 0.57%，可看出幅度不大，可能是此產業環境相當成熟，以致整體就業人數較不易受廠商進出與銷售額增減而產生大幅度的變動。2019 年批發業每人每月總薪資 55,681 元，與 2018 年相比，平均每人增加 2,033 元，成長 3.79%，推測可能與我國宣布調升基本工資有關，因此，拉升產業整體平均薪資水準。[1] 另外，由男女性員工的薪資亦可看出，男性員工薪資成長率除了在 2015 年、2016 年時出現較小增幅與負成長外，其餘年度薪資成長幅度都高於女性，可看出我國批發業男女員工薪資差異有擴大趨勢。

表 3-2-1 　我國批發業銷售額、家數、受僱人數與每人每月總薪資統計（2015-2019 年）

單位：億元新臺幣、家數、人、%、元

項目	年度	2015 年	2016 年	2017 年	2018 年	2019 年
銷售額	總計（億元）	95,590	93,722	100,495	105,454	104,013
	年增率（%）	-4.31	-1.95	7.49	4.93	-1.37
家數	總計（家）	294,948	299,136	304,352	308,347	311,690
	年增率（%）	1.76	1.42	1.74	1.31	1.08
受僱員工人數	總計（人）	1,040,156	1,039,779	1,050,509	1,061,609	1,067,680
	年增率（%）	1.07	-0.04	1.03	1.06	0.57
	男性（人）	467,144	466,300	472,097	475,470	481,285
	年增率（%）	0.48	-0.18	1.24	0.71	1.22%
	女性（人）	573,012	573,479	578,412	586,139	586,395
	年增率（%）	1.55	0.08	0.86	1.34	0.04%

註1　資料來源：2019 新制／基本工資漲時薪比月薪賺更大，https://news.tvbs.com.tw/life/1050736，2020 年。

年度 項目		2015 年	2016 年	2017 年	2018 年	2019 年
每人每月 總薪資	總計（元）	49,223	49,073	51,413	53,648	55,681
	年增率（%）	2.02%	-0.30	4.77	4.35	3.79
	男性（元）	54,762	54,339	56,939	59,922	62,665
	年增率（%）	1.61	-0.77	4.78	5.24	4.58
	女性（元）	44,708	44,791	46,902	48,558	49,950
	年增率（%）	2.54	0.19	4.71	3.53	2.87

資料來源：整理自財政部財政統計資料庫與行政院主計總處薪資及生產力統計資料庫，營利事業家數與銷售
額統計與受雇員工與薪資統計，2015-2019 年。

說　　明：(1) 2013 年以後採用「營利事業家數及銷售額第 7 次修訂」。

(2) 受雇員工人數與薪資資料係整理自行政院主計總處薪資及生產力統計資料庫。

(3) 上述統計數值可能會與過去年度數字有些許差異係因主管機關進行數據校正所致，且表格數
據會產生部分計算偏誤係因四捨五入與資料長度取捨有關，但並不影響數據分析結果。

二　批發業之細業別發展現況

（一）銷售額

　　為進一步瞭解產業內部銷售額變化情況，本文採用主計總處行業標準分類的
定義，將批發業區分為民生用品批發業（45）與產業用品批發業（46）[2]。民生
用品批發業主要以國內業者與消費者為銷售對象，而產業用品批發業則多以製造
商為其主要銷售對象。

　　由表 3-2-2 可知，民生用品批發業與產業用品批發業於 2019 年的總銷售額
分別為 43,685.29 億元與 60,328.69 億元，其年增率分別為 2.21% 和 -3.80%。比
較 2015 年至 2019 年間的批發業銷售額占比來看，我國批發業仍以產業用品批發
業為主，其平均占比約為 58%，而民生用品批發業大約維持在 42%，代表我國

註 2　民生用品批發業包含 451 商品經紀業、452 綜合商品批發業、453 農產原料及活動物批發業、
454 食品、飲料及菸草製品批發業 455 布疋及服飾品批發業、456 家庭器具及用品批發業、
457 藥品、醫療用品及化妝品批發業以及 458 文教、育樂用品批發業；產業用品批發業則包含
461 建材批發業、462 化學材料及其製品批發業、463 燃料及相關產品批發業、464 機械器具
批發業、465 汽機車及其零配件、用品批發業以及 469 其他專賣批發業。

批發產業發展已呈穩定狀態，並且主要係以製造業供應鏈為主的產業型態。

表 3-2-2 批發細業別銷售額、年增率與銷售額占比（2015-2019 年）

單位：億元新臺幣、%

業別 \ 年度		2015 年	2016 年	2017 年	2018 年	2019 年
民生用品批發業	銷售額（億元）	40,517.02	40,944.25	42,262.83	42,740.07	43,685.29
	年增率（%）	-0.81	1.05	3.22	1.13	2.21
	銷售額占比（%）	42.39	43.69	42.00	40.53	42.00
產業用品批發業	銷售額（億元）	55,073.85	52,778.68	58,232.78	62,713.94	60,328.69
	年增率（%）	-6.73	-4.17	10.33	7.70	-3.80
	銷售額占比（%）	57.61	56.31	58.00	59.47	58.00

資料來源：整理自財政部財政統計資料庫，營利事業家數與銷售額統計，2015-2019 年。

說　明：(1) 2013 年以後採用「營利事業家數及銷售額第 7 次修訂」。

　　　　(2) 民生用品批發業係標準行業 2 位碼代碼為 45 之業別，產業用品批發業的 2 位碼代碼為 46。

　　　　(3) 上述統計數值可能會與過去年度數字有些許差異係因主管機關進行數據校正所致，且表格數據會產生部分計算偏誤係因四捨五入與資料長度取捨有關，但並不影響數據分析結果。

若以批發業內各業別來看（詳參表 3-2-3），2019 年度銷售額規模前三大的產業分別為機械器具批發業、建材批發業以及食品、飲料及菸草製品批發業，其產業銷售額分別占我國批發業總額比重為 25.04%、13.38% 與 13.06%，三項合計占我國批發業整年度銷售額二分之一強，意味此三項產業興衰與我國批發業整體發展息息相關。

機械器具批發業 2019 年銷售額為 26,045.48 億元，年增率為 -2.44%，主因設備投資需求受美中貿易戰影響而緊縮，致電子生產設備、工具機等產量驟減所致，嚴重影響機械器具產業前景；建材批發業 2019 年的銷售額為 13,913.31 億元，其年增率為 -2.49%，因建材批發業主要銷售對象屬國內業者，若國內市場景氣前景不明將影響營建相關業者，亦將衝擊批發業者之生計；食品、飲料及菸草製品批發業 2019 年的銷售額為 13,583.53 億元，年成長率為 6.00%，

另外「燃料及相關產品批發業」與「化學原材料及其製品批發業」，這兩個產業的衰退幅度較高，分別為 -9.66% 以及 -8.88%，主因能源市場供應較為寬

鬆，能源均價較低，加上全球經濟需求尚未明顯回溫，拖累國內生產與出口動能；藥品、醫療用品及化妝品批發業呈現成長趨勢，其銷售額為 4,223.12 億元，年增率為 7.25%。

表 3-2-3 **2019 年批發業細業別之銷售額、年增率與銷售額占比**

單位：億元新臺幣、%

項目 行業別	銷售額	年增率（%）	銷售額占比（%）
批發業銷售額總計	104,013.97	-1.37	100.00
機械器具批發業	26,045.48	-2.44	25.04
建材批發業	13,913.31	-2.49	13.38
食品、飲料及菸草製品批發業	13,583.53	6.00	13.06
化學原材料及其製品批發業	7,265.92	-8.88	6.99
商品批發經紀業	7,156.28	1.67	6.88
汽機車及其零配件、用品批發業	7,085.46	-2.27	6.81
家用器具及用品批發業	6,954.98	-0.94	6.69
布疋及服飾品批發業	4,713.22	-4.78	4.53
藥品、醫療用品及化妝品批發業	4,223.12	7.25	4.06
綜合商品批發業	3,414.70	0.32	3.28
其他專賣批發業	3,300.27	-6.10	3.17
燃料及相關產品批發業	2,718.24	-9.66	2.61
文教育樂用品批發業	2,019.05	2.17	1.94
農產原料及活動物批發業	1,620.39	1.42	1.56

資料來源：整理自財政部財政統計資料庫，營利事業家數與銷售額統計，2019 年。

說　　明：(1) 2018 年採用「營利事業家數及銷售額第 7 次修訂」。

　　　　　(2) 因四捨五入的緣故，表內數字加總未必與總計相等。

　　　　　(3) 上述統計數值可能會與過去年度數字有些許差異係因主管機關進行數據校正所致，且表格數據會產生部分計算偏誤係因四捨五入與資料長度取捨有關，但並不影響數據分析結果。

（二）營利事業家數

　　由表 3-2-4 可知，民生用品批發業與產業用品批發業於 2019 年經營家數分別為 149,863 家與 161,827 家，年增率各別為 1.21% 和 0.97%。比較近五年數據，可知我國批發業每年都有新廠商加入經營，但此趨勢有逐漸減緩態勢，當中又以民生用品批發業尤其明顯，也意味我國批發業產業處於高度競爭。

　　若以 2019 年間的家數占比而言，我國產業用品批發業之廠商家數仍較多，占比達 51.92%，而民生用品批發業為 48.08%，但兩者差距不大；另外，從 2015 年起，民生用品批發業家數出現持續成長，且成長率高於產業用品批發業，以致其占比逐漸提高，意謂我國批發業未來可能轉型成供應民生用品的產業結構。

表 3-2-4　批發業細業別營利事業家數、年增率與家數占比（2015-2019 年）

單位：家、%

業別	年度	2015 年	2016 年	2017 年	2018 年	2019
民生用品批發業	家數	140,124	143,175	146,272	148,072	149,863
	年增率（%）	2.38	2.18	2.16	1.23	1.21
	家數占比（%）	47.51	47.86	48.06	48.02	48.08
產業用品批發業	家數	154,824	155,961	158,080	160,275	161,827
	年增率（%）	1.21	0.73	1.36	1.39	0.97
	家數占比（%）	52.49	52.14	51.94	51.98	51.92

資料來源：整理自財政部財政統計資料庫，營利事業家數與銷售額統計，2015-2019 年。

說　明：(1) 2013 年以後採用「營利事業家數及銷售額第 7 次修訂」。

　　　　(2) 民生用品批發業係標準行業 2 位碼代碼為 45 之業別，產業用品批發業的 2 位碼代碼則為 46。

　　　　(3) 上述統計數值可能會與過去年度數字有些許差異係因主管機關進行數據校正所致，且表格數據會產生部分計算偏誤係因四捨五入與資料長度取捨有關，但並不影響數據分析結果。

　　在細行業別分類中，請參閱表 3-2-5，2019 年經營家數最多的產業別為機械器具批發業，有 67,768 家，年增率為 1.38%，占整體批發業家數的比重為 21.74%；其次為建材批發業，家數為 53,248 家，年增率為 0.11%，占比為 17.08%；食品、飲料及菸草製品批發業則排名第三，家數有 49,784 家，其成長率為 3.08%，所占比重為 15.97%。與 2018 年相比，可以看出此三項產業其占比均呈現上升的趨勢。[3]

註 3　2018 年經營家數最多的產業別為機械器具批發業有 66,845 家，年增率為 2.32%，占整體批發業家數的比重為 21.68%；其次為建材批發業，家數為 53,191 家，年增率為 0.31%，占比為 17.25%；食品、飲料及菸草製品批發業則排名第三，家數有 48,297 家，其成長率為 1.72%，其比重為 15.66%。

　　若以各業別內部家數變化來看，細業別家數成長幅度高於整體批發業家數的產業，包括機械器具批發業、食品、飲料及菸草製品批發業、家用器具及用品批發業、汽機車及其零配件、用品批發業、藥品、醫療用品及化妝品批發業、其他專賣批發業、化學原材料及其製品批發業、綜合商品批發業等業別，推測成長動能係因內需市場成長帶動新業者投入經營相關業務。

　　建材批發業、布疋及服飾品批發業、商品批發經紀業、文教育樂用品批發業、農產原料及活動物批發業、燃料及相關產品批發業等產業家數成長率低於整體成長率，意謂這些產業可能面臨經營轉型困境、海外市場拓展不易、數位能力升級困難等障礙，以致其經營家數無法顯著提升，活絡產業動能。

表 3-2-5　**2019 年批發業細業別之家數、年增率與家數占比**

單位：家、%

項目 行業別	家數	年增率（%）	家數占比（%）
批發業家數總計	311,690	1.08	100.00
機械器具批發業	67,768	1.38	21.74
建材批發業	53,248	0.11	17.08
食品、飲料及菸草製品批發業	49,784	3.08	15.97
家用器具及用品批發業	33,291	1.34	10.68
布疋及服飾品批發業	19,925	-0.95	6.39
汽機車及其零配件、用品批發業	14,293	1.70	4.59
藥品、醫療用品及化妝品批發業	14,109	2.06	4.53
其他專賣批發業	12,592	1.55	4.04
化學原材料及其製品批發業	12,120	1.20	3.89
商品批發經紀業	11,465	-2.94	3.68
文教育樂用品批發業	10,518	0.68	3.37
綜合商品批發業	5,478	1.39	1.76
農產原料及活動物批發業	5,293	-0.53	1.70
燃料及相關產品批發業	1,806	-0.17	0.58

資料來源：整理自財政部財政統計資料庫，營利事業家數與銷售額統計，2019 年。

說　　明：(1) 2013 年以後採用「營利事業家數及銷售額第 7 次修訂」。

　　　　　(2) 因四捨五入的緣故，表內數字加總未必與總計相等。

　　　　　(3) 上述統計數值可能會與過去年度數字有些許差異係因主管機關進行數據校正所致，且表格數據會產生部分計算偏誤係因四捨五入與資料長度取捨有關，但並不影響數據分析結果。

三 **批發業政策與趨勢**

為了真實瞭解我國批發業在實際經營上可能會遭遇到的挑戰，本節將探討經濟部統計處 2019 年所公布的《批發、零售及餐飲經營實況調查》（以下簡稱《實況調查》）的結果，並且從調查結果當中，發掘我國批發業發展趨勢及經營障礙。[4]

（一）除了機械器具批發業之外，其他批發業細業別均以內銷為主

由表 3-2-6 所示，我國批發業銷售對象以國內業者為主，占比為 62.7%，外銷比例較小，僅占 37.3%，可見我國批發業廠商供應對象包含貿易商、批發商與零售商等業別之業者。

進一步分析，可發現主要以國內市場為銷售主體之業別，有藥品醫療用品及化妝品批發業、汽機車及其零配件用品批發業、食品飲料及菸草製品批發業以及農產原料及活動物批發業等，這些細業別內銷比重相當高，都在 88% 以上，意謂其經營主要係依賴國內市場需求，當國內消費市場疲軟時，對於這些產業衝擊將相當大，也將影響其生計。

另外，銷售對象偏重海外市場的業別僅有機械器具批發業，這又與我國身為全球機械產業供應鏈的一員為主有關，而此產業主要銷售對象可能為國內相關產業零組件加工業者，也可能為海外機械加工或組裝廠的供應商等，較容易受到全球經濟不景氣與重大政經事件（如美中貿易戰等）所影響。

表 3-2-6 **我國 2018 年批發業內外銷售比重**

單位：%

銷售對象 業別	內銷（%）	外銷（%）
批發業	62.7	37.3

註 4　《批發、零售及餐飲經營實況調查》係由經濟部統計處每年 4 月完成調查，而相關報告書於當年度 10 月出版。調查對象為從事商業交易活動之公司行號且設有固定營業場所之企業單位，調查家數為 3,400 家。截至本文完成前，僅公布 2019 年 5 月所辦理「批發、零售及餐飲業經營實況調查」統計結果，而其調查年為 2018 年資料。

業別 ＼ 銷售對象	內銷（%）	外銷（%）
藥品醫療用品及化妝品批發業	97.9	2.1
汽機車及其零配件用品批發業	92.4	7.6
食品飲料及菸草製品批發業	88.3	11.7
農產原料及活動物批發業	88.2	11.8
家庭器具及用品批發業	78.0	22.0
其他專賣批發業	75.9	24.1
建材批發業	70.8	29.2
化學材料及其製品批發業	66.7	33.3
綜合商品批發業	65.9	34.1
燃料及相關產品批發業	60.3	39.7
布疋及服飾品批發業	57.2	42.8
商品批發經紀業	55.0	45.0
文教、育樂用品批發業	53.8	46.2
機械器具批發業	38.6	61.4

資料來源：整理自經濟部統計處《批發、零售及餐飲經營實況調查》，2019 年。

（二）批發業主要遇到的經營困難以同業競爭激烈、新市場開拓不易、匯率波動風險與經營成本增加等

　　由表 3-2-7 可知，我國批發業主要遇到的經營困難包含同業競爭激烈（68.1%）、新市場開拓不易（40.1%）、經營成本增加（39.8%）與匯率波動風險（36.7%）等，這也與我國市場規模、經濟條件息息相關。由於我國為一小型經濟開放體，受限於國內市場規模較小，且批發業者又以內需市場為主要銷售對象，因此較容易面對到同業間價格競爭，也較難開拓新市場；另一方面，我國因未與主要貿易對手國簽署自由貿易協定，以及高度對外貿易開放，若匯率或關稅波動程度大時，將直接侵蝕批發業者利潤，影響企業出口能量。

表 3-2-7 我國 2019 年批發業經營障礙來源

單位：%

業別 \ 經營障礙	競爭激烈(%)	關稅障礙(%)	人員招募不易(%)	匯率波動風險(%)	消費需求多變(%)	產品生命週期短(%)	新市場開拓不易(%)	資金融通困難(%)	代理權不易掌握(%)	企業規模小(%)	經營成本提高(%)
批發業	68.1	10.7	16.9	36.7	25.8	10.1	40.1	6.1	8.8	8.1	39.8
商品批發經紀業	43.8	9.4	6.3	34.4	15.6	6.3	40.6	6.3	12.5	18.8	28.1
綜合商品批發業	62.2	15.6	13.3	24.4	40.0	11.1	48.9	4.4	8.9	4.4	37.8
農產原料及活動物批發業	75.4	6.2	24.6	43.1	20.0	13.9	33.9	4.6	3.1	9.2	36.9
食品飲料及菸草製品批發業	67.2	11.8	20.2	28.3	40.1	16.0	38.1	6.7	6.4	6.4	46.2
布疋及服飾品批發業	62.6	13.7	12.2	36.7	28.8	10.8	39.6	7.2	7.2	9.4	38.1
家庭器具及用品批發業	69.6	11.1	14.5	35.3	33.8	9.2	40.6	3.9	10.1	9.7	42.5
藥品醫療用品及化妝品批發業	66.7	3.6	14.4	23.4	27.9	8.1	36.0	0.9	13.5	7.2	38.7
文教、育樂用品批發業	69.0	15.0	14.0	43.0	40.0	20.0	44.0	2.0	7.0	10.0	42.0
建材批發業	69.3	9.3	16.7	34.9	13.7	2.7	38.8	9.9	4.8	10.2	44.2
化學材料及其製品批發業	72.2	13.0	13.6	48.8	15.4	9.3	50.6	3.7	16.1	7.4	34.6
燃料及相關產品批發業	56.9	2.0	15.7	17.7	9.8	2.0	27.5	5.9	9.8	9.8	19.6
機械器具批發業	68.5	8.2	17.6	45.7	17.8	12.3	41.6	5.5	12.0	6.0	35.1
汽機車及其零配件用品批發業	73.9	17.0	23.5	34.0	39.2	9.2	38.6	5.2	6.5	7.8	41.2
其他專賣批發業	65.9	13.6	15.9	43.2	14.8	3.4	37.5	13.6	6.8	6.8	40.9

資料來源：整理自經濟部統計處《批發、零售及餐飲經營實況調查》，2020 年。

四 COVID-19（新冠肺炎）對我國批發業之影響與因應

（一）COVID-19（新冠肺炎）對我國批發業之影響

　　新冠肺炎，又名新冠肺炎，英文學名稱之為 COVID-19，自 2019 年年底在中國大陸境內爆發後，開始蔓延全球 187 個國家，截至 2020 年 7 月 3 日為止，已有 1,063 萬人確診，造成 51 萬人因染病而死亡，[5] 並且對於全球經濟產生劇烈的衰退情勢。根據國際貨幣基金估算 2020 年全球經濟成長率為 -4.9%，成為自 1940 年代經濟大蕭條以來最嚴重的事件。

　　根據經濟部統計處公布「109 年 5 月批發、零售及餐飲業營業額統計」結果顯示，我國批發業在 2020 年 1 月底爆發疫情以來，對批發細業別產業影響相當大，以下將針對批發業受影響情況重點分析如下：

1. 我國批發業自疫情爆發以來，受傷最嚴重的月份為 1 月份；且受傷最嚴重之產業為文教育樂用品批發業、其他批發業[6]、建材批發業與化學原材料及其製品批發業等產業

　　若以 2020 年 1 月至 5 月批發業銷售額的年增率來看，整體批發業營業額在 1 月份時下跌 13.1%，且 11 個細產業別均呈現下跌情況，跌幅約 7.6~26.1% 不等；當中受影響最大的產業分別為文教育樂用品批發業、其他批發業、建材批發業與化學原材料及其製品批發業等產業，其營業額跌幅多介於 21.2%~26.1% 間。

2. 多數批發業在 2 月之後就逐漸恢復，但 4 月後因國際疫情轉趨嚴峻，批發細產業大多又轉趨呈現衰退情勢

　　新冠肺炎對批發業首波衝擊大致僅維持一個月，2 月起大多數批發產業已逐步恢復，但到了 4 月之後，整體批發業又開始呈現下跌趨勢，成因恐與全球疫情轉趨嚴峻，連帶影響我國經濟相關，受影響程度較大之產業如布疋及服飾品批發業（下跌 33.9%）、其他批發業（下跌 19%）及建材批發業（下跌 12.8%）。

註 5　資料來源：衛生福利部疾管署官方網站統計，https://www.cdc.gov.tw/，最後參閱時間：2020 年 7 月 3 日。

註 6　其他批發業涵蓋商品經紀業、農產原料及活動物批發業、燃料及相關批發業、其他專賣批發業。

3. 由於購物人潮減少，直接衝擊布疋和服飾品批發業，且影響持續期間長；而受惠宅經濟效益，家庭器具及用品批發業逆勢上漲

　　新冠肺炎雖屬與總體性事件，但對產業影響程度卻有所差異。由圖 3-2-2 可看出，在計算期間內，布疋與服飾品批發業受到衝擊的影響程度最大，每月都呈現衰退趨勢，[7] 推測可能係與疫情影響消費者出門購物意願，連帶影響相關批發業銷售額；家庭器具與用品批發業在此期間內，除了 1 月與 4 月呈現衰退外，其餘期間均呈現正向成長，[8] 可看出因疫情驅動宅經濟效益，使消費者對相關家庭用品需求增加。

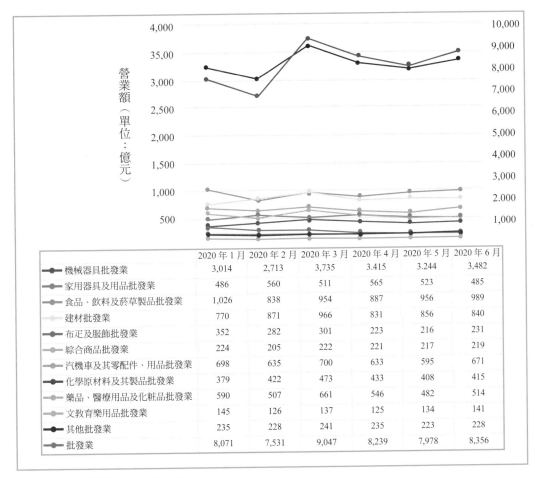

	2020 年 1 月	2020 年 2 月	2020 年 3 月	2020 年 4 月	2020 年 5 月	2020 年 6 月
機械器具批發業	3,014	2,713	3,735	3.415	3.244	3,482
家用器具及用品批發業	486	560	511	565	523	485
食品、飲料及菸草製品批發業	1,026	838	954	887	956	989
建材批發業	770	871	966	831	856	840
布疋及服飾批發業	352	282	301	223	216	231
綜合商品批發業	224	205	222	221	217	219
汽機車及其零配件、用品批發業	698	635	700	633	595	671
化學原材料及其製品批發業	379	422	473	433	408	415
藥品、醫療用品及化粧品批發業	590	507	661	546	482	514
文教育樂用品批發業	145	126	137	125	134	141
其他批發業	235	228	241	235	223	228
批發業	8,071	7,531	9,047	8,239	7,978	8,356

資料來源：經濟部統計處，2020 年。

圖 3-2-2　新冠肺炎下對批發業營業額之影響

註 7　布疋與服飾品批發業 1-5 月的營業額成長率分別為 -11.2%、-4.8%、-10.1%、-33.9% 與 -31.3%。
註 8　家庭器具及用品批發業 1-5 月的營業額成長率分別為 -11%、18.8%、3.2%、-0.1% 與 5.8%。

（二）政府之因應做法

我國政府為了因應肺炎疫情對批發業的影響，啟動了一系列的紓困政策，包含薪資補貼與一次性營運資金補貼的「商業服務業受嚴重特殊傳染性肺炎影響之艱困事業薪資及營運資金補貼」政策，預算編列 183.7 億元。在執行面上，截至 7 月 13 日止，已受理 50,395 案、員工數約 36.6 萬人、申請補貼金額 175.53 億元。

因國內疫情穩定，民眾逐漸恢復消費信心，內需型商業服務業景氣逐漸回溫，政府並採取諸多振興措施（如振興三倍券等），且補貼經費不足。但批發業別中若屬進出口貿易服務業，符合經濟部貿易局所定紓困 3.0 補貼條件，得向相關單位申請補貼。

第三節　國際批發業發展情勢與展望

 主要國家批發業發展現況

（一）美國

1. 銷售額

由表 3-3-1 的數據顯示，美國批發業 2019 年的銷售總額為 5,971,393 百萬美元，與 2018 年相比，年增率為 0.63%，雖然產業保持成長的趨勢，但成長動能已顯著減弱。

石油及相關製成品批發業為美國最大的批發業別，銷售額為 698,996 百萬美元，其銷售額占美國批發業總銷售額比率為 11.71%；其次分別為藥品與其相關產品業 716,523 百萬美元、食品雜貨用品業 695,652 百萬美元、電子產品業 587,509 百萬美元，與專業及商業設備及用品業 528,336 百萬美元。

表 3-3-1 **美國批發業細業別之銷售額與年增率（2015-2019 年）**

單位：百萬美元、%

行業別	項目	2015	2016	2017	2018	2019
批發業	銷售額（百萬元）	5,287,539	5,257,774	5,680,023	5,933,902	5,971,393
	年增率（%）	-4.86	-0.56	8.03	4.47	0.63

項目 行業別		2015	2016	2017	2018	2019
機動車輛及其零配件用品業	銷售額（百萬元）	430,338	426,447	471,163	469,008	474,700
	年增率（%）	3.73	-0.90	10.49	-0.46	1.21
家具用品業	銷售額（百萬元）	79,392	82,921	82,995	90,389	97,443
	年增率（%）	3.82	4.45	0.09	8.91	7.80
木材及其他建築材料業	銷售額（百萬元）	117,527	124,923	136,638	143,171	151,068
	年增率（%）	5.59	6.29	9.38	4.78	5.52
專業及商業設備及用品業	銷售額（百萬元）	448,324	459,409	484,131	504,726	528,336
	年增率（%）	2.50	2.47	5.38	4.25	4.68
金屬和礦物用品業	銷售額（百萬元）	156,606	140,370	164,205	187,028	175,879
	年增率（%）	-15.12	-10.37	16.98	13.90	-5.96
電子產品業	銷售額（百萬元）	548,224	550,677	595,061	617,305	587,509
	年增率（%）	2.64	0.45	8.06	3.74	-4.83
五金、水管及暖氣設備及相關用品業	銷售額（百萬元）	129,244	134,026	138,391	147,614	155,313
	年增率（%）	3.71	3.70	3.26	6.66	5.22
機械設備用品業	銷售額（百萬元）	398,117	390,071	422,239	465,179	450,227
	年增率（%）	-5.45	-2.02	8.25	10.17	-3.21
其他耐久財用品業	銷售額（百萬元）	210,218	209,643	236,461	243,170	235,741
	年增率（%）	-15.73	-0.27	12.79	2.84	-3.06
紙類相關品業	銷售額（百萬元）	95,851	95,558	96,452	98,745	91,601
	年增率（%）	-0.04	-0.31	0.94	2.38	-7.23
藥品與其相關產品業	銷售額（百萬元）	603,765	642,350	675,176	695,019	716,523
	年增率（%）	11.98	6.39	5.11	2.94	3.09
服飾與其相關產品業	銷售額（百萬元）	165,051	162,016	153,984	160,608	156,719
	年增率（%）	1.83	-1.84	-4.96	4.30	-2.42
食品雜貨用品業	銷售額（百萬元）	628,936	625,007	643,033	645,500	695,652
	年增率（%）	2.98	-0.62	2.88	0.38	7.77
農產品與其相關產品業	銷售額（百萬元）	219,316	204,114	207,810	201,447	194,550
	年增率（%）	-13.76	-6.93	1.81	-3.06	-3.42

行業別 \ 項目		2015	2016	2017	2018	2019
化學與其相關製成品業	銷售額（百萬元）	117,777	114,038	123,700	135,456	131,642
	年增率（%）	-8.46	-3.17	8.47	9.50	-2.82
石油及相關製成品業	銷售額（百萬元）	551,577	502,470	644,287	716,726	698,996
	年增率（%）	-33.82	-8.90	28.22	11.24	-2.47
啤酒、葡萄酒和蒸餾酒精飲料業	銷售額（百萬元）	136,082	138,958	142,813	155,948	161,146
	年增率（%）	4.18	2.11	2.77	9.20	3.33
其他非耐久性批發業	銷售額（百萬元）	251,194	254,776	261,484	256,863	268,348
	年增率（%）	0.91	1.43	2.63	-1.77	4.47

資料來源：整理自美國普查局《Monthly Wholesale Trade Report》，2015-2019 年。

說　　明：上述表格數據會產生部分計算偏誤係因四捨五入與資料長度取捨所致，但並不影響數據分析結果。

2. 受僱人數與薪資

　　由表 3-3-2 可以看出，2018 年美國批發業的受僱人數為 3.75 百萬人，相較於 2017 年 3.84 百萬人，衰退 2.34%。另外，2018 年每人每月薪資為 5,275 美元，相較於 2017 年的 5,226 美元，小幅提高 0.94%。

表 3-3-2　美國批發業受僱人員數與薪資（2015-2018 年）

單位：百萬人、美元、%

項目 \ 年度	2015	2016	2017	2018
受僱員工人數總計（百萬人）	3.96	3.87	3.84	3.75
受僱員工人數變動率（%）	1.80	-2.27	-0.78	-2.34
每人每月薪資（美元）	4,957	5,070	5,226	5,275
每人每月薪資變動率（%）	3.99	2.28	3.09	0.94

資料來源：整理自 DATA USA，2015-2018 年。

說　　明：上述表格數據會產生部分計算偏誤係因四捨五入與資料長度取捨所致，但並不影響數據分析結果。

（二）日本

1. 銷售額

由表 3-3-3 顯示，日本 2019 年批發業的銷售總額為 3,149,280 億元。與 2018 年相比，衰退幅度達 3.57%，可見日本國內批發業面臨經營挑戰。若以批發業細業別來看，機械產品批發業為日本批發業之大宗，其 2019 年產值為 684,150 億元，相較於 2018 年，小幅成長 0.6%；其次為食品飲料產品批發業，其產值為 492,750 億元，年增率小幅衰退 2.54%。

表 3-3-3 日本批發業細業別之銷售額與年增率（2015-2019 年）

單位：十億日元、%

行業別	項目	2015	2016	2017	2018	2019
批發業	銷售額（十億元）	319,477	302,406	313,439	326,585	314,928
	年增率（%）	-2.50	-5.34	3.65	4.19	-3.57
綜合商品	銷售額（十億元）	38,489	35,372	36,989	38,100	33,037
	年增率（%）	-2.65	-8.10	4.57	3.00	-13.29
紡織品	銷售額（十億元）	3,409	2,988	2,955	3,027	2,909
	年增率（%）	0.95	-12.35	-1.10	2.44	-3.90
服飾及相關配件產品	銷售額（十億元）	5,728	4,826	4,494	4,147	3,803
	年增率（%）	-2.09	-15.75	-6.88	-7.72	-8.30
農漁產品相關產品	銷售額（十億元）	23,164	22,135	22,751	23,654	23,663
	年增率（%）	2.78	-4.44	2.78	3.97	0.04
食品飲料產品	銷售額（十億元）	45,438	46,378	48,008	50,561	49,275
	年增率（%）	6.77	2.07	3.51	5.32	-2.54
建築材料產品	銷售額（十億元）	16,067	16,061	16,304	17,307	18,200
	年增率（%）	-3.88	-0.04	1.51	6.15	5.16
化學製成產品	銷售額（十億元）	16,134	15,058	15,911	16,547	15,676
	年增率（%）	-6.30	-6.67	5.66	4.00	-5.26
礦物與金屬材料產品	銷售額（十億元）	45,114	40,084	43,631	47,709	43,616
	年增率（%）	-11.96	-11.15	8.85	9.35	-8.58

行業別 \ 項目	項目	2015	2016	2017	2018	2019
機械產品	銷售額（十億元）	66,464	63,345	66,183	68,010	68,415
	年增率（%）	-3.34	-4.69	4.48	2.76	0.60
家具用品	銷售額（十億元）	2,619	2,466	2,365	2,259	2,172
	年增率（%）	-6.16	-5.84	-4.10	-4.48	-3.85
醫藥品與化妝品	銷售額（十億元）	25,558	24,984	25,206	24,877	25,626
	年增率（%）	4.79	-2.25	0.89	-1.31	3.01
其他批發業	銷售額（十億元）	31,293	28,709	28,644	30,388	28,537
	年增率（%）	-4.24	-8.26	-0.23	6.09	-6.09

資料來源：整理自日本經濟產業省《商業動態統計書》，2015-2019 年。

說　　明：上述表格數據會產生部分計算偏誤係因四捨五入與資料長度取捨所致，但並不影響數據分析結果。

2. 受僱人數與薪資

　　根據表 3-3-4 可以看出，2019 年日本批發業的受僱人數為 323 萬人，年增率為 -0.92%，受僱員工人數呈現小幅下降。批發業 2019 年每人每月薪資約為 350.2 千元，相對於 2018 年呈現小幅衰退 2.53%。

表 3-3-4 **日本批發業受僱人員數與薪資（2015-2019 年）**

單位：萬人、千日元、%

項目 \ 年度	2015	2016	2017	2018	2019
受僱員工人數總計（萬人）	326	325	331	326	323
受僱員工人數變動（%）	-1.21	-0.31	1.85	-1.51	-0.92
每人每月薪資（千元）	357.9	362.9	359.3	359.3	350.2
每人每月薪資變動（%）	-1.19	1.4	-0.99	0.00	-2.53

資料來源：整理自日本經產省《勞動力調查》與《基本工資結構統計調查》，2015-2019 年。

說　　明：(1) 表格中的每人每月薪資項目最低計算基準值為企業聘僱人數達 10 人以上之企業。

　　　　　(2) 上述表格數據會產生部分計算偏誤係因四捨五入與資料長度取捨所致，但並不影響數據分析結果。

（三）中國大陸

1. 銷售額

由表 3-3-5 的數據顯示，中國大陸在 2018 年的批發業銷售總額為 922,225.90 億元，與 2017 年的數據相比，年增率為 11.78%。若以細業別看，礦產品、建材及化工產品批發產業為中國大陸批發業中占比最高的業別，其 2018 年銷售額占比達 34.5%，可見礦產品、建材及化工產品批發業仍係目前中國大陸產業發展之重心。

另一方面，民生相關用品批發產業如「農、林、牧產品」、「食品、飲料及菸草製品」、「米、麵製品及食用油」、「紡織、服裝及日用品」、「文化、體育用品及器材」、「醫藥及醫療器材」、「機械設備、五金交電及電子產品」與「汽車、摩托車及零配件」等業別，其銷售額從 2014 年至 2018 年間均呈現每年成長的趨勢，凸顯中國大陸消費者對於這一類民生產品需求大幅增加，進而推動相關產業之穩健成長。

表 3-3-5 中國大陸批發業細業別之銷售額與年增率（2014-2018 年）

單位：億元人民幣、%

行業別	項目	2014	2015	2016	2017	2018
批發業	銷售額（億元）	711,805.01	650,522.83	695,818.53	825,012.05	922,225.90
	年增率（%）	6.99	-8.61	6.96	18.57	11.78
農、林、牧產品	銷售額（億元）	8,453.76	8,511.60	8,947.15	9,372.52	10,754.90
	年增率（%）	4.19	0.68	5.12	4.75	14.75
食品、飲料及菸草製品	銷售額（億元）	39,211.69	42,663.10	44,720.62	45,356.87	47,801.40
	年增率（%）	13.22	8.80	4.82	1.42	5.39
米、麵製品及食用油	銷售額（億元）	5,297.09	5,565.31	6,118.66	6,702.03	7,035.20
	年增率（%）	11.36	5.06	9.94	9.53	4.97
菸草製品	銷售額（億元）	17,212.06	17,502.55	17,111.48	17,530.10	18,363.90
	年增率（%）	8.49	1.69	-2.23	2.45	4.76

項目 行業別		2014	2015	2016	2017	2018
紡織、服裝及日用品	銷售額（億元）	34,925	35,191.17	36,578.99	40,821.42	46,947.80
	年增率（%）	9.62	0.76	3.94	11.60	15.01
服裝	銷售額（億元）	8,666.94	8,760.71	7,850.93	8,086.13	8,747.20
	年增率（%）	9.40	1.08	-10.38	3.00	8.18
文化、體育用品及器材	銷售額（億元）	7,007.16	7,928.29	8,709.17	9,958.13	11,431.40
	年增率（%）	7.96	13.15	9.85	14.34	14.79
醫藥及醫療器材	銷售額（億元）	17,981.35	20,252.66	23,204.45	27,133.32	29,856.40
	年增率（%）	17.01	12.63	14.57	16.93	10.04
礦產品、建材及化工產品	銷售額（億元）	252,479.02	214,225.29	226,843.37	282,417.27	318,151.00
	年增率（%）	5.82	-15.15	5.89	24.50	12.65
煤炭及製品	銷售額（億元）	31,339.28	25,610.07	25,622.76	29,855.16	33,368.30
	年增率（%）	-4.82	-18.28	0.05	16.52	11.77
石油及製品	銷售額（億元）	70,909.82	56,034.81	56,406.38	69,832.65	76,655.60
	年增率（%）	0.59	-20.98	0.66	23.80	9.77
金屬及金屬礦	銷售額（億元）	94,856.12	83,201.50	91,419.52	118,490.99	135,370.60
	年增率（%）	9.53	-12.29	9.88	29.61	14.25
建材	銷售額（億元）	12,755.40	11,950.43	12,713.28	14,347.46	17,653.10
	年增率（%）	9.12	-6.31	6.38	12.85	23.04
化肥	銷售額（億元）	5,530.13	5,537.78	4,471.38	4,605.08	4,824.20
	年增率（%）	7.01	0.14	-19.26	2.99	4.76
機械設備、五金交電及電子產品	銷售額（億元）	56,146.64	58,617.64	68,869.30	77,802.79	87,623.40
	年增率（%）	13.49	4.40	17.49	12.97	12.62
汽車、摩托車及零配件	銷售額（億元）	20,087.02	21,048.94	25,619.15	28,503.89	34,684.50
	年增率（%）	14.52	4.79	21.71	11.26	21.68
家用電器	銷售額（億元）	9,847.49	9,457.77	10,862.07	13,617.22	11,737.20
	年增率（%）	-0.56	-3.96	14.85	25.36	-13.81

行業別 \ 項目		2014	2015	2016	2017	2018
電腦、軟體及輔助設備	銷售額（億元）	4,625.29	4,540.76	5,357.59	6,345.36	7,611.80
	年增率（%）	7.70	-1.83	17.99	18.44	19.96
貿易經紀與代理商品	銷售額（億元）	5,293.11	5,571.30	6,055.45	5,789.84	4,819.00
	年增率（%）	6.62	5.26	8.69	-4.39	-16.77
其他批發商品	銷售額（億元）	9,180.64	8,351.15	8,336.83	8,443.82	8,789.00
	年增率（%）	6.41	-9.04	-0.17	1.28	4.09

資料來源：整理自中國大陸國家統計局，2014-2018 年。

說　　明：上述表格數據會產生部分計算偏誤係因四捨五入與資料長度取捨所致，但並不影響數據分析結果。

2. 受僱人數與薪資

　　根據表 3-3-6 可看出，2018 年中國大陸批發業的受僱人數為 5,268,895 人，與 2017 年就業人數相比，成長率微幅上升，約 4.06%。不過若與過去幾個年度相比，2017 年的就業人數高於 2014 年度之就業人口，意味中國大陸經濟景氣已有明顯回升，逐漸擺脫 2015-2016 年間的衰退情況。

表 3-3-6　中國大陸批發業受僱人員數與薪資（2014-2018 年）

單位：人、元人民幣、%

項目 \ 年度	2014	2015	2016	2017	2018
受僱員工人數總計（人）	5,001,000	4,907,000	4,959,341	5,063,213	5,268,895
受僱員工人數變動（%）	3.28	-1.88	1.07	2.09	4.06
每人每年薪資（元）	55,838	60,328	65,061	71,201	80,551
每人每年薪資變動（%）	10.99	8.04	7.85	9.44	13.13

資料來源：整理自中國大陸國家統計局，2014-2018 年。

說　　明：(1) 表格中的每人每年薪資為批發業與零售業合計數。

　　　　　(2) 上述表格數據會產生部分計算偏誤係因四捨五入與資料長度取捨所致，但並不影響數據分析結果。

二 國外批發業發展案例

Martin & Servera

Martin & Servera 是一家瑞典的家族 B2B 企業集團，旗下擁有眾多分支企業，如 Fällmans Kött, Grönsakshallen Sorunda, and Martin & Servera Restaurangbutiker 等，其業務係為國內餐廳、咖啡廳與酒吧，提供飲料、新鮮農產品、食品設備與相關服務，營業收入有 30% 來自於線下業務，而有 70% 的營收係來自於電商業務。

Martin & Servera 所面臨到的經營挑戰包含下列幾項：

1. 希望可以透過線上平台提供顧客簡便的訂購服務，以及更佳與更快速的顧客體驗，以滿足顧客需求；

2. 提供客戶量身定做的產品，希望能為客戶提供類似如 B2C 的購物體驗以及建立客製化購物選單。

為解決上述兩項挑戰，Martin & Servera 擬定兩項轉型策略，分別為「促進客戶體驗」與「購物者客製化體驗」，分述如下：

（一）促進客戶體驗

Martin & Servera 在 2018 年推出了一個新的電子商務平台，除提供許多 B2B 全通路商務功能外，亦提供給客戶 B2C 式購物體驗。這網站方便每個顧客使用，並且操作方式就如同一般購物網站一樣，同時 Martin & Servera 的網站也榮獲瑞典十大網路商店，是唯一一家擁有 B2B 網路商店的特色品牌。

另外，為了強化顧客關係，Martin & Servera 不僅教導顧客使用線上平台，改變過去以電話方式訂購產品的習慣，而且顧客在選購商品時，若有任何的問題或是建議，都可以透過線上客服方式與專人對話，對 Martin & Servera 而言，則是可以蒐集更多對於線上平台改進的建議，持續更新線上平台服務。而空閒出來的員工則是利用以往專業經驗提供顧客產品選購建議，並且開拓更多新客群。

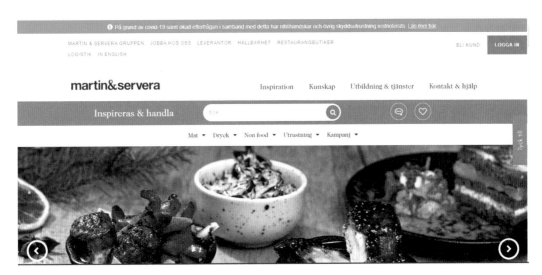

資料來源：https://www.martinservera.se/in-english，最後參閱時間：2020 年 4 月 20 日。

圖 3-3-1 Martin & Servera 購物網站 -1

（二）客製化購物者體驗

為了讓每位顧客都感受到客製化的購物平台或頁面，Martin & Servera 設計了每位顧客登入到線上平台後，都會出現不同的產品頁面，例如一位比薩店的業主，每周登入網站後將會出現不同的產品與其價格，這樣對於 B2B 的企業來說，不僅有多樣化原物料產品可供思考選購，對於原物料產品比價也一目了然。

資料來源：https://www.martinservera.se/in-english，最後參閱時間：2020 年 4 月 20 日。

圖 3-3-2 Martin & Servera 購物網站 -2

第四節　結論與建議

一　批發業轉型契機與挑戰

　　本次 COVID-19 的爆發，不僅影響全世界經濟，對於國內批發業衝擊程度相當大，主要來自兩方面，一是生產端因斷鏈而造成的原物料短缺，以致中下游供貨不及，形成供給面短缺；另一方面，消費者對於疫情存有感染風險與恐慌，而不願意出門購物消費，進一步形成需求面不足，對於批發業業者而言，在疫情過後如何轉型也成為業者重要的策略課題。

二　對企業的建議

　　為了改善我國批發業發展困境以及提升產業發展能量，本報告針對企業提出兩項建議，分述如下：

（一）結合數位科技協助改善業者營運模式

　　由國際案例可看出，批發業未來可轉型的策略之一係提升數位應用能力，不僅可以提升服務品質，亦可整合批發業的上下游，解決批發業的經營困境。透過建立銷售平台，整合批發業者的金流、物流及資訊流，打造產業生態圈。

（二）透過參加線上行銷展會，強化與海外消費市場連結

　　雖然目前全球仍處於疫情中，但海外拓展腳步卻不能停下來，建議批發業者可積極參與線上展會或是商機媒合會，等到疫情好轉後，海外展店進度即可銜接，及早搶占海外消費市場商機。

（三）適當移轉供應鏈來源，降低未來斷鏈風險

　　本次疫情凸顯出產業供應鏈過於集中之問題，且可看出當我國主要經貿對手國發生重大事件時，易對我國產業造成斷鏈風險，並且也容易造成消費端搶購風

潮,嚴重影響我國社會安定以及造成民眾信心不足。建議企業可積極參與海外展會或是商機媒合會,將供應鏈觸角擴大至其他國家,藉以達成風險分攤的目的。

附錄　批發業定義與行業範疇

根據行政院主計總處「行業標準分類」第 10 次修訂版本所定義之批發業,凡從事有形商品批發、仲介批發買賣或代理批發拍賣之行業,其銷售對象為機構或產業(如中盤批發商、零售商、工廠、公司行號、進出口商等)。批發業各細類定義及範疇如下表所示:

表　行政院主計總處「行業標準分類」第 10 次修訂版本所定義之批發業

批發業小類別	定義	涵蓋範疇(細類)
商品批發經紀業	以按次計費或依合約計酬方式,從事有形商品之仲介批發買賣或代理批發拍賣之行業,如商品批發掮客及代理毛豬、花卉、蔬果等批發拍賣活動。	商品批發經紀
綜合商品批發業	以非特定專賣形式從事多種系列商品批發之行業。	綜合商品批發
農產原料及活動物批發業	從事未經加工處理之農業初級產品及活動物批發之行業,如穀類、種子、含油子實、花卉、植物、菸葉、生皮、生毛皮、農產原料之廢料、殘渣與副產品等農業初級產品,以及禽、畜、寵物、魚苗、貝介苗及觀賞水生動物等活動物批發。	穀類及豆類批發業 花卉批發業 活動物批發業 其他農產原料批發業
食品、飲料及菸草製品批發業	從事食品、飲料及菸草製品批發之行業,如蔬果、肉品、水產品等不須加工處理即可販售給零售商轉賣之農產品及冷凍調理食品、食用油脂、菸酒、非酒精飲料、茶葉等加工食品批發;動物飼品批發亦歸入本類。	蔬果批發業 肉品批發業 水產品批發業 冷凍調理食品批發業 乳製品、蛋及食用油脂批發業 菸酒批發業 非酒精飲料批發業 咖啡、茶葉及辛香料批發業 其他食品批發業

批發業小類別	定義	涵蓋範疇（細類）
布疋及服飾品批發業	從事布疋及服飾品批發之行業，如成衣、鞋類、服飾配件等批發；行李箱（袋）及縫紉用品批發亦歸入本類。	布疋批發業 服裝及其配件批發業 鞋類批發業 其他服飾品批發業
家用器具及用品批發業	從事家用器具及用品批發之行業，如家用電器、家具、家飾品、家用攝影器材與光學產品、鐘錶、眼鏡、珠寶、清潔用品等批發。	家用電器批發業 家具批發業 家飾品批發業 家用攝影器材及光學產品批發業 鐘錶及眼鏡批發業 珠寶及貴金屬製品批發業 清潔用品批發業 其他家用器具及用品批發業
藥品、醫療用品及化妝品批發業	從事藥品、醫療用品及化妝品批發之行業。	藥品及醫療用品批發業 化妝品批發業
文教育樂用品批發業	從事文教、育樂用品批發之行業，如書籍、文具、運動用品、玩具及娛樂用品等批發。	書籍及文具批發業 運動用品及器材批發業 玩具及娛樂用品批發業
建材批發業	從事建材批發之行業。	木製建材批發業 磚瓦、砂石、水泥及其製品批發業 瓷磚、貼面石材及衛浴設備批發業 漆料及塗料批發業 金屬建材批發業 其他建材批發業
化學原材料及其製品批發業	從事藥品、化妝品、清潔用品、漆料、塗料以外之化學原材料及其製品批發之行業，如化學原材料、肥料、塑膠及合成橡膠原料、人造纖維、農藥、顏料、染料、著色劑、化學溶劑、界面活性劑、工業添加劑、油墨、非食用動植物油脂等批發。	化學原材料及其製品批發
燃料及相關產品批發業	從事燃料及相關產品批發之行業。	液體、氣體燃料及相關產品批發業 其他燃料批發業

批發業小類別	定義	涵蓋範疇（細類）
機械器具批發業	從事電腦、電子、通訊與電力設備、產業與辦公用機械及其零配件、用品批發之行業。	電腦及其週邊設備、軟體批發業 電子、通訊設備及其零組件批發業 農用及工業用機械設備批發業 辦公用機械器具批發業 其他機械器具批發業
汽機車及其零配件、用品批發業	從事汽機車及其零件、配備、用品批發之行業。	汽車批發業 機車批發業 汽機車零配件及用品批發業
其他專賣批發業	從事 453 至 465 小類以外單一系列商品專賣批發之行業。	回收物料批發業 未分類其他專賣批發業

資料來源：行政院主計總處，2016，《中華民國行業標準分類第 10 次修訂（105 年 1 月）》。2018 年。

零售業發展關鍵報告

商研院商業發展與策略研究所／謝佩玲研究員

第一節　前言

　　根據財政部統計處的資料顯示，我國整體零售業 2019 年的銷售額約為新臺幣 48,465.87 億元，年增率為 5.5%。其中，2019 年的綜合商品零售業銷售額約為新臺幣 11,818.50 億元，較去年增加 3.91%；而代表電子商務的無店面零售業 2019 年的銷售額則約為新臺幣 1,307.27 億元，年成長率達 17.85%。可見我國零售業持續成長，且無店面零售業成長更為快速。在我國零售業中，2019 年綜合商品零售業銷售額占整體零售業銷售額之比率約為 24.39%，占比近乎四分之一，可知綜合商品零售業在零售業中的重要性。

　　然而，2020 年年初爆發 COVID-19（新冠肺炎）疫情，不僅衝擊我國零售業，更影響了全球零售業的發展。根據國際市場研究機構 eMarketer 所發布的「2019 年全球零售電子商務銷售額報告」指出，2019 年全球零售業的銷售額約為 25.038 兆美元，年成長率為 4.5%，略高於 2018 年；到了 2020 年，預估全球零售業銷售額將達到 26.460 兆美元，成長率為 4.4%，維持與 2019 年相近的正成長增速。但是，在疫情發生後，eMarketer 隨即對原本的零售業成長率預測調降了 10 個百分點以上，同時也將電子商務成長率預測調降了 2 個百分點，並且暫停對未來幾年的全球零售業成長做出預測，顯見疫情及其不確定性對全球零售業不僅帶來重大影響，也隱涵許多未知之變數。

　　本文以綜合商品零售業及無店面零售業為主，從銷售額、家數到國內外當前的發展情勢進行分析，此外，亦特別探討 COVID-19 疫情之影響，並提出相關之因應建議。在本節前言說明之後，本章內容安排如下：第二節將先說明我國零售業的發展現況，再進入我國綜合商品零售業及無店面零售業，描繪並分析我國綜

合商品零售業不同業態的整體狀況及經營模式與特色,並舉國內零售業為例進行說明,亦包括我國政府針對零售業發展所推出的政策措施;第三節則說明全球零售業及無店面零售業的發展現況,並選擇代表性個案進行分析;第四節則特別探討疫情對我國零售業之影響及國內的因應做法;第五節將綜合上述內容提出對企業的發展建議。

第二節　我國零售業發展現況分析

相對於前章批發業的銷售對象為下游生產或配銷業者,零售業的對象為一般消費大眾,零售業屬於流通服務業的最下游,擔任批發業與消費者之間商品和資訊的集散點,可以降低消費者的搜尋成本,提高整體經濟的配置效率。

根據行政院主計總處所公布的第 10 次修訂行業標準分類,中類 47-48 為零售業;零售業定義為「從事透過商店、攤販及其他非店面如網際網路等向家庭或民眾銷售全新及中古有形商品之行業」,其小類包括「綜合商品零售業」、「食品、飲料及菸草製品零售業」、「布疋及服飾品零售業」、「家用器具及用品零售業」、「藥品、醫療用品及化妝品零售業」、「文教育樂用品零售業」、「建材零售業」、「燃料及相關產品零售業」、「資訊及通訊設備零售業」、「汽機車及其零配件、用品零售業」、「其他專賣零售業」、「零售攤販」、「其他非店面零售業」等 13 項。

其中,小類 471 為綜合商品零售業,定義為「從事以非特定專賣形式銷售多種系列商品之零售店,如連鎖便利商店、百貨公司及超級市場等」。在綜合商品零售業的細類上,分別有 4711 連鎖便利商店、4712 百貨公司、4719 其他綜合商品零售業;4719 其他綜合商品零售業又包括消費合作社、超級市場、雜貨店、零售式量販店。

在本文所呈現之零售業與綜合商品零售業之銷售額與家數上,係採用財政部的統計資料,而該統計資料並以中華民國稅務行業標準分類為依據。其中,在 2017 年底中華民國稅務行業標準分類進行了第 8 次修訂,自 2018 年 1 月 1 日起實施適用,因此本文 2018 與 2019 年的數據係皆採用財政部第 8 次修訂版之行業統計資料,2018 年之前的數據則為第 7 次修訂版之資料。

一 零售業發展現況

（一）銷售額

由表 4-2-1 的數據顯示，我國零售業於 2019 年的銷售總額為新臺幣 48,465.87 億元，年增率 5.55%，雖較 2018 年成長率 6.49% 略降，但仍為近五年來之次高。探究其原因，2015 年與 2016 年因全球經濟成長趨緩，我國出口表現不佳，整體就業與薪資受到影響，導致內需市場成長大幅減緩，零售業銷售額為負成長；而 2016 年起全球經濟逐步回溫，我國出口於下半年好轉，帶動就業成長，內需擴張，進而帶動零售業成長，使 2017 年零售業銷售額成長率回升轉正至 1.88%，2018 年又再上升至 6.49%，惟 2018 年下半年起中美貿易戰開打[1]，以出口為主且在中美兩地皆有布局的臺灣難免受影響，內需亦連帶受波及，使 2019 年的成長率較 2018 年略低。

（二）營利事業家數

在營利事業家數上，如表 4-2-1，我國零售業近五年中的家數增長以 2019 年的 0.64% 為最高，其次為 2017 年的 0.44%，而近五年的表現則平均約在 0.36% 的水準，顯示近五年的家數成長率呈現有高有低的狀態；此外，由圖 4-2-1 可看出近五年我國零售業家數與銷售額都呈現正成長趨勢。

表 4-2-1　我國零售業家數、銷售額、受僱人數及每人每月總薪資統計

單位：家數、億元新臺幣、人、元、%

項目		2015 年	2016 年	2017 年	2018 年	2019 年
銷售額	總計（億元）	42,334.46	42,323.74	43,120.95	45,918	48,465.87
	年增率（%）	-0.74	-0.03	1.88	6.49	5.55

註 1　中美貿易爭端起源於美國川普總統於 2018 年 3 月 22 日簽署備忘錄時，宣稱「中國偷竊美國智慧財產權和商業秘密」，並根據 1974 年貿易法第 301 條要求美國貿易代表對從中國大陸進口的商品徵收關稅。2018 年 7 月 6 日美國對價值 340 億美元中國輸美商品徵收 25% 的額外關稅，中國大陸同日亦對價值 340 億美元的美國輸中商品徵收 25% 的額外關稅做為反擊，中美貿易戰於焉開打。

項目		2015 年	2016 年	2017 年	2018 年	2019 年
家數	總計（家）	361,534	362,403	363,980	364,389	366,720
	年增率（%）	0.37	0.24	0.44	0.11	0.64
受僱員工人數	總計（人）	589,556	602,576	615,087	627,187	637,316
	年增率（%）	1.53	2.21	2.08	1.97	1.61
	男性（人）	303,535	312,101	319,195	326,815	333,612
	年增率（%）	2.73	2.82	2.27	2.39	2.08
	女性（人）	286,021	290,475	295,892	300,372	303,704
	年增率（%）	0.28	1.56	1.86	1.51	1.11
每人每月總薪資	總計（元）	38,699	38,899	40,166	43,283	44,035
	年增率（%）	3.21	0.52	3.26	7.76	1.74
	男性（元）	38,417	38,997	40,440	44,126	44,955
	年增率（%）	1.05	1.51	3.7	9.11	1.88
	女性（元）	38,999	38,793	39,871	42,366	43,023
	年增率（%）	5.52	-0.53	2.78	6.26	1.55

資料來源：家數及銷售額整理自財政部統計處第 7、8 次修訂（6 碼），2015-2019 年；受僱員工人數及每人每月薪資整理自行政院主計總處，2020，《薪資和生產力統計》。

說　　明：上述表格數據會產生部分計算偏誤係因四捨五入與資料長度取捨所致，但並不影響分析結果。

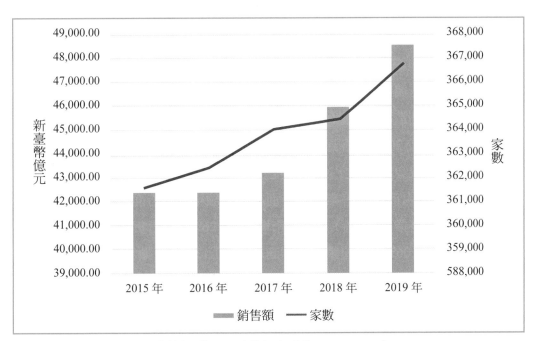

資料來源：整理自財政部統計資料庫，第 7、8 次修訂（6 碼），2015-2019 年。

圖 4-2-1 我國零售業家數、銷售額

（三）受僱人數與薪資

　　如表 4-2-1，在整體零售業之受僱員工方面，近五年中以 2016 年的年增率 2.21% 為最高，之後三年則呈現逐年遞減趨勢，至 2019 年總受僱員工人數年增率為 1.61%。在性別方面則是呈現男性受僱員工人數略多於女性的情形。

　　在薪資方面，近五年整體零售業薪資表現由 2015 年平均的總月薪 38,699 元上升至 2019 年的 44,035 元，上升幅度約為 13.79%；在年成長率方面，2015 年至 2019 年皆為正成長，並且以 2018 年的 7.76% 為最高，近五年的薪資平均成長率約為 3.30%。從薪資與性別方面來看，近五年中除 2015 年之外，從 2016 年至 2019 年皆以男性的薪資較女性為高。

二　零售業之細業別發展現況

（一）綜合商品零售業發展現況

1. 銷售額

　　由表 4-2-2 可知，2019 年綜合商品零售業各細業別的銷售額占比由大至小，依序為：連鎖式便利商店業[2]（30.86%）、百貨公司業（28.94%）、超級市場業（21.57%）、其他綜合商品零售業[3]（9.42%），及零售式量販業（9.21%），顯示連鎖式便利商店與百貨公司的相對市場占有率較高，由此可知，兩者目前為綜合商品零售業中創造穩定產值的主要來源。其中，除了連鎖式便利商店業與零售式量販業的占比較 2018 年略為下降外，包括百貨公司業、超級市場業、其他綜合商品零售業皆較 2018 年之占比略為提升。

　　在 2019 年綜合商品零售業各細業別之銷售額年增率方面，依大小排序為：其他綜合商品零售業（6.39%）、超級市場業（6.26%）、百貨公司業（5.06%）、零售式量販業（2.06%）、連鎖式便利商店業（1.13%），顯示 2019 年其他綜合商品零售業、超級市場業、百貨公司業，較零售式量販業、連鎖式便利商店業的

註 2　本文所統計之連鎖式便利商店業包含 4711-12 直營連鎖式便利商店、4711-13 加盟連鎖式便利商店、4711-14 加盟連鎖式便利商店（無商品進、銷貨行為）。

註 3　本文所統計之其他綜合商品零售包含 4719-13 雜貨店、4719-14 消費合作社、4719-15 綜合商品拍賣、4719-99 未分類其他綜合商品零售。

成長力道強勁。此外，在 2019 年的綜合商品零售業各細業別中，銷售額年增率比 2018 年下滑的僅有連鎖式便利商店業，其他業別皆有所上升，尤以其他綜合商品零售業上升最多，其次為超級市場業。可見近兩年超級市場業積極創新且與便利商店之界限日益模糊下，已帶給連鎖式便利商店不小的壓力。

從近五年綜合商品零售業各細業別之銷售額年增率來看，連鎖式便利商店業年增率呈現起伏狀態，值得注意的是，該業別在 2019 年出現較大幅度的下滑；百貨公司業年增率雖從 2015 年起呈現連三年下滑， 但 2018 年、2019 年又再大幅成長；超級市場業年增率除在 2017 年曾出現大幅下降外，大致維持成長趨勢；零售式量販業年增率在 2015 年、2016 年呈現成長，2017 年至 2018 年則連兩年下滑，到了 2019 年又再度上升；其他綜合商品零售業從 2015 年到 2017 年呈現下滑，但 2018 年與 2019 年則有顯著提升。

綜上，可見我國綜合商品零售業競爭激烈，近年來不論是百貨公司，或是超級市場、連鎖式便利商店、零售式量販業、其他綜合商品零售業，為了在市場中突圍，皆致力汲取各業別優點並加以創新轉型，以爭取消費者青睞。

表 4-2-2 零售業暨綜合商品零售業銷售額與年增率

單位：億元新臺幣、%

業別		2015 年	2016 年	2017 年	2018 年	2019 年
零售業	銷售額（億元）	42,334.46	42,323.74	43,120.95	45,918.00	48,465.87
	年增率（%）	-0.74	-0.03	1.88	6.49	5.55
綜合商品零售業	銷售額（億元）	10,240.77	10,774.65	10,821.57	11,373.73	11,818.50
	年增率（%）	4.88	5.21	0.44	5.10	3.91
	銷售額占比（%）	100	100	100	100	100
百貨公司業	銷售額（億元）	3,057.96	3,109.95	3,099.70	3,255.16	3,419.88
	年增率（%）	3.52	1.70	-0.33	5.02	5.06
	銷售額占比（%）	29.86	28.86	28.64	28.62	28.94
超級市場業	銷售額（億元）	2,084.39	2,303.72	2,274.29	2,399.35	2,549.66
	年增率（%）	8.74	10.52	-1.28	5.50	6.26
	銷售額占比（%）	20.35	21.38	21.02	21.10	21.57
連鎖式便利商店業	銷售額（億元）	3,038.98	3,208.47	3,348.60	3,605.79	3,646.67
	年增率（%）	4.40	5.58	4.37	7.68	1.13
	銷售額占比（%）	29.68	29.78	30.94	31.70	30.86

業別		2015 年	2016 年	2017 年	2018 年	2019 年
零售式 量販業	銷售額（億元）	999.50	1,039.25	1,054.64	1,066.54	1,088.52
	年增率（%）	1.10	3.98	1.48	1.13	2.06
	銷售額占比（%）	9.76	9.65	9.75	9.38	9.21
其他綜合 商品零售業	銷售額（億元）	1,059.95	1,113.25	1,044.35	1,046.89	1,113.77
	年增率（%）	6.65	5.03	-6.19	0.24	6.39
	銷售額占比（%）	10.35	10.33	9.65	9.20	9.42

資料來源：整理自財政部統計資料庫，第 7、8 次修訂（6 碼），2015-2019 年。。

說　　明：上述表格數據會產生部分計算偏誤係因四捨五入與資料長度取捨所致，但並不影響分析結果；
此外，財政部 7 次與第 8 次修訂後之業別差異亦會影響統計之數據。

2. 營利事業家數

在營利事業家數方面，從表 4-2-3 中的營利事業家數年增率可知我國綜合商品零售業的家數近五年皆維持成長，除了 2018 年略為下降外，大致呈現增加的趨勢。綜合商品零售業家數最多的業別為連鎖式便利商店業，2019 年計有 19,024 家；其次是其他綜合商品零售業，共計 9,578 家；再其次分別是超級市場 2,214 家、百貨公司業 744 家；最少的是零售式量販業 673 家。在家數年增率方面，百貨公司業從 2015 年到 2019 年皆呈現負成長；連鎖式便利商店業家數年增率近五年維持成長趨勢；其他綜合商品零售業與超級市場業近五年的家數成長率均呈現高低起伏狀態；零售式量販業家數年增率從 2015 年至 2017 年連三年成長，但 2018 年與 2019 年則成長幅度逐年下降。

表 4-2-3　綜合商品零售業營利事業家數與年增率

單位：家數、%

業別		2015 年	2016 年	2017 年	2018 年	2019 年
綜合商品 零售業	家數	29,119	29,647	30,514	31,268	32,233
	年增率（%）	1.45	1.81	2.92	2.47	3.09
百貨公司業	家數	894	849	822	794	744
	年增率（%）	-2.51	-5.03	-3.18	-3.40	-6.30
超級市場業	家數	2,065	2,140	2,160	2,199	2,214
	年增率（%）	2.58	3.63	0.93	1.80	0.68

業別		2015 年	2016 年	2017 年	2018 年	2019 年
連鎖式便利商店業	家數	16,741	17,063	17,595	18,175	19,024
	年增率（%）	1.16	1.92	3.12	3.30	4.67
零售式量販業	家數	595	615	639	661	673
	年增率（%）	2.06	3.36	3.90	3.44	1.82
其他綜合商品零售業	家數	8,824	8,980	9,298	9,439	9,578
	年增率（%）	2.13	1.77	3.54	1.51	1.47

資料來源：整理自財政部統計資料庫，第 7、8 次修訂（6 碼），2015-2019 年。

說　　明：(1) 連鎖式便利商店包含 4711-12 直營連鎖式便利商店、4711-13 加盟連鎖式便利商店、4711-14 加盟連鎖式便利商店（無商品進、銷貨行為）。

(2) 上述表格數據會產生部分計算偏誤係因四捨五入與資料長度取捨所致，但並不影響分析結果；此外，財政部 7 次與第 8 次修訂後之業別差異亦會影響統計之數據。

（二）無店面零售業發展現況

在主計總處第 10 次修訂的行業標準分類上，無店面零售業歸類在零售業下的「487 其他非店面零售業」項下，再細分為「4871 電子購物及郵購業」、「4872 直銷業」及「4879 未分類其他非店面零售業」等三項。若依照經濟部公告的營業項目代碼，我國的電子商務歸類為「F399040 無店面零售業」，泛指非店面零售的行業，與百貨公司業、超級市場業、便利商店業、零售式量販業不同的地方在於，其業務範圍包含從事以郵件及廣播、電視、網際網路等電子媒介方式零售商品之行業。

在無店面零售業的銷售額與家數方面，本文採用財政部的統計資料，而該統計資料係以中華民國稅務行業標準分類為依據。在此要特別說明，2017 年年底中華民國稅務行業標準分類進行了第 8 次修訂，自 2018 年 1 月 1 日起適用。對照第 7 次修訂版，第 8 次修訂版針對無店面零售業中的 4871-12 與 4871-13 進行部分修正，原 4871-12 為電視購物、網路購物，其定義為：包括透過廣播、電視、網際網路、電話行銷等方式零售商品；4871-13 為網際網路拍賣。第 8 次修訂版則將 4871-12 改為經營電視購物、電台購物，其定義為：包括透過廣播、電視、電話行銷等方式零售商品；同時，將 4871-13 改為經營網路購物之行業，其定義為：包括經營網際網路拍賣。

自 2018 年起，財政部將原歸為一類的「電視購物、網路購物」中之網路購物獨立出來統計，可見網路購物之重要性。本文所整理之 2018 年與 2019 年無店

面零售業相關數據，係指包含郵購、電視與電台購物、網路購物、單層直銷（有形商品）、多層次傳銷（商品銷貨收入）、多層次傳銷（佣金收入）、以自動販賣機零售商品、非店面零售代理等 8 項分類。

1. 銷售額

依表 4-2-4 所整理之資料，我國 2019 年無店面零售業銷售額為 1,307.27 億元，占整體零業業比重約為 2.7%，較 2018 年占比成長 0.3%。觀察近三年我國無店面零售業銷售額年增率，皆呈現成長趨勢，2019 年更從 2018 年的 8.8% 一舉攀升至 17.85%，無店面零售業之成長潛力可見一斑。

在 2019 年無店面零售業銷售額中，則以電視購物、電台購物之 550.64 億元為最高，其次為經營網路購物之 523.48 億元；在無店面零售業中，電視購物、電台購物與網路購物兩類別之銷售額已經占了 82.17%。

若由近三年的銷售額年增率來看，除了網路購物與非店面零售代理皆為正成長外，其他包括郵購、電視購物、電台購物、單層直銷（有形商品）、單層直銷（有形商品）、多層次傳銷（商品銷貨收入）、多層次傳銷（佣金收入）、以自動販賣機零售商品等類別則有正有負；其中，電視購物、電台購物的銷售額年增率在 2017 年與 2018 年雖都呈現負成長，但 2019 年則又大幅增加至 20.87%。

表 4-2-4　其他無店面零售業銷售額統計

單位：億元新臺幣、%

業別		2017 年	2018 年	2019 年
零售業	銷售額（億元）	43,120.95	45,918	48,465.87
	年增率（%）	1.88	6.49	5.66
其他無店面零售業	銷售額（億元）	1,019.62	1,109.38	1,307.27
	年增率（%）	5.24	8.80	17.85
郵購	銷售額（億元）	0.51	0.6	0.48
	年增率（%）	-52.02	17.64	-19.61
電視購物、電台購物（原：電視購物、網路購物）	銷售額（億元）	622.10	455.59	550.64
	年增率（%）	-1.32	-26.76	20.87
網路購物（原：網際網路拍賣）	銷售額（億元）	182.78	427.28	523.48
	年增率（%）	31.36	133.77	22.50

業別		2017 年	2018 年	2019 年
單層直銷（有形商品）	銷售額（億元）	9.09	9.58	8.24
	年增率（%）	42.28	5.39	-13.96
多層次傳銷（商品銷貨收入）	銷售額（億元）	83.96	83.81	88.19
	年增率（%）	2.99	-0.18	5.23
多層次傳銷（佣金收入）	銷售額（億元）	15.06	18.51	18.29
	年增率（%）	-3.84	22.91	-1.18
以自動販賣機零售商品	銷售額（億元）	4.80	5.58	4.90
	年增率（%）	15.68	16.25	-12.13
非店面零售代理（原：無店面零售代理）	銷售額（億元）	101.32	108.43	113.04
	年增率（%）	11.94	7.02	4.36

資料來源：整理自財政部統計資料庫，第 7、8 次修訂（6 碼），2017-2019 年。

說　　明：(1) 2017 年的統計係採財政部稅務行業標準分類第 7 次修訂之分類，原類別列出於上表括號中；而 2018 年與 2019 年的統計則依第 8 次修訂之分類。

(2) 上述表格數據會產生部分計算偏誤係因四捨五入與資料長度取捨所致，但並不影響分析結果。

2. 營利事業家數

由表 4-2-5 的家數統計來看，我國 2019 年無店面零售業為 23,488 家，占整體零售業比重約為 6.4%。其中，又以網路購物家數達 19,338 家為最多，其次為非店面零售代理的 1,315 家，分別占其他無店面零售業的 82.3% 及 5.6%。其他無店面零售業在過去三年的家數成長率上，包括網路購物、多層次傳銷（商品銷貨收入）、多層次傳銷（佣金收入）業連續三年皆為正成長，顯示此三類市場的家數持續增加。

表 4-2-5　其他無店面零售業家數統計

單位：家、%

業別		2017 年	2018 年	2019 年
零售業	家數	363,980	364,389	366,720
	年增率（%）	0.44	0.11	0.64
其他無店面零售業	家數	17,639	20,819	23,488
	年增率（%）	23.89	18.00	12.82
郵購	家數	15	16	14
	年增率（%）	0.00	6.67	-12.5

業別		2017 年	2018 年	2019 年
電視購物、電台購物	家數	3,705	960	853
（原：電視購物、網路購物）	年增率（%）	6.96	-74.09	-11.15
網路購物	家數	10,640	16,470	19,338
（原：網際網路拍賣）	年增率（%）	36.15	54.8	17.41
單層直銷（有形商品）	家數	233	225	249
	年增率（%）	1.75	-3.43	10.67
多層次傳銷（商品銷貨收入）	家數	761	766	797
	年增率（%）	7.18	0.66	4.05
多層次傳銷（佣金收入）	家數	434	487	530
	年增率（%）	25.80	12.21	8.83
以自動販賣機零售商品	家數	485	542	392
	年增率（%）	15.75	11.75	-27.68
非店面零售代理	家數	1,366	1,353	1,315
（原：無店面零售代理）	年增率（%）	10.07	-0.95	-2.81

資料來源：整理自財政部統計資料庫，第 7、8 次修訂（6 碼），2017-2019 年。

說　　明：(1) 2017 年的統計係採財政部稅務行業標準分類第 7 次修訂之分類，原類別列出於上表括號中；而 2018 年與 2019 年的統計則依第 8 次修訂之分類。

(2) 上述表格數據會產生部分計算偏誤係因四捨五入與資料長度取捨所致，但並不影響分析結果。

(3) 受僱人數與薪資。

 ## 三　零售業政策與趨勢

（一）國內發展政策

　　為協助我國零售業接軌數位轉型趨勢，經濟部商業司與時俱進推出許多政策措施，希望帶動零售業順應潮流、掌握數位時代商機，其中涵蓋智慧商業、跨境電商、網路購物產業價值升級與環境建構、中小型店家數位轉型與虛擬商務應用等面向。

　　以智慧商業的推動而言，包括建立智慧零售應用示範案，引導零售業升級轉型；同時也協助零售業培養智慧商業所需之「大數據分析」、「數位行銷」、「物聯網應用」與「AI 人工智慧」等跨域應用人才。

跨境電商方面主要協助我國網路零售業者將商品跨國銷售，並辦理行銷活動協助業者進行海外推廣，拓展國際市場及提高跨境交易額。

在網路購物產業價值升級與環境建構方面，包括辦理網路開店課程、數位行銷工作坊及資安訪查輔導，協助網路零售業者瞭解最新趨勢與工具，並提升企業經營能力與競爭力。

在協助中小型店家數位轉型上，主要透過補助店家，依營運與行銷面需求，租用數位服務方案，降低中小型店家數位轉型之導入成本。

此外，針對虛擬商務亦進行前瞻性研究與調查，透過與科技業者和零售商的合作，建立小規模的 5G 通訊結合零售場域的先期實證環境應用方案，驗證相關概念並試行商業模式。

（二）趨勢與案例

目前我國零售業順應新零售趨勢，導入線上線下整合 O2O（Offline to Online）、邁向全通路發展的案例已經愈來愈多，在這股不可逆的趨勢之外，零售業也開始尋求在 O2O 的基礎上，再開創新的競爭優勢、營造新的成長動能。例如，為了強化顧客黏著度並開拓新客群，零售業除了善用 O2O 優勢，推出預購優惠、分批取貨吸引消費者外，也開始打造以消費者生活為中心的購物生態圈，希望運用「點數經濟」吸引消費者成為生態圈裡的忠實會員。此外，因為疫情影響而導致消費習慣改變，「無接觸經濟」的商業模式大為盛行，結合數位工具、行動支付、社群媒體、直播與新科技的零售模式，將能為消費者帶來更便利的消費體驗，成為銷售的利器。

1. 綜合商品零售業發展趨勢

我國綜合商品零售業包含百貨公司業、超級市場業、連鎖式便利商店業及零售式量販業等，以下依序說明各綜合商品零售業營業型態整體狀況及經營模式與特色。

（1）百貨公司業

近五年來百貨公司業的家數雖然逐年減少，然而銷售額除了 2017 年衰退外，大致仍維持增加的趨勢，2018 年與 2019 年的年增率分別達 5.02% 與 5.06%，顯示百貨公司近兩年皆有不錯的經營成效。在經營模式與特色上，百貨公司持續

創新消費體驗及購物氛圍，引進知名或獨家的餐飲品牌吸引用餐人潮，也透過營造多變的空間風格，以及迎合不同族群的生活型態需求，調整商品與服務來凸顯差異化特色。此外，各大百貨公司也紛紛推出整合查詢、支付、集點行銷等多元服務的 APP，走向數位化的轉型之路。

（2）超級市場業

近五年來我國超級市場業家數持續增加，除了在 2017 年銷售額出現下降外，其餘各年皆維持成長的趨勢。我國超級市場業近年來深入社區展店，且為了因應區域型顧客的多元需求，型態也朝多樣化發展。在銷售品項與行銷模式上呈現多元化，例如販售現烤麵包；同時，也跟便利商店一樣販賣起以個人為對象的咖啡、小份量水果、微波食品等商品，並透過推陳出新的滿額集點兌換等活動鼓勵民眾消費。此外，為了因應 O2O 趨勢，超級市場從實體會員卡的虛擬化出發，推出具備支付、購物、會員集點等功能的 APP。以龍頭全聯超市為例，已開始透過 APP 提供咖啡預購、寄杯的服務，超級市場與便利商店的界限逐漸模糊。

（3）連鎖式便利商店業

近五年來我國連鎖式便利商店業家數持續增加，從 2017 年到 2019 年的家數年增率甚至都超過超級市場，分布密度為綜合商品零售業之冠；在銷售額方面，雖然也都維持正成長，不過 2019 年的銷售年增率則從 2018 年的 7.68% 下降為 1.13%。近年來連鎖式便利商店業一方面持續開發鮮食與自有品牌商品，一方面嘗試不同的店型與經營型態，以 2019 年超商龍頭 7-ELEVEN 在高雄開設的第三間無人商店「X-STORE」為例，一樓為應用智慧科技的無人商店，二樓為結合酒吧、精品咖啡與烘焙的品牌複合店「Big 7」。另外，我國四大便利商店也都已經推出自家的會員 APP，除了可以透過 APP 更精準地掌握會員資料與喜好外，還能擴充其他服務，例如集點、支付、預購、限購、轉贈等，吸引更多消費者加入會員。

（4）零售式量販業

觀察近五年的零售式量販業的家數，可發現雖然都呈現正成長，但 2018 年與 2019 年的家數年增率皆有所下降；在銷售額方面，近五年也都持續成長，惟年增率有高有低，2018 年銷售額年增率較 2017 年低，而 2019 年年增率則較 2018 年高。整體看來，零售式量販業近五年的成長趨勢較為平緩。近年來零售式量販業者除了推出線上購物以及在賣場中導入自助結帳機外，也積極往社區型賣場發展，希望以量販店的價格優勢，結合超市的便利性，服務更多的消費者。

以家樂福為例，近年積極拓展「便利購」超市，銷售家樂福的熱門商品，包括蔬果、肉品、麵包、熟食與家電等，甚至 24 小時營業，融合量販店、超級市場與便利商店的特色，並在 2020 年 6 月收購了臺灣惠康百貨旗下的 224 家超市，包含 199 家頂好超市及 25 家 Jasons 超市，其超市據點頓時大為增加。

2. 無店面零售業發展趨勢

根據財政部的統計資料，無店面零售業在 2017 年、2018 年與 2019 年的銷售額及年增率，分別為新臺幣 1,019.62 億元、1,109.38 億元和 1,307.27 億元以及 5.24％、8.80% 和 17.85%，可以發現近來無店面零售業成長力道強勁。

在無店面零售業細類別中，又以網路購物的表現最為亮眼，近三年的銷售額及年增率，分別為新臺幣 182.78 億元、427.28 億元和 523.48 億元及 31.36%、133.77% 和 22.5%，顯示電子商務仍處於成長的高峰期。另一方面，從事電子商務的家數也不斷增加，從 2017 年的 10,640 家、2018 年的 16,470 家，到 2019 年已經達到 19,338 家，可見電子商務在零售業中不僅日益普遍，市場競爭也將愈來愈激烈。

電子商務主要透過網路進行銷售，優點在於不受時間與空間限制，可向消費者陳列無限的品項，並且隨時可供消費者下單訂購，同時，可以記錄、蒐集消費者在網路上的行為足跡，運用大數據分析掌握消費者偏好，進行更精準的行銷。此外，隨著社群平台與直播的興盛，電子商務也開始與其結合，運用社群的人流與網紅的導購，接觸更多潛在消費者並轉換成實質業績。

2020 年 5G 正式開台，其「超高速」、「多連結」和「低延遲」的特性，也有助於電子商務結合新科技發展更多的新應用，例如運用人工智慧（AI）演算提供更有效的消費者預測與服務，或是運用虛擬實境（VR）與擴增實境（AR）技術解決消費者無法親自體驗的問題。

3. 案例分析

A. 全家便利商店

（1）經營現況與特色

全家便利商店 2019 年營收 777.3 億元，年增 8.3%，創歷史同期新高，截至 2019 年之總店鋪數達到 3,548 家。值得一提的是，在 2020 年年初疫情爆發後，

相較於便利商店龍頭 7-11 曾在 3、4、5 月的營收年增率出現負成長，全家則是從 1 至 6 月始終維持正成長，在疫情期間的表現非常亮眼。

全家便利商店近來積極拓展交通節點之據點，配合不同地域特性，展開因地制宜的複合店型，以滿足消費者的需求，例如高雄車站的全家即瞄準旅客伴手禮、餐飲需求，與在地烘焙名店「方師傅」合作開設複合店。此外，全家便利商店持續加強自有品牌 Family Mart Collection（FMC）的差異化與健康形象，除了於 2018 年導入潔淨標示（Clean Label）機制，提供低人工化學添加物的鮮食商品外，近來也因應新的飲食潮流而推出舒肥料理與植物肉等商品。

（2）創新應用

全家便利商店從 2017 年推出 APP 結合會員制度並讓點數走向虛擬化後，透過 APP 所嘗試的咖啡線上預購、雲端寄杯、跨店取貨與轉贈模式受到消費者歡迎，銷售出上億杯的規模，因此，也將此成功模式擴大到更多商品，開啟 APP 預售與分批取貨的銷售模式，使得其他三大便利商店甚至全聯超市都起而效尤。

此外，全家便利商店為了解決店內鮮食的浪費問題，結合「時間定價」概念，開發「時控條碼」並整合時間定價系統，推出鮮食於到期前 7 小時打折的「友善食光」促銷機制，大大減少了報廢的鮮食數量。在數位轉型的做法上，除了運用物聯網（IoT）、大數據、人工智慧（AI）、無線射頻（RFID）等新科技，於 2018 年開設第一家科技概念店外，也於 2019 年再開出科技概念店二號店，導入包括迎賓機器人 ROBO、智慧販賣機、智慧咖啡機、自助結帳、電子互動貨架、5G 實驗網路、影像辨識、智慧零錢捐、建議訂購及智慧客服等科技，一方面減輕便利商店員工的工作負擔，一方面也為消費者提供智慧零售的創新體驗。

B. momo 富邦購物網

（1）經營現況與特色

momo 富邦購物網 2019 年營收約新台幣 454.2 億元[4]，年增 28.6%，為我國本土最大電商平台，2019 年底會員數達 917 萬，而過去三年的會員數也都以 12% 的速度成長。momo 富邦購物網隸屬於富邦媒體科技公司，該公司旗下除

註 4　根據富邦媒 2019 年年報，該年度集團整體營收約為新台幣 518 億元，其中，網路部門營收近 455 億元、占 87.74%，電視及型錄部門營收近 62 億元、占 11.96%，其他營收約 1.5 億，占 0.3%。

了 momo 富邦購物網外，還包括摩天商城、電視購物及型錄購物等無店面零售通路，這些通路的資源與經驗也為 momo 富邦購物網帶來不同於其他電商平台的競爭優勢，例如 momo 富邦購物網在其首頁推出的「達人推薦」服務，即由大眾熟悉的購物台主持人為消費者介紹商品，有助於促進消費者的信任與下單。

（2）創新應用

momo 富邦購物網持續強化與各種知名品牌的合作，在 2018 年便引進了 2,000 個品牌，透過品牌的優勢，搭配大量會員資料所進行的機器學習與大數據分析結果，針對個別消費者喜好更精準地推薦商品，並依不同性別、年齡、上網頻率、上網時間、消費金額和購買商品種類等發放折價券，吸引消費者購買而達到精準行銷。此外，momo 富邦購物網也將直播導入電商中，2018 年 momo 富邦購物網的直播年增銷售額可達 6 成，2019 年開始在其 APP 中開闢直播館，將電視購物商品推播到網路上，透過網紅銷售以及電視轉播 APP 線上看等做法，發揮網路與電視兩種不同通路、不同客群的導購與導流效果。

近來 momo 富邦購物網也開始推動「訂閱制」，針對快速消費品推出「週期訂購」制度，讓消費者可自行選擇配送天數與次數，搭配促銷價格強化消費者的購買黏著度。另一方面，為了因應零售業 O2O 趨勢，愈來愈多競爭者可提供消費者線上訂購、線下取貨的彈性，momo 富邦購物網則積極佈建衛星倉、發展短鏈物流及自動化揀貨系統，配合大數據計算，將商品以最有效的方式在最短時間內送給消費者，同時也與集團內的電信業者台灣大哥大合作，讓 momo 富邦購物網的消費者可於其 myfone 門市取貨；對於銷售量日益增加的冷凍包裹，除了原有冷凍宅配服務外，momo 富邦購物網於 2020 年 7 月起更與全家便利商店合作，推出「超商取貨」服務，以擴增其冷鏈配送據點。

四 COVID-19（新冠肺炎）對我國零售業之影響與因應

（一）COVID-19（新冠肺炎）對零售業之影響

根據經濟部統計處的資料，我國零售業受 COVID-19 疫情影響，2020 年 1 到 5 月之營業額年減 3.59%；在 6 月 7 日因國內防疫有成而宣布解封後，零售業銷售額減幅有所收斂，6 月整體零售業營業額年減下降至 1.3%。若就綜合商品

零售業來看,各細業別受影響的程度不一,受衝擊較大的包括其他綜合商品零售業與百貨公司,而受惠的業別則有超級市場、其他非店面零售業、量販店以及便利商店。

以其他綜合商品零售業而言,其中的免稅店受出入境旅客數量遽減而重創業績,導致 1 到 5 月營業額年減 30.09%,為歷年同期最大減幅;至於百貨公司,則因來客數減少使 1 到 5 月營業額年減也達到 11.11%,同樣為歷年同期最大減幅;到了 6 月,其他綜合商品零售業(包括免稅店等)因各國仍持續管制旅客進出,營業額年減幅度擴大到 36.4%,而百貨公司則因國內購物人潮逐漸回流,當月營業額年減幅度縮小至 1.9%。

另一方面,民眾在疫情爆發初期一度出現囤積民生物資以及搶購防疫商品的情況,使 1 到 5 月超級市場及量販店營業額分別大增 16.63% 及 12.47%,便利商店業營業額也因民眾減少外出用餐與就近採購等因素而年增 5.03%,其他非店面零售業營業額年增率同樣大增 13.42%,其中又以電子購物及郵購業年增達到 18.24% 為最多。到了 6 月,除了解封之外,適逢端午節慶採購潮與業者年中慶促銷,電子購物及郵購業當月營業額年增率達到 18.3%,超級市場、便利商店、量販店業之營業額年增率亦分別達到 6.9%、8.5% 及 3.1%。

(二)產業/政府之因應做法

經濟部商業司為了協助零售業因應疫情的衝擊,特別推出「艱困事業薪資及營運資金補貼」與「零售業上架電商」的補助政策,希望幫忙業者渡過疫情難關以及協助業者數位轉型。

「艱困事業薪資及營運資金補貼」係針對受疫情影響導致營業額下降 50% 以上的零售等商業服務業提供薪資費用及一次性營運費用之補貼,旨在協助業者持續營運並維持就業穩定,期待疫情過後產業能盡快復甦。補助「零售業上架電商」主要係透過補助實體零售業上架到購物平台或建置自家的電商網站,一方面促進零售業數位轉型,一方面也因應疫情開拓網路銷售管道。

在產業方面,許多業者也推出因應做法,其中受疫情衝擊較大的百貨公司如新光三越,在 3 月便促成與外送平台及百貨內餐飲品牌三方合作的美食外送服務,消費者透過新光三越的 APP 即可訂餐;而微風百貨不僅推出餐飲外送服務,也透過專櫃服務人員的直播與消費者互動,同時推出行動支付工具「微風

「e-Pay」，讓消費者不僅能與店櫃線上即時互動，還可以即時線上購買。

第三節　國際零售業發展情勢與展望

「線下線上整合（O2O）」以及「電子商務」已經成為當前零售業的主流趨勢，尤其在 COVID-19（新冠肺炎）疫情爆發後，許多國家、城市不得不實施居家隔離與封城等措施，對實體零售業的發展更是雪上加霜，全球零售業不敵疫情影響而面臨業績衰退，甚至關閉或申請破產的案例時有所聞；另一方面，電子商務則因民眾減少出門並轉往網路購物而受惠。在疫情影響下，不僅民眾的消費行為改變，勢必也將加速實體零售業朝線上整合的「全通路」轉型。

 ## 一　全球零售業發展現況

根據市場研究機構 eMarketer 在 COVID-19 之前的預測，全球零售業 2020 年銷售額將增長 4.4%，達到 26.460 兆美元，電子商務則將增長 18.4%，達到 4,105 兆美元。然而，隨著疫情的發生，eMarketer 將全球零售業的成長預測調降了 10 個百分點以上，同時也將電子商務的成長預測調降了 2 個百分點，雖然多數國家的電子商務成長仍將強勁，但預料印度和中國大陸兩大市場的電子商務成長速度可能不如前幾年。

此外，依零售市場研究機構 Coresight Research 的統計，截至 2020 年 6 月初，美國零售業的關店總數已達到 4,005 間，當中不乏大型零售品牌，例如：家居裝飾零售商 Pier1 Imports、健康連鎖公司 GNC 以及 L Brands 旗下的 Victoria's Secret、Papyrus 和 J.C. Penney 等，Coresight Research 並預估 2020 年美國零售業可能會關閉 20,000 至 25,000 間店，遠超過 2019 年關閉的 9,300 多間店。其中，百貨連鎖店 Neiman Marcus、Stage Stores 和 J.C. Penney 已申請破產保護，而知名的服裝零售商 GAP 也預計在未來兩年內將關閉全球近一半的門店，實體零售業面臨的嚴峻挑戰可見一斑。

根據勤業眾信（Deloitte）的「2020 零售力量與趨勢展望」報告指出，2019

年全球前 10 大零售業者依序為：沃爾瑪（Walmart）、好事多（Costco）、亞馬遜（Amazon）、施沃茨（Schwarz）、克羅格（Kroger）、沃爾格林（Walgreens）、家得寶（The Home Depot）、Aldi Einkauf GmbH & Co. oHG（奧樂齊超市與ALDI 母公司）、CVS 健康連鎖藥店（CVS Health Corporation）、特易購（TESCO）等。2019 年全球前 10 大零售業者的銷售額較去年同期成長了 6.3%，不僅比 2018 年高出 0.2%，也比 2019 年前 250 大業者多出了 2.2%；此外，前 10 大零售業者在前 250 大零售業者的總銷售額占比為 32.2%，也高於前一年的 31.6%，全球零售業似有大者愈大的趨勢。

 國外零售業發展案例

以下針對「2020 零售力量與趨勢展望」報告所列全球前 10 大零售業中之沃爾瑪（Walmart）與施沃茨（Schwarz）兩案例，分析其經營特色與創新應用。

（一）沃爾瑪（Walmart）

1. 經營現況與特色

沃爾瑪（Walmart）超市於 1962 年在美國阿肯色州成立，經過 50 多年的發展，沃爾瑪仍維持世界上最大連鎖零售業之地位，即使面對電子商務浪潮襲捲而來，Walmart 在 2019 年依然為全球 250 大零售商排名之首，且其營收較 2018 年同期還成長了 2.8%。Walmart 成立之初即以「幫消費者節省每一分錢」為宗旨，其「天天低價」的口號也深植在大眾心中，因此，其經營特色之一便是不斷擴大規模、降低成本，滿足消費者一站購足及便宜的需求。然而，隨著時代轉變，Walmart 也不斷求新求變，以保持競爭優勢。

2. 創新應用

面對電子商務巨擘亞馬遜（Amazon）的威脅，Walmart 近年來不斷透過收購策略進行數位轉型、整合線上購物，邁向 O2O 全通路發展。Walmart 在 2011 年便收購了矽谷搜尋引擎新創公司 Kosmix，同時也設立了創新實驗室 @WalmartLabs，後來還陸續研發地板清潔機器人、貨架掃描機器人與補貨機器

人等，希望朝科技公司轉型。

為了提高營運效率，Walmart 應用大數據分析、機器學習與人工智慧（AI）等新科技，針對內部龐大的交易數據，以及包括氣象、經濟、電信、社交媒體、油價、鄰近發生的重大事件（如體育賽事）、美國最大評論網站 Yelp、信用徵信網站 Experian 等外部數據進行分析，預測每週全美 4,700 家店達 500 億件商品的需求；此外，為了掌握線上的消費者數據與網路經營能量，接連收購多家如 Jet.com、Bonobos、中國電商 JD.com 以及有「印度亞馬遜」之稱的 Flipkart 等電子商務公司，加強 Walmart 在區域服務與個人化體驗的優勢。

對於生鮮商品，Walmart 近年來開始利用 AI 結合相機，檢查蔬果缺陷和新鮮度，並預測腐壞日期，確保蔬果從農場到貨架全程新鮮，也降低食物浪費的成本，在全美 43 個配送中心試行 6 個月，便已替 Walmart 省下 8,600 萬美元，預計 5 年內將節省 20 億美元。而 2019 年 Walmart 在紐約設置了一家智慧零售實驗室（Intelligent Retail Lab），在該超市裡裝滿感應器、AI 攝影機，並建有龐大的數據中心，用以準確辨識品項和數量，以對照預測銷售需求的數量，即時通知員工補貨或下架，同時也能預測銷售高峰，提醒門市開放更多收銀檯，甚至還能預測哪些商品最受歡迎，提醒門市提前備貨。

（二）施沃茨（Schwarz）

1. 經營現況與特色

來自德國、成立於 1973 年的施沃茨（Schwarz）是歐洲最大的零售集團之一，主要由利多（Lidl）和考夫蘭特（Kaufland）兩大連鎖超市組成，2019 年全球營收達 1,215.81 億美元，營收成長率為 7.6%，較 2018 年排名上升一名，成為全球第四大零售業者。

該集團除了致力擴展現有市場外，也積極開拓如塞爾維亞、愛沙尼亞和拉脫維亞等新市場。除了歐洲之外，Schwarz 也在美國收購了水果和雜貨連鎖店 Best Market 旗下的超市，並預計在 2020 年將其改造成以折扣為特色的 Lidl 超市經營模式，同時與百貨連鎖店 Loeb 合作，在瑞士開設大型暢貨中心，期望透過價格優勢持續成長。

2. 創新應用

Schwarz 旗下折扣超市透過持續展店而維持成長，並秉持集中大量採購的原則，只聚焦一種型號商品，使其採購、談判、倉儲和物流的成本都低於其它零售商，以取得競爭優勢，精簡的品項不會帶給消費者太多選擇上的負擔，有助於優化其購物體驗，因此受到消費者的青睞。

然而，為了跟上數位轉型的趨勢，除了推出自己的 APP 供消費者直接線上訂購外，Schwarz 於 2019 年入股了與 Microsoft、Google、Intel、SAP 和 Deutsche Telekom 等科技大廠皆有合作的德國人工智能研究中心（DFKI），希望與 DFKI 針對 AI 及其在社會和商業中的實際應用進行共同研發，研究如何透過新科技改善運營流程，並支援零售業務創新，目前 Schwarz 與 DFKI 已經成功開發語音輔助系統和機器人的應用，並導入 AI 自動預測功能的購物 APP。

在數位轉型之外，為了快速接軌電子商務以達到整合線上的目的，2020 年 Schwarz 還收購了前身為德國第三大電商平台的 Real.de，該線上購物平台本身亦擁有近 300 家線下門店超市，線上平台月瀏覽量則超過 1,900 萬人次，且平台上最暢銷的三大品項包括電子、家具與家居用品以及自行組裝（DIY）等高單價產品，恰可與 Schwarz 互補。

第四節　結論與建議

 ## 零售業轉型契機與挑戰

2020 年 COVID-19 疫情爆發後，對我國綜合商品零售業各業別帶來不同的影響，受衝擊最大的包括其他綜合商品零售業（含免稅商店）與百貨公司，而受惠的業別則有超級市場、其他非店面零售業（含網路購物）、量販店以及便利商店。由於免稅商店主要客群為國際旅客，因此，後續的發展仍須仰賴全球疫情的控制程度；國內則因防疫有成，在 6 月解封後百貨公司的消費人潮已逐漸回流，業績也逐漸回升。

此外，在疫情突襲下，不僅使民眾的工作與生活型態跟著轉變，也因更注重

安心、安全的購物方式，而同時帶動消費者更願意使用網路購物與行動支付，這些改變勢必加速無接觸經濟的發展。另一方面，O2O（線上線下整合）已經成為全球零售業共同的議題，值得思考的是，當無接觸經濟成為全球普遍發展趨勢，商業 O2O 模式逐漸普及，零售業如何呼應以上重大發展議題，善用我國先進的 IT 科技及深厚的人文底蘊優勢，找出新的營運模式及差異化價值，才能在競爭激烈的零售市場中脫穎而出。

 對企業的建議

（一）改變單打獨鬥的經營模式，打造異業合作的共好生態圈

因應行動化與雲端化的趨勢，除了全家、7-11、全聯、家樂福與新光三越等大型業者紛紛推出整合購物與支付的 APP 外，包括 LINE、foodpanda 等原來非屬零售通路的數位平台，也都有增加用戶數、會員數並強化其忠誠度的需要，因此也陸續推出滿足民眾食衣住行育樂等需求的購物服務，以加強會員黏著度。建議較小型的零售業者應建立自己的特色，透過大型數位平台接觸更多消費者以增加銷售機會；而數位平台亦應積極與特色業者合作，扮演整合型通路角色，協助特色業者銷售，與零售業者打造共好的生活服務業生態圈。

（二）善用 O2O 全通路優勢，創造線上線下整合的新經營模式

如前所述，國內導入線上線下整合的 O2O 零售業者已經日益增加，然而，在 O2O 逐漸普及後，建議零售業必須善用 O2O 優勢，找出新的經營模式才能持續成長。以全家超商為例，當競爭者都推出線上購物時，率先透過 APP 推出「咖啡預購＋雲端寄杯＋跨店取貨」的銷售模式，獲得成功後再將此模式複製到其他商品。現在不只其他三大超商跟進，連超市龍頭全聯也起而效之，有機會成為新常態，未來必然還有更多新的模式典範待發掘。

附錄　零售業定義與行業範疇

　　根據行政院主計總處「行業標準分類」第10次修訂版本所定義之零售業，從事透過商店、攤販及其他非店面如網際網路等向家庭或民眾銷售全新及中古有形商品之行業。零售業各細類定義及範疇如表所示：

表　政院主計處「行業標準分類」第10次修訂版本所定義之零售業

零售業小類別	定義	涵蓋範疇（細類）
綜合商品零售業	從事以非特定專賣形式銷售多種系列商品之零售店，如連鎖便利商店、百貨公司及超級市場等。	連鎖便利商店 百貨公司 其他綜合商品零售業
食品、飲料及菸草製品零售業	從事食品、飲料、菸草製品專賣之零售店，如蔬果、肉品、水產品、米糧、蛋類、飲料、酒類、麵包、糖果、茶葉等零售店。	蔬果零售業 肉品零售業 水產品零售業 其他食品、飲料及菸草製品零售業
布疋及服飾品零售業	從事布疋及服飾品專賣之零售店，如成衣、鞋類、服飾配件等零售店；行李箱（袋）及縫紉用品零售店亦歸入本類。	布疋零售業 服裝及其配件零售業 鞋類零售業 其他服飾品零售業
家用器具及用品零售業	從事家用器具及用品專賣之零售店，如家用電器、家具、家飾品、鐘錶、眼鏡、珠寶、家用攝影器材與光學產品、清潔用品等零售店。	家用電器零售業 家具零售業 家飾品零售業 鐘錶及眼鏡零售業 珠寶及貴金屬製品零售業 其他家用器具及用品零售業
藥品、醫療用品及化妝品零售業	從事藥品、醫療用品及化妝品專賣之零售店。	藥品及醫療用品零售業
化妝品零售業		

零售業小類別	定義	涵蓋範疇（細類）
文教育樂用品零售業	從事文教、育樂用品專賣之零售店，如書籍、文具、運動用品、玩具及娛樂用品、樂器 等零售店。	書籍及文具零售業 運動用品及器材零售業 玩具及娛樂用品零售業 影音光碟零售業
建材零售業	從事漆料、塗料及居家修繕等建材、工具、用品專賣之零售店。	
燃料及相關產品零售業	從事汽油、柴油、液化石油氣、木炭、桶裝瓦斯、機油等燃料及相關產品專賣之零售店。	加油及加氣站 其他燃料及相關產品零售業
資訊及通訊設備零售業	從事資訊及通訊設備專賣之零售店，如電腦及其週邊設備、通訊設備、視聽設備等零售店。	電腦及其週邊設備、軟體零售業 通訊設備零售業 視聽設備零售業
汽機車及其零配件、用品零售業	從事全新與中古汽機車及其零件、配備、用品專賣之零售店。	汽車零售業 機車零售業 汽機車零配件及用品零售業
其他專賣零售業	從事 472 至 484 小類以外單一系列商品專賣之零售店。	花卉零售業 其他全新商品零售業 中古商品零售業
零售攤販	從事商品零售之固定或流動攤販。	食品、飲料及菸草製品之零售攤販 紡織品、服裝及鞋類之零售攤販 其他零售攤販
其他非店面零售業	從事 486 小類以外非店面零售之行業，如透過網際網路、郵購、逐戶拜訪及自動販賣機 等方式零售商品。	電子購物及郵購業 直銷業 未分類其他非店面零售業

資料來源：行政院主計處，2016，《中華民國行業標準分類第 10 次修訂（105 年 1 月）》。

CHAPTER 05 ▷ 餐飲業發展關鍵報告

商研院商業發展與策略研究所／李曉雲研究員、張家瑜研究員

第一節　前言

　　經濟部於 2019 年 10 月發表的「108 年批發、零售及餐飲業經營實況調查」指出，2019 年餐飲業有高達 66.6% 的業者經營網路社群或 LINE，2016 年時該數據尚未超過 5 成，僅 47.8%；2019 年提供行動支付服務占 44.1%，2016 年時為 31.0%；2019 年提供宅配或外送服務占比為 43.3%，2016 年時為 39.1%。顯示在行動網路普及與行動裝置多元的現今社會，消費者生活型態已產生變化，如何結合科技應用與創新服務，吸引顧客消費，並提供及時且適切的個人化服務，是餐飲業者應思考的方向。

　　此外，近期受到 COVID-19（新冠肺炎）疫情的影響，民眾因恐懼與防疫，減少出入公眾場所，向來屬民眾互動交流場所的餐飲業首當其衝，多家知名老牌餐廳，如朝桂餐廳、永福樓、老上海菜館等接連宣告退場或停業，雖然我國疫情已於 2020 年 5 月底趨緩，民眾也開始增加外食用餐的頻率，然而可以預期的消費者用餐習慣已有所改變。「宅經濟」瞬間爆發，跳躍式的消費型態轉變，引發餐飲業整體結構性劇變，如何將此劇變轉換成另類商機，結合宅經濟和科技應用的新型態經營模式已在發酵。

　　在政策方面，隨著時代的演進，政府的政策也產生變化。2010 年 ~2013 年提出「臺灣美食國際化行動計畫」，餐飲業成為我國十大重點服務業之一，透過「在地國際化、國際當地化」策略，吸引外國觀光客來臺消費，並協助餐飲業者海外拓展。2015 年「臺灣餐飲業科技化服務及發展計畫」輔導我國餐飲業者導入科技化應用，推動餐飲業結合創新服務和科技應用。至於 2019 年的「餐飲業國際化推動計畫」，則是融合上述國際化、科技化、多元化等策略進行，期望能

真正協助我國餐飲業者轉型升級，在國際餐飲市場占有一席之地。

　　為洞悉上述餐飲業發展現況與趨勢，本文第二節將介紹我國餐飲業發展現況，依餐飲業（中業別、細業別）近年來銷售額、營利事業家數、受僱人數之變化趨勢進行分析，並闡述我國餐飲業發展政策與趨勢，輔以實際案例說明；第三節說明主要國家餐飲業發展情勢與展望；第四節則是針對影響大眾生活的 COVID-19 對餐飲業的影響進行簡要說明，並指出產業／政府目前主要因應對策；第五節將彙整上述國內外餐飲業發展趨勢之研析結果，並歸納可能影響餐飲業的關鍵議題，據此提出對於我國餐飲業之建議，以供我國餐飲業參考。

第二節　我國餐飲業發展現況分析

　　行政院主計總處於 2016 年 1 月，完成我國行業標準分類第 10 次修訂，將服務業範圍劃分為 13 大類。[1] 餐飲業屬於 I 類「住宿及餐飲業」中之細項，係指從事調理餐食或飲料供立即食用或飲用之行業，另餐飲外帶外送、餐飲承包等亦歸入本類；其涵蓋類別包含餐食業（餐館、餐食攤販）、外燴及團膳承包業、飲料店業（飲料店、飲料攤販）。其中，餐食業係指從事調理餐食，並供立即食用之商店及攤販。外燴及團膳承包業係指從事承包客戶於指定地點舉辦運動會、會議及婚宴等類似活動之外燴餐飲服務，或是專為學校、醫院、工廠、公司企業等團體提供餐飲服務之行業，而承包飛機或火車等運輸工具上之餐飲服務亦歸入本類。

 餐飲業發展現況

（一）銷售額

　　依據財政部公布之資料顯示（參見表 5-2-1），2019 年餐飲業銷售額約新臺

註 1　服務業範圍劃分為 13 大類：G 類「批發及零售業」、H 類「運輸及倉儲業」、I 類「住宿及餐飲業」、J 類「資訊及通訊傳播業」、K 類「金融及保險業」、L 類「不動產業」、M 類「專業、科學及技術服務業」、N 類「支援服務業」、O 類「公共行政及國防；強制性社會安全」、P 類「教育服務業」、Q 類「醫療保健及社會工作服務業」、R 類「藝術、娛樂及休閒服務業」、S 類「其他服務業」。

幣 5,711 億元，較 2018 年成長 5.18%。觀察 2015 年至 2019 年的銷售額變化，從 4,425 億元逐年攀升至 5,711 億元，年平均成長率為 7.35%，此應與我國民眾工作步調加快、飲食習慣改變，以及外食人口成長相關，這些利多因素帶動了餐飲業整體營收提升。

銷售額成長率近五年維持在 5.18%~10.36% 之間，然而，相較於 2018 年的餐飲業銷售額年成長率為 5.24%，2019 年因國內經濟景氣趨緩，成長率略降為 5.18%，顯示產業漸趨向飽和，業者競爭激烈（參見圖 5-2-1、表 5-2-1）。

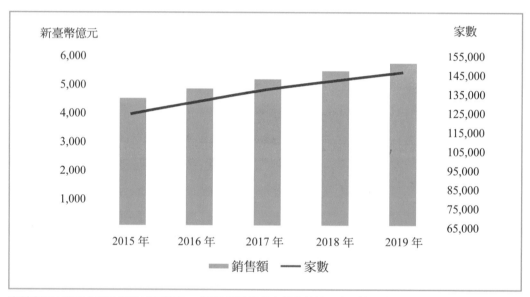

資料來源：整理自財政部統計資料庫，《銷售額及營利事業家數第 7 次、第 8 次修訂（6 碼）及地區別》，2015-2019 年。

圖 5-2-1 餐飲業銷售額與營利事業家數趨勢

（二）營利事業家數

在營利事業家數方面，2019 年底共計 146,009 家，持續 2018 年突破 14 萬家的漲勢，相較於 2018 年增加 4,186 家，年增率約 2.95%。觀察 2015 至 2019 年家數的變化，從 2015 年的 124,124 家逐年成長；每年成長率約落在 3%~6% 之間，以 2015 年增幅最大，達 5.81%（參見圖 5-2-1、表 5-2-1）。

（三）受僱人數與薪資

2019 年餐飲業之受僱員工為 412,725 人，較 2018 年成長 2.26%。近年來，

以 2015 年的年增率最高，達 6.39%，之後則逐年遞減至 2019 年的 2.26%。在性別方面，女性受僱員工人數多於男性，以年增率來看，男性在 2016 年時年增率達近 5 年新高，為 7.12%，然 2017 年降為 4.62%，2018 年又降至 2.46%，惟 2019 年反彈至 4.01%；女性自 2017 年開始有逐年下降趨勢，尤其是 2019 年，受餐館僱用女性人數下降的影響，年增率僅有 0.94%。

在薪資方面，2019 年平均薪資為新臺幣 36,974 元，比 2018 年成長 1.91%，與 2015 年的 33,832 元相比，5 年來成長幅度僅 9.29%，顯示餐飲業規模擴增已趨緩；在歷年成長率方面，2015 年至 2019 年皆有正的成長，且以 2017 年的 2.98% 為最高。從薪資與性別方面來看，男性的薪資皆高於女性，差異幅度以 2015 年的 4,110 元最高，然而差距已逐年縮小，顯示就餐飲業而言，女性在職場上的表現日益受到重視（參見表 5-2-1）。

表 5-2-1 餐飲業銷售額、營利事業家數、受僱員工數與每人每月總薪資統計

單位：家、%

項目	年度	2015 年	2016 年	2017 年	2018 年	2019 年
銷售額	總計（億元）	4,425	4,803	5,160	5,430	5,711
	年增率（%）	10.36	8.53	7.43	5.24	5.18
家數	總計（家）	124,124	130,651	136,906	141,823	146,009
	年增率（%）	5.81	5.26	4.79	3.59	2.95
受僱員工人數	總計（人）	351,477	371,945	391,654	403,605	412,725
	年增率（%）	6.39	5.82	5.30	3.05	2.26
	男性（人）	150,794	161,537	169,006	173,163	180,111
	年增率（%）	6.79	7.12	4.62	2.46	4.01
	女性（人）	200,683	210,408	222,648	230,442	232,614
	年增率（%）	6.10	4.85	5.82	3.50	0.94
每人每月總薪資	總計（元）	33,832	34,253	35,274	36,282	36,974
	年增率（%）	2.45	1.24	2.98	2.86	1.91
	男性（元）	36,331	36,500	37,114	37,954	38,785
	年增率（%）	2.45	0.47	1.68	2.26	2.19
	女性（元）	32,219	32,762	34,038	35,163	35,801
	年增率（%）	2.43	1.69	3.89	3.30	1.81

資料來源：整理自財政部統計資料庫，《銷售額及營利事業家數第 7 次、第 8 次修訂（6 碼）及地區別》，行政院主計總處資料庫，《薪情平台》。2015-2019 年。

說　　明：上述表格數據會產生部分計算偏誤係因四捨五入與資料長度取捨所致，但並不影響分析結果。

二 餐飲業之細業別發展現況

(一) 銷售額

由表 5-2-2 可看出，2019 年餐飲業中的細項產業—餐館業、飲料店業、餐飲攤販業以及其他餐飲業，「餐館業」的銷售額占比明顯高於其他業別，在 80%~83% 之間。「飲料店業」之銷售額成長率明顯趨緩，由 2016 年之 30.49% 下降至 2018 年之 3.88%，2019 年略為上升至 4.91%，五年來從 2015 年的 496.43 億元，成長到 2019 年的 770.31 億元，變動幅度為 55.17%。2019 年以「餐館業」的銷售額成長率居冠，成長幅度達 5.48%。而「餐飲攤販業」則由近年來之負成長，至 2018 年才翻轉為正成長，2019 年銷售額成長率為 0.22%。

表 5-2-2 餐飲業細項業別銷售額與年增率

單位：億元、%

項目	年度	2015 年	2016 年	2017 年	2018 年	2019 年
餐飲業	銷售額（億元）	4,425	4,803	5,160	5,430	5,711
	年增率（%）	10.36	8.53	7.43	5.24	5.18
餐館業	銷售額（億元）	3,651.02	3,871.08	4,146.21	4,380.09	4,620.00
	年增率（%）	7.45	6.03	7.11	5.64	5.48
	銷售額占比（%）	82.51	80.60	80.36	80.67	80.90
飲料店業	銷售額（億元）	496.43	647.77	706.84	734.25	770.31
	年增率（%）	13.67	30.49	9.12	3.88	4.91
	銷售額占比（%）	11.22	13.49	13.70	13.52	13.49
餐飲攤販業	銷售額（億元）	88.86	88.72	88.3	88.79	88.98
	年增率（%）	-3.87	-0.15	-0.47	0.55	0.22
	銷售額占比（%）	2.01	1.85	1.71	1.64	1.56
其他餐飲業	銷售額（億元）	188.76	195.16	218.40	226.78	231.61
	年增率（%）	128.46	3.39	11.91	3.84	2.13
	銷售額占比（%）	4.27	4.06	4.23	4.18	4.06

資料來源：整理自財政部統計資料庫，《銷售額及營利事業家數第 7 次、第 8 次修訂（6 碼）及地區別》，2015-2019 年。

說　　明：上述表格數據會產生部分計算偏誤係因四捨五入與資料長度取捨所致，但並不影響分析結果。

（二）營利事業家數

在營利事業家數方面，整體餐飲業 2015 年至 2019 年呈現逐年遞增趨勢。其中，餐館業的家數明顯高於其他類型，近五年來餐館業家數呈現逐年增加的趨勢，變動幅度為 18.53%。近年來，國內的餐館業者如王品、瓦城、豆府、八方雲集等集團，為提升品牌競爭力，相繼成立新款餐館品牌，再加上國內百貨 Outlet 商場陸續引進國外知名餐館品牌，使得餐館業的營利事業家數大幅成長。飲料店業家數也是逐年成長，2019 年達 23,169 家，比起 2015 年的 18,363 家，變動幅度高達 26.17%，隨著民眾正餐搭配手搖茶飲、上班族飲用咖啡等習慣逐漸成形，現調手搖飲、現磨咖啡、冷熱茶飲等各類飲料店到處林立。餐飲攤販業的家數則逐年減少，2019 年已低於 9,000 家，主要的原因有夜市餐點重複性高、部分攤販衛生條件不佳，以及國內連鎖便利商店積極布局鮮食市場等，降低了民眾至餐飲攤販消費的意願，連帶影響其家數。（參見表 5-2-3）

餐館業雖然近五年來家數皆為正向成長，然而與 2015 年的 6.32% 相比，2016~2019 年的成長率卻有減緩現象；飲料店業在 2016 年的成長率為 9.57%，2017~2019 年成長亦趨緩，分別為 6.09%、5.24% 及 3.14%，顯示餐飲業市場趨於飽和，競爭態勢將持續提升。

表 5-2-3　餐飲業營利事業家數與年增率

單位：家、%

項目	年度	2015 年	2016 年	2017 年	2018 年	2019 年
餐館業	家數（家）	94,177	98,927	103,969	107,991	111,630
	年增率（%）	6.32	5.04	5.10	3.87	3.37
飲料店業	家數（家）	18,363	20,121	21,346	22,464	23,169
	年增率（%）	9.07	9.57	6.09	5.24	3.14
餐飲攤販業	家數（家）	9,324	9,266	9,141	9,020	8,911
	年增率（%）	-4.14	-0.62	-1.35	-1.32	-1.21
其他餐飲業	家數（家）	2,260	2,337	2,450	2,348	2,299
	年增率（%）	4.39	3.41	4.84	-4.16	-2.09

資料來源：整理自財政部統計資料庫，《銷售額及營利事業家數第 7 次、第 8 次修訂（6 碼）及地區別》，2015-2019 年。

說　　明：上述表格數據會產生部分計算偏誤係因四捨五入與資料長度取捨所致，但並不影響分析結果。

三　餐飲業政策與趨勢

(一) 國內發展政策

　　全球經濟成長不如預期、整體經營環境和民眾消費型態改變，為了支持餐飲業的發展，增強國內消費動能，擴大國內外展店能量，經濟部 2019 年於推動我國商業服務業發展項下，對於餐飲業投入相關資源，包括科技化、新南向、市場拓銷之主題活動等面向，以協助我國餐飲業轉型升級，詳細內容如下所述。

1. 科技化

　　餐飲業屬人力短缺且服務成本過高的產業，為了改善過去傳統電話、線上點餐，無法掌握出餐進度及電話漏接，造成人力成本高且效率低等狀況，故導入社群線上點餐模組、消費者分流點餐模組、多元支付系統及電話不漏接導流線上模組，以降低人員出錯率，並提升出餐效率及顧客滿意度。此外，優化會員經營方式，導入會員管理系統，記錄會員的消費習慣，以進行後續營運及行銷策略，藉此提升營業效益及競爭力。希望透由導入科技，解決人力短缺問題，從線上點餐、多元支付至會員經營等方面的投入，達到精準行銷的目的。

2. 新南向

　　為加速臺灣餐飲連鎖業者連結新南向國家市場，解決普遍缺乏數位科技應用整合能力、國際展店經營管理、海內外行銷、展店及營運資源不足等問題，經濟部協助餐飲業者與當地建立夥伴關係或合作商業模式，以建構在地安全食材、多元服務及數位行銷科技應用拓展海外商機，促進臺灣餐飲業再次經營轉型及開拓新南向國家市場。針對餐飲連鎖業者新南向發展經營創新需求，以加速提升餐飲業者「國際合作／餐飲在地食材鏈結」、「創新經營／餐飲在地服務鏈結」、「多元行銷／餐飲品牌戰略鏈結」優化經營能力，培育餐飲展店及新南向人才，帶動新南向行銷及合作交流，提升營業實績。

3. 市場拓銷之主題活動

(1)臺灣滷肉飯節

　　為帶動我國餐飲業發展，經濟部自 2017 年辦理首屆「臺灣滷肉飯節」迄今，

已邁入第三年，2019 年特別邀集全臺各縣市 50 家滷肉飯店家，於臺北車站辦理「國飯大會師」啟動活動，並結合中央與地方政府，重點推出適合自由行旅客的「國飯套餐」及接待國際貴賓的飯店級「國飯宴」，以滿足不同需求的國際訪客，讓滷肉飯不再只是國民美食，也能成為國際宴席上的主角。這次活動吸引數萬人次參加，並帶動整體滷肉飯業者營業額數億元增長，亦讓被美國 CNN 評為來臺必吃小吃的滷肉飯能再次飄香國際。

(2)米其林摘星活動

2019 年是《米其林指南》登入臺北的第二年，也是我國舉辦第二屆的「餐飲新食代國際論壇 - 米其林篇」，經濟部邀請香港、新加坡及臺灣米其林業者分享摘星秘訣，從各個角度深度解析米其林，分享經營之道、暢談如何優化廚藝、提升用餐環境，了解該達到哪些標準才足夠被稱為一間「好的餐廳」，讓我國餐飲業者能接軌國際，讓臺灣美食在世界舞台發光發熱。

(3) 臺灣手搖茶飲節

臺灣手搖茶飲可說是揚名國際，再加上國人創意十足，激盪出各種新滋味，使得不管是在臺灣大街小巷，或是各國大小城市，手搖茶飲已成為臺灣「國飲」。為奠定我國手搖茶飲之形象與地位，今年度經濟部首度辦理「2020 臺灣手搖茶飲節」，除召集國內手搖茶飲優質業者共襄盛舉外，為彰顯臺灣手搖茶飲獨特性，於國慶日期間一連三天舉辦「臺灣手搖茶飲嘉年華」，邀請民眾一同慶祝、參與，讓我國手搖茶飲能獲得國際關注，進而帶動產業商機。

(二) 趨勢與案例

1. 我國餐飲業競爭態勢分析

為提升品牌餐點競爭力，我國餐飲集團紛紛投入新的餐飲領域，以擴大企業經營版圖。例如 2019 年 9 月後豆府餐飲集團陸續推出越南百年河粉品牌飛機河粉、米其林泰式炒河粉品牌 Baan Phadthai、臺灣阿達師牛肉麵等 3 個新品牌，希望藉此吸引新客群。2019 年 10 月王品集團推出高端餐廳「THE WANG」進駐臺中七期商辦，主打高檔牛排套餐。2019 年 12 月瓦城泰統集團旗下第 8 個新品牌「月月 Thai BBQ 泰式燒烤」，落腳信義遠百 A13 的「遠百深夜食堂」。2019 年下半年，六角餐飲集團同樣的嘗試拓展餐食版圖，推出美式越南料理新品牌「美利河」。

此外，百貨商場近年來多採餐飲匯聚人潮之策略，因此國內百貨 Outlet 商場持續引進國外知名餐飲品牌，甚至還自創特有餐飲品牌。如 2019 年 1 月開幕的微風廣場三代店微風南山引入舞泉豬排（まい泉）、陳興發興記菜館、Smith & Wollensky、CÉ LA VI 高空酒吧等 10 多個日本、香港、美國、法國餐飲品牌，合計約 90 個餐飲品牌的面積占比高達 45%，然而一代店的占比僅有 18%。至於 2019 年 7 月正式開幕的 JOY PLAZA 悅誠廣場，其餐飲面積占比亦將近 40%，並自創「豐悅匯」日本料理吃到飽、「探饡」鐵板燒，以及「雲咖啡」等餐飲品牌。

由於百貨商場兼具購物、餐飲、娛樂等多項功能，且提供停車、廁所、冷氣等友善環境，持續瓜分傳統夜市的消費人潮，百貨商場的集客效應，已使餐飲攤販業有近 8 年家數呈現負成長。再者，隨國外餐飲品牌家數持續增加，以及國內景氣趨緩，2019 年多數上市上櫃餐飲業者的營業收入成長走緩。

2. 我國餐飲業發展趨勢

餐飲業受景氣、習慣、偏好的影響，本文提出三項我國餐飲業營運模式之轉變，藉此說明未來餐飲業的發展趨勢。

(1)消費朝向兩極化

隨著科技變化，民眾消費逐漸朝向兩極化發展，不論服務的兩極化，「無人服務」與「體驗服務」；或是價格的兩極化，「平價餐廳」和「高檔餐廳」。根據媒體與營銷之領導公司 Valassis Communications, Inc. 於 2019 年發表的研究指出，無論何種消費者類型，都渴望優質用餐體驗。此外，王品集團和 iSURVEY 東方線上合作的調查指出，平均每人花費 201 元至 500 元的中價位餐點仍是市場聚餐的主流，但 2019 年中價位餐點的花費金額較 2016 年下滑了 2.8%，而平價和高價卻分別提高了 3.5% 和 0.5%，消費確實正朝向兩極化發展。

(2)數位改變顧客關係

數位化一方面滿足顧客重視體驗的需求，另一方面則引導消費者追求個人化和便利性。隨著外在環境的不確定性提高，愈來愈多消費者選擇在家用餐，這也改變了顧客關係，外送成為了餐飲業者必須具備的服務項目。根據經濟部統計處 2020 年 6 月的統計顯示，餐館及飲料外送或宅配比率從 2018 年的 40.1% 上漲至 2020 年的 53.8%，短短 3 年比率就提高了 13.8 個百分比，數位化和宅經濟的風潮確實帶動外送。外送也顛覆了過去餐飲業的經營模式，愈來愈多「虛擬餐廳」（或稱「幽靈廚房」）出現。「虛擬餐廳」為 Uber Eats 於 2016 年提出，係指沒

有實體店面，沒有招牌和座位的餐廳，銷售僅透過 APP 或外送平台，至今 Uber Eats 已與餐廳業者合開超過 4,000 家虛擬餐廳，例如 2017 年開張的「生活倉廚」和「格里歐 's 三明治」，即是最佳代表。

(3)低浪費的友善經營

隨著生活環境持續惡化，訴求自然環保的低浪費餐廳也開始受到臺灣消費者青睞。根據全球最大的獨立公關顧問公司愛德曼國際公關公司（Edelman global public relations）於 2018 年發布的《贏得人心的品牌》報告指出，有 64% 的消費者對於品牌價值的認同會反映在他們的購買意願上，未來應該會有愈來愈多餐飲業者重視環境友善，因此如何在餐點製作過程中減少剩食，避免食材浪費，成為餐飲業的重要課題。例如，義大利的 Feel the Peel 果汁飲料店，強調消費者所使用的杯子是由榨汁後的橘子皮所製成的，杯子可以直接被回收，不會對環境造成污染。

3. 案例分析

(1)平價高檔同步行

隨著比價資訊日趨透明且方便，消費者花錢之前，不免先上網比價一番，精明消費成為現代消費者的特色，促使消費者對於餐飲的花費，開始往平價和高價挪移。王品集團除了於 2019 年 10 月推出高端餐廳「THE WANG」，主打高檔牛排套餐，價位從 2,000 元開始起跳，採取管家式的服務外，2020 年 4 月同樣於臺中市推出庶民餐廳「薈麵點」。薈麵點的空間採明亮簡約風，專賣湯包、水餃、麵/飯、滷味等平民美食，重點是所有餐點的訂價皆不超過 100 元。兩種極端的訂價策略，不難看出王品集團兩端同時操作的管理模式，企圖滿足各類型消費者的需求。

(2)外送創造虛擬

根據 iSURVEY 東方線上於 2020 年 3 月的調查，與過去相比，我國消費者平日待在家中的時間增加了 1.7 個小時，假日則增加 2.4 個小時，且有 42% 的消費者下班或下課後會直接回家，宅經濟正在你我身邊發酵。宅經濟的蓬勃，加速外送平台的發展，而外送平台則創造了虛擬餐廳。「隨主飡法式水煮專賣店」2015 年於臺中創立，目前全臺有 16 家分店，主打低卡、低油、低熱量的輕食便當，使用法式低溫真空「舒肥法 sous vide」烹調，十分受到講求健康美食的現代

人喜愛，然而位於臺北小巨蛋的店面僅有 4 坪大小，對外只有一個取餐窗口，每到用餐時段，外送平台的外送員就會接踵而至來取餐，說明了外送平台和虛擬餐廳共生共榮的關係。

(3)惜食改變廚房管理

根據環保署 2018 年的統計資料顯示，臺灣廚餘回收量逾 59 萬公噸，若以每桶高 90 公分 155 公斤的桶子裝，則可堆置約 1 萬 3,500 座臺北 101 大樓。為了解決食物浪費的問題，環保署建置「惜食臺灣 Cherish Food Taiwan」，推出「環保集點美食地圖」，並選出全臺灣惜食店鋪，新北市則是建置「新北惜食分享網」，規劃「惜食分享餐廳」計畫，向社會大眾推廣惜食意識。「曬太陽洋食小館」為惜食臺灣 Cherish Food Taiwan 平台中的「惜食店鋪」，並連續兩年獲得「新北市人氣惜食餐廳」。餐廳利用格外品製作餐點，並販售格外品蔬果，此外，提供顧客正常、大、特大等 3 種分量選擇，以減少食材的浪費。從格外品的使用與販售、食材的善加利用，到廚餘減量等等，餐廳經營者目前已針對廚房的管理，將惜食於餐廳中穩定發展。

四　COVID-19（新冠肺炎）對我國餐飲業之影響與因應

（一）COVID-19（新冠肺炎）對餐飲業之影響

2020 年初的 COVID-19（新冠肺炎）疫情衝擊消費市場，大幅降低民眾外出用餐及消費意願，造成餐飲業營收下滑，根據經濟部統計處統計，我國餐飲業今年第 1 季營業額為 1,928 億元，年減 6.6%；第 2 季餐飲業營業額為 1,738 億元，年減 12.4%，為我國 2003 年第 3 季以來最大減幅。其中，又以 4 月份最為嚴峻，在全球疫情接連爆發之下，我國於 4 月餐飲業營業額 479 億元，年減 22.8%，年減率達到我國史上高峰，創下歷年單月最大減幅。幸得我國疫情控制得當，於 5 月減緩，6 月 7 日甚至解封。雖然我國第二季餐飲業營業額為 1,738 億元，年減 12.4%，然而依 2020 年 6 月資料，6 月餐飲業營業額 637 億元，與上年同月相比，減少 7.0%，減幅已縮小。

由於全球疫情持續升溫，國內實施社交距離及人流管制等防疫規範，聚餐宴會活動明顯受限，部分業者強化外送服務及促銷，以減緩負面衝擊；餐館業及外

燴團膳承包業亦受疫情影響，2020 年 6 月分別年減 6.5%、34.1%，然而在 6 月份雨量明顯偏少，均溫創下 1947 年有紀錄以來的新高溫之下，飲料店業反而略為成長 2.0%。數據顯示，就算近期已逐步解封，COVID-19（新冠肺炎）疫情對餐飲業的影響至今仍甚鉅。

此波疫情讓聚餐類型餐廳業績下滑最為顯著，疫情期間不少飯店業者取消自助餐供應，因任人取用的菜餚，無遮蓋物，對消費者來說並非安心的選擇。除了聚餐宴會活動受限，以合菜分食與用餐人數較多的中式餐廳更是受到衝擊，加上避免群聚感染成為防疫破口，餐廳甚至不提供店內服務，使得消費者外出用餐及消費意願也大幅降低因為疫情民眾消費行為有所改變，消費者開始選擇外帶及外送方式，疫情影響加速宅經濟發展，餐飲名店紛紛進軍電商，疫情期間新進店家加入平台的數量超過 3 倍，未來將持續上升。

（二）產業 / 政府之因應做法

1. 由於 COVID-19（新冠肺炎）對產業的衝擊持續影響，餐飲業者也提出因應做法，如提供外帶服務及與外送平台合作、修改及設計餐點、提供民眾真空包裝餐點、提升客製化的產品選擇，使得生鮮食材與熟食訂單數大幅提升。此外，餐飲店家與電商平台合作，增加曝光度，藉此提升訂單數量，增加整體營收業績，皆是減少衝擊之策略。

2. 為降低 COVID-19（新冠肺炎）對餐飲業造成的影響，政府的補助餐飲業者導入外送服務以為因應，由有意願參與的外送平台向政府提出申請，再由餐飲業者自行選擇合適的外送平台進行合作，外送服務包含上架、行銷及配送，並成立「外送國家隊」，降低訂單抽成比例，由過去的 25~35%，補助期間降低為 15%，期望能實際降低餐飲業者壓力。

此外，為協助餐飲業者穩健經營、渡過難關，政府啟動「商業服務業受嚴重特殊傳染性肺炎影響之艱困事業薪資及營運資金補貼」政策，並成立專案辦公室，設立諮詢服務窗口，受理業者諮詢和申請，希望能幫助餐飲業者渡過疫情艱困時期。

第三節　國際餐飲業發展情勢與展望

　　本節針對全球餐飲產業概況進行分析，第一部分探討主要國家餐飲業現況，第二部分探討主要國家餐飲業發展案例，第三部分了解國際主要外送平台。

 全球餐飲業發展現況

（一）美國

　　美國位居世界強國之首，為全球最發達的資本市場，其無論從管理服務面向、連鎖經營程度或集中化程度，均處於全球領先地位，上市餐飲企業之發展情況，無疑對全球餐飲市場具有重要的參考價值。根據美國普查局（United States Census Bureau）的資料顯示（參見表 5-3-1），美國餐飲業銷售額從 2015 年的 6,234.94 億美元持續攀升，2018 年美國餐飲業銷售額更突破 7,000 億美元大關，於 2019 年高達 7,657.96 億美元，成長率約介於 4.0%~8.5% 之間。此外，餐飲服務業為美國第二大勞動產業，根據美國勞動部（United States Department of Labor）的資料顯示（參見表 5-3-2），餐飲業受僱員工人數自 2015 年的 1,127.13 萬人成長至 2019 年的 1,220.33 萬人，變動率約 8.27%。

表 5-3-1　美國餐飲業銷售額與年增率

項目 ＼ 年度	2015 年	2016 年	2017 年	2018 年	2019 年
銷售額（億美元）	6,234.94	6,572.28	6,916.59	7,321.55	7,657.96
年增率（%）	8.20%	5.41%	5.24%	5.85%	4.59%

資料來源：United States Census Bureau，2015-2019 年。

說　　明：上述表格數據會產生部分計算偏誤係因四捨五入與資料長度取捨所致，但並不影響分析結果。

表 5-3-2 **美國餐飲業員工僱用人數與年增率**

項目 ＼ 年度	2015 年	2016 年	2017 年	2018 年	2019 年
受僱員工人數總計（千人）	11,271.3	11,576.6	11,807.1	11,953.0	12,203.3
受僱員工人數變動（％）	3.84%	2.71%	1.99%	1.24%	2.09%

資料來源：Bureau of Labor Statistics，2015-2019 年。

說　　明：上述表格數據會產生部分計算偏誤係因四捨五入與資料長度取捨所致，但並不影響分析結果。

（二）中國大陸

　　中國大陸作為全球第二大經濟體，人口總數超過 14 億人。隨著生活型態改變，餐飲業迅速成長，大陸更成為僅次於美國的世界第二大餐飲市場。根據中國大陸國家統計局的數據資料，2019 年中國大陸餐飲業收入 46,721 億元人民幣，比去年同期增長 9.38%，每年之餐飲業收入呈逐年增加趨勢。（參見圖 5-3-1）

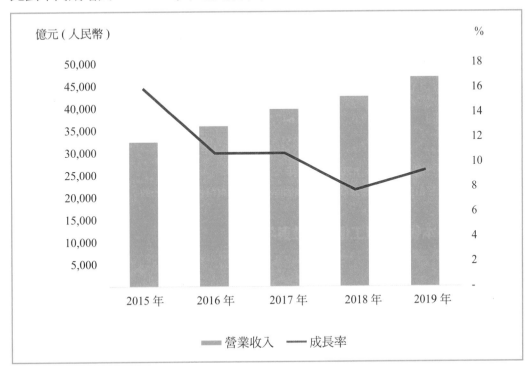

資料來源：整理自 2015~2019 中國餐飲業年度報告。

圖 5-3-1 **中國大陸餐飲業營業收入及年增率**

《餐飲產業藍皮書：中國餐飲產業發展報告（2019）》指出，科技進步推動餐飲管理創新和商業模式創新，如自動化生產和控制技術的發展推動了中央廚房生產模式，進而促進大陸餐飲品牌連鎖模式的快速發展，而互聯網及人工智慧技術逐漸成熟，也使餐飲產業的經營型態轉向數位化，透過服務創新進而衍生新商業模式與產業生態。

（三）日本

近年來日本餐飲業競爭激烈，且人口結構面臨少子化及高齡化。2018 年日本餐飲業銷售額相較於 2017 年有些微衰退，成長率為 -1.71%（參見表 5-3-3），主要係因餐飲業會隨經濟發展與市場變化而波動。經調查顯示，2019 年有逾53% 的日本餐飲業者計畫調漲價格，期望能抵銷成本的上升與提高收益。

根據日本統計網（e-Stat）的資料顯示（參見表 5-3-4），餐飲業受僱員工人數自 2015 年的 271 萬人成長至 2019 年的 296 萬人，變動率約 9.23%。在薪資方面，比 2017 年成長 1.35%。2018 年平均月薪為 286,100 日圓，相對於 2015 年平均月薪 281,000 日圓，變動率 1.81%。

表 5-3-3　日本餐飲業銷售額與年增率

項目　　　年度	2015 年	2016 年	2017 年	2018 年	2019 年
銷售額（億日圓）	181,379.6	183,647.9	196,648.5	193,293.7	-
年增率（%）	2.45%	1.25%	7.08%	-1.71%	-

資料來源：日本統計網（e-Stat），2015-2019 年。
說　　明：上述表格數據會產生部分計算偏誤係因四捨五入與資料長度取捨所致，但並不影響分析結果。

表 5-3-4　日本餐飲業員工僱用人數與年增率

項目　　　年度	2015 年	2016 年	2017 年	2018 年	2019 年
受僱員工人數總計（萬人）	271	276	276	294	296
受僱員工人數變動（%）	-0.37%	1.85%	0.00%	6.52%	0.68%
每人每月薪資（千日圓）	281.0	281.1	282.3	286.1	-
每人每月薪資變動（%）	-1.23%	0.04%	0.43%	1.35%	-

資料來源：日本統計網（e-Stat），2015-2019 年。
說　　明：上述表格數據會產生部分計算偏誤係因四捨五入與資料長度取捨所致，但並不影響分析結果。

二 國外餐飲業發展案例

(一) 外送市場崛起

依據 Statista（2019）資料顯示（參見圖 5-3-2），在 2019 年，全球外送市場總營收金額突破 1,000 億美元，相較 2018 年成長率為 17.54%，預估到 2023 年將突破 1,500 億美元。其中，餐廳外送及平台外送皆為逐年增高的趨勢，且平台外送成長幅度較為顯著，顯示出外送市場為全球不可逆的發展趨勢。

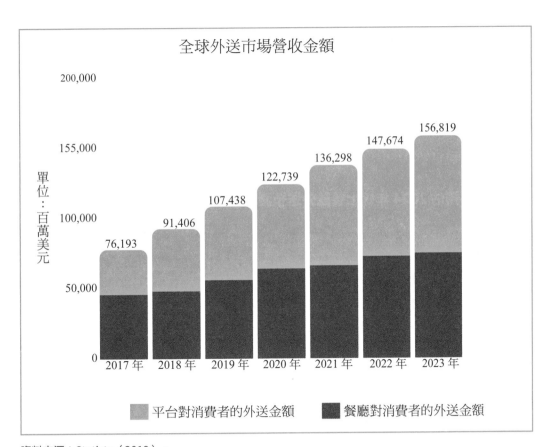

資料來源：Statista（2019）。

圖 5-3-2 **2017~2023 年全球餐飲外送總營收金額預估**

隨著科技進步及網路發展，Statista（2019）資料顯示線上餐飲外送（online

food delivery）自 2019 年起，平台外送顧客滲透率將超過餐廳外送之滲透率，預估至 2024 年，平台外送顧客滲透率為 36.3%，餐廳外送顧客滲透率為 30.5%，顯示出平台外送服務迅速成長的趨勢。（參見圖 5-3-3）

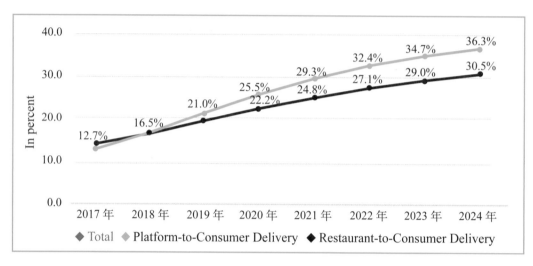

資料來源：Statista（2019）。

圖 5-3-3 預估 2024 年線上餐飲外送預測成長

（二）國際主要外送平台

在美國，GrubHub 成立於 2004 年，是最早成立的外送服務之一，為美國線上訂餐領導者，但在 2019 年 DoorDash 成為美國外送市場中市占率最高的線上餐飲外送公司。在中國大陸，線上餐飲外送發展成熟，主要由阿里巴巴支持的餓了麼（Ele.me）和騰訊支持的美團（Meituan）位居中國大陸線上餐飲外送領域的領先企業。在歐洲，Delivery Hero、Just Eat 與 Takeaway.com 為領導者，但在 2019 年，Takeaway.com 和 Just Eat 宣布合併，Just Eat Takeaway.com 成為全球最大外送平台。

1.DoorDash

DoorDash 成立於 2013 年，總部位於美國加州，現為美國餐飲外送平台的龍頭，目前只在美國及加拿大等北美市場提供服務，進駐逾 4,000 個城市，合作商

家超過 34 萬，員工數超過 7,000 名，至 2019 年，DoorDash 市值已高達 126 億美元。DoorDash 運用地域擴張，與更多餐廳簽約增加客戶服務，並推出 Dash Pass 訂閱服務，消費者每月支付 9.99 美元，即可享受無限次的免費送餐服務（訂單金額需在 15 美元以上），成為全美成長速度最快的餐飲外送公司。

2. 美團（Meituan）

美團成立於 2013 年，截至 2018 年，美團人力服務規模達到 270 多萬人，覆蓋城市數量為 2,800 個縣區市，依據前瞻產業研究院 2019 年第三季的資料，美團市占率為 53%，成為線上餐飲外送領先者，美團的優勢在於商家連結，平台聯動效應顯著，透過外送、到店酒旅及餐廳管理系統三方布局，確立了美團餐飲為核心業務的戰略定位。

3.Just Eat Takeway.com

Just Eat 創立於 2000 年，總部位於英國倫敦，業務遍及全球，包含英國、澳洲、巴西、加拿大、丹麥、法國、愛爾蘭、義大利、墨西哥、挪威、紐西蘭、西班牙和瑞士，其中在英國是擁有最多合作餐廳的外送平台，2017 年訂單總數已達 1.72 億張，活躍客戶達 2,150 萬戶，合作餐廳數量高達 87,000 家。Takeaway.com 同樣成立於 2000 年，總部位於荷蘭阿姆斯特丹，業務遍及歐洲、以色列及越南。2018 年，Takeaway.com 總共獲得 3.6 億份訂單，總營業額達 73 億歐元。

過去 Just Eat 曾是英國餐飲外送市場的主導者，但由於 Uber Eats 和 Deliveroo 等餐飲外送業者崛起，使得 Just Eat 市占率快速萎縮。因此，2019 年 Just Eat 和 Takeaway.com 宣布合併組成全球最大外送平台，預估市值為 100 億英鎊，合併後公司名稱為 Just Eat Takeaway.com，透過二者的執行力和業務能力，目前於英國、德國、荷蘭和加拿大等國居領先地位。

（三）虛擬餐廳新型態商業模式

虛擬餐廳最早由 Uber Eats 平台 2016 年開始推行，成功的案例為紐約原先有一間銷售不佳之實體餐廳，透過與外送平台合作，改為虛擬餐廳之經營模式，於外送平台上經營，減少外場租金及員工成本，不需在人流量大的黃金地段支付高額租金，營業額收入翻倍成長。美國更成功將虛擬餐廳發展為連鎖品牌，虛擬餐

廳正在翻轉餐飲產業，成為新型態的餐廳經營模式。

隨著餐飲外送市場崛起及消費行為快速轉變，「便利性」已成為消費者用餐第一考量因素，美國新的餐廳經營者與連鎖品牌，以租用廚房區域，增加行動點餐的取餐空間，針對線上點餐外送顧客衍生出虛擬餐廳的新型態商業模式，也透過與第三方外送平台合作，提升餐廳曝光率，並打破地域限制，吸引線上潛在顧客，服務更廣泛客群。雖然餐廳經營業者與外送平台合作，需支付外送平台佣金費用，導致獲利減少，但外送平台為餐廳帶來大量訂單，即使外送餐點的每筆淨利較低，但收益仍為向上成長。

第四節　結論與建議

 餐飲業轉型契機與挑戰

隨著科技進步，生活水準提高，智慧手機及行動裝置普及，餐飲業經營模式亦需隨之調整。從國際疫情觀之，實體店面餐飲業者遭受重大衝擊，消費者開始養成使用線上訂購外帶餐點或外送平台的習慣，外送平台市場在疫情期間逆勢成長，全球餐飲外送市場不斷向上攀升，使得餐廳與外送平台間的合作將更為密切。

面對變動快速的餐飲市場環境，若要在競爭激烈的市場中脫穎而出，餐飲業者必須隨時因應國際趨勢發展調整經營模式，例如隨著智慧化時代來臨，消費者對於行動科技的需求愈來愈顯著，「智慧化經營」成為餐飲業發展的主流，科技應用將是競爭的關鍵因素，不僅可能創造出嶄新的經營模式，對於欲進入市場或欲進行轉型的餐飲業者而言，亦是相當重要的策略方向。

 對企業的建議

綜觀目前餐飲業者面臨多變的市場環境，除了國際疫情影響外，消費模式隨

著科技進步產生改變、國外餐飲品牌不斷引進帶來威脅，使得餐飲業營運模式勢必調整，才能在競爭激烈的市場中占有一席之地，茲列述下列建議供企業進行發展上的思考：

(一) 線上與實體同步經營

過去傳統餐飲業者著重於實體店面經營，但隨著消費者消費模式及生活習慣的改變，以及疫情影響加速了餐飲市場的變化，造成線上訂購外帶餐點或外送平台市場崛起，全球線上餐飲外送市場有逐年擴大趨勢。

為了強化餐飲業者的競爭力，建議藉由線上與實體店面同步經營策略，吸引不同消費族群，採取多元化經營方式，如餐廳開始線上訂單外送服務，或是提供企業餐盒訂購和便當外帶，甚至餐點真空包裝販售，以擴大服務範圍。雖然線上餐飲外送服務已是不可逆的趨勢，但實體店的消費體驗升級，亦是餐飲業者獲利的重要關鍵，如導入軟硬體科技化應用，包含自助點餐機提供消費者便利點餐服務，無線服務鈴優化消費者服務流程體驗，並且注重環境及食物的衛生安全，增設酒精清潔站。以線上與實體同步經營為策略主軸，將可為餐飲業者帶來更高的效益。

(二) 數位服務升級

根據經濟部 2019 年餐飲業經營實況調查報告，在臺灣超過 14 萬間餐飲店中，有 67% 店家會經營網路社群或 LINE 帳號；43% 業者提供外送與宅配；近 30% 餐廳有線上訂位功能；16% 餐廳推出線上點餐服務，顯示出餐飲業者運用科技改變經營模式及提升知名度，成為銳不可擋的重要趨勢。

人工智慧正在改變全球的產業發展，餐飲業也不例外，外送平台上所蒐集到的消費者訂餐資料，可做為分析消費者消費型態，並提供客製化創新服務之用，使消費者產生較高的忠誠度，提高再購買意願。利用大數據分析，幫助外送服務流程優化，在菜單和價格上做出最佳決策，提升消費者服務體驗，並有效率地處理大量的外送訂單，藉此增加企業獲利，在競爭激烈的市場中穩定成長。

此外，因應國際疫情，餐飲業者對於行動支付的需求大幅增加。根據資策會最新統計，2019 年行動支付普及率達 62.2%，再創新高，到店消費者透過行動支付能夠無接觸完成結帳流程，同時業者也可利用行動支付所提供的數據進行分

析。近年來，政府機關積極推動行動支付，經濟部已訂定行動 APP 資安檢測標準，金管會也已就電子支付業者訂定嚴謹監理規範，以確保所有金流資訊安全無虞，期望能帶動國內數位轉型。

附錄　餐飲業定義與行業範疇

根據行政院主計總處所頒訂之「中華民國行業標準分類」第 10 次修訂版，「餐飲業」定義為從事調理餐食或飲料供立即食用或飲用之行業，餐飲外帶外送、餐飲承包等亦歸入本類。餐飲業依其營運項目不同，範圍可細分如下：

表　行政院主計總處「行業標準分類」第 10 次修訂版本所定義之餐飲業

餐飲業小類別	定義	涵蓋範疇（細類）
餐食業	從事調理餐食供立即食用之商店及攤販。	餐館、餐食攤販
外燴及團膳承包業	從事承包客戶於指定地點辦理運動會、會議及婚宴等類似活動之外燴餐飲服務；或專為學校、醫院、工廠、公司企業等團體提供餐飲服務之行業；承包飛機或火車等運輸工具上之餐飲服務亦歸入本類。	外燴及團膳承包業
飲料業	從事調理飲料供立即飲用之商店及攤販。	飲料店、飲料攤販

資料來源：行政院主計總處，2019，《中華民國行業標準分類第 10 次修訂（105 年 1 月）》。

CHAPTER 06 物流業發展關鍵報告

商研院商業發展與策略研究所／陳世憲研究員

第一節　前言

　　隨著網際網路普及與行動智慧裝置日益成熟，各項交易在網路上均可輕鬆完成，進而擴展出新的商業經營與消費模式，虛擬電子商務逐漸取代傳統實體店面。在商品從製造者到消費者之間的過程，物流業扮演關鍵的角色，舉凡運輸、倉儲、裝卸、包裝、流通、加工、資訊等，都是物流業的範疇，而且物流業者成為電子商務接觸消費者的最後一環，物流服務品質決定了消費者對整個購物消費體驗的評價。因此，物流業發展能否跟上商業經營與消費者消費模式的轉換速度，攸關整體商業服務業未來的發展。

　　近年來，物流業為因應勞動成本增加，以及少子化帶來勞動人口成長趨緩與高齡化，逐漸朝向智慧物流發展，透過資訊化、自動化及網路應用等智慧化科技，降低人力需求並提升效率，同時也結合巨量資料與人工智慧（Artificial Intelligence, AI）來預測市場需求，進一步優化物流流程，也成為物流業重要的發展趨勢之一。

　　緣此，本章的內容安排如下：第二節為我國物流業發展現況分析，透過物流業之家數、營業額等統計數據，分析其營運狀況、受僱人員及薪資概況，同時也彙整政府協助物流業發展的相關政策；第三節為國際物流業發展情勢與展望，針對國際物流趨勢與國外物流業案例剖析，以了解國際物流業的發展及趨勢；第四節討論 COVID-19（新冠肺炎）對我國物流業的影響與因應；第五節則提出結論與建議。

第二節　我國物流業發展現況分析

　　我國對物流服務業範圍的界定尚無一致的標準，本文以美國物流協會之「物流」定義為主，同時參考我國主計總處行業標準分類第 10 次修訂，將物流業歸屬於 H 大類的運輸及倉儲業，並依照物流業特性歸納為三大部分，包括運輸業（客運除外）、倉儲業（含加工）以及物流輔助業（包含報關、承攬），向下展開後可細分為 H.49 陸上運輸業、H.50 水上運輸業、H.51 航空運輸業、H.52 運輸輔助業、H.53 倉儲業及 H.54 郵政及快遞業等 6 個中類，並扣除其中非物品之運送服務業別。以下針對物流業及其三大部分來探討我國物流業發展現況。

 ## 物流業發展現況

（一）銷售額

　　根據財政部的統計，我國近 5 年物流業營利事業家數及銷售額，因部分細產業受景氣影響較鉅，故銷售額呈現較大的波動（圖 6-2-1）。2019 年我國物流業的營業額為新臺幣 1.02 兆元，較 2018 年略為衰退 0.81%，主要是因為美中貿易關稅戰、英國脫歐延宕、日韓貿易爭端、中東地緣政治衝突增加石油運輸中斷風險，以及中國大陸經濟放緩等因素影響，衝擊海洋運輸業之營運，但在電子商務蓬勃發展，以及便利商店發展冷凍鮮食帶動冷鏈物流擴展，帶動汽車貨運業的需求，抵銷了海洋運輸業衰退的衝擊。

（二）營利事業家數

　　近五年的營利事業家數呈現持續成長的趨勢，顯示我國整體物流業仍具有成長潛力，在物流需求的帶動下，因有利可圖而持續吸引新的業者投入。2019 年物流業整體家數為 14,655 家，較 2018 年增加 124 家，年增率為 0.85%。

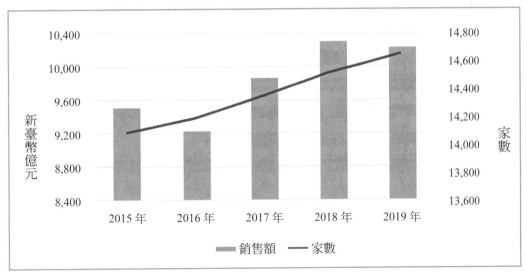

圖 6-2-1　物流業銷售額與營利事業家數趨勢（2015-2019年）

（三）受僱人數與薪資

　　根據行政院主計總處薪資及生產力統計資料顯示，我國物流業近五年的受僱人數呈現逐年增加趨勢，從2015年的254,451人增加至2019年的267,892人，不過受僱人數的年增率則是從2015年的3.21%下降為2019年的0.92%，受僱人數成長速度放緩顯示我國物流產業已進入成熟階段，整體就業人數趨於穩定。再從我國物流業男女受僱人數來看，男女比例約為2:1，近五年女性的受僱人數除了2018年增加485人較男性少之外，在其餘年度都是女性受僱增加人數多於男性。

　　在薪資方面，整體物流業平均總月薪在近五年呈現增加的趨勢，從2015年的52,881元增加至2019年的56,927元，上升幅度約為7.65%。在年增率方面，近五年整體物流業的平均總月薪都呈現正成長，以2018年的2.93%為最高，而2019年則僅增加0.95%，為近年來最低的水準。若從男女性員工的薪資來看，物流業男性員工的平均總月薪高於女性，2019年物流業男性員工平均總月薪為59,755元，女性則為51,834元。男性與女性員工的平均總月薪都呈現逐年增加

趨勢，惟近五年女性總月薪的平均年增率 2.46% 高於男性的 1.85%，因此男性與女性員工的平均總月薪差距從 2015 年的 9,229 元縮小為 2019 年的 7,921 元。

表 6-2-1 我國物流業家數、銷售額、受僱人數及每人每月總薪資統計（2015-2019 年）

單位：家數、億元新臺幣、人、%、元

項目	年度	2015 年	2016 年	2017 年	2018 年	2019 年
銷售額	總計（億元）	9,515	9,231	9,864	10,310	10,226
	年增率（%）	0.25	-2.98	6.86	4.52	-0.81
家數	總計（家）	14,093	14,195	14,352	14,531	14,655
	年增率（%）	0.88	0.72	1.11	1.25	0.85
受僱員工人數	總計（人）	254,451	259,584	262,825	265,441	267,892
	年增率（%）	3.21	2.02	1.25	1.00	0.92
	男性（人）	166,476	167,829	168,929	171,060	172,208
	年增率（%）	1.78	0.81	0.66	1.26	0.67
	女性（人）	87,975	91,755	93,896	94,381	95,684
	年增率（%）	6.04	4.30	2.33	0.52	1.38
每人每月總薪資	總計（元）	52,881	53,841	54,783	56,388	56,927
	年增率（%）	2.44	1.82	1.75	2.93	0.95
	男性（元）	56,072	57,163	57,706	59,321	59,755
	年增率（%）	2.84	1.95	0.95	2.80	0.73
	女性（元）	46,843	47,764	49,525	51,072	51,834
	年增率（%）	2.05	1.96	3.69	3.12	1.49

資料來源：整理自財政部財政統計資料庫與行政院主計總處薪資及生產力統計資料庫，2015-2019 年。

說　　明：(1) 2015 至 2017 年採用「營利事業家數及銷售額第 7 次修訂」，2018 至 2019 年則採用「營利事業家數及銷售額第 8 次修訂」。勞動人口與薪資資料係整理自行政院主計總處薪資及生產力統計資料庫。

(2) 上述表格數據會產生部分計算偏誤係因四捨五入與資料長度取捨所致，但並不影響分析結果。

二 物流業之細業別發展現況

（一）銷售額

在銷售額方面，運輸業為物流業中占比最大的次產業，2019 年銷售額為新臺幣 5,953 億元，較 2018 年減少 3.7%，約占整體物流業的 58.22%，主要是因為美中與日韓貿易爭端，以及中東地緣政治等因素，對全球經濟造成負面衝擊，連帶使得對海洋運輸業的需求下滑所致。其次，物流輔助業 2019 年銷售額為新臺幣 3,097 億元，較前一年度成長 4.56%，占整體物流業的 30.29%；而倉儲及郵政快遞業 2019 年的銷售額為新臺幣 1,176 億元，較 2018 年成長 0.82%。綜觀過去五年物流業細業別之銷售額占比與走勢，可以發現運輸業之銷售額不但是物流產業中占比最大，同時也是近五年來的成長主力，不過 2019 年受到全球經濟趨緩的影響，導致銷售額衰退，也是造成整體物流業銷售額衰退的主要原因。

表 6-2-2　**物流業細業別銷售額與年增率（2015-2019 年）**

單位：億元新臺幣、%

業別 \ 年度		2015 年	2016 年	2017 年	2018 年	2019 年
運輸業	銷售額（億元）	5,634	5,539	5,968	6,182	5,953
	年增率（%）	7.09	-1.69	7.75	3.58	-3.70
	銷售額占比（%）	59.21	60.00	60.50	59.96	58.22
物流輔助業	銷售額（億元）	2,759	2,617	2,790	2,962	3,097
	年增率（%）	-3.16	-5.16	6.61	6.18	4.56
	銷售額占比（%）	29.00	28.34	28.28	28.73	30.29
倉儲及郵政快遞業	銷售額（億元）	1,122	1,076	1,106	1,166	1,176
	年增率（%）	-18.75	-4.09	2.84	5.37	0.82
	銷售額占比（%）	11.79	11.66	11.22	11.31	11.50
物流業總計	銷售額（億元）	9,515	9,231	9,864	10,310	10,226
	年增率（%）	0.25	-2.98	6.86	4.52	-0.81

資料來源：整理自財政部財政統計資料庫，營利事業家數與銷售額統計，2015-2019 年。

說　　明：(1) 2015 至 2017 年採用「營利事業家數及銷售額第 7 次修訂」，2018 至 2019 年則採用「營利事業家數及銷售額第 8 次修訂」。

(2) 上述表格數據會產生部分計算偏誤係因四捨五入與資料長度取捨所致，但並不影響分析結果。

（二）營利事業家數

2019 年運輸業的營利事業家數為 7,755 家，占整體物流業家數的 52.92%，較 2018 年增加 1.02%，主要是電子商務規模持續擴張，加上便利商店積極發展生鮮熟食業務帶動冷鏈物流需求，因而吸引更多的汽車貨運業者投入運輸業。而在物流輔助業部分，2019 年的營利事業家數為 5,139 家，較 2018 年增加 0.73%；倉儲及郵政快遞業的營利事業家數為 1,761 家，較 2018 年成長 0.51%。其中，物流輔助業的發展情況深受國際景氣的影響，近年因美中貿易摩擦尚未停歇，且此產業環境屬於完全競爭而使同業競爭激烈，導致物流輔助業的營利事業家數成長有限。至於在倉儲及郵政快遞業方面，因消費者習慣改變與新消費型態興起，對於此產業的需求下滑，也難以吸引新的業者投入。

表 6-2-3 物流業細業別營利事業家數與年增率（2015-2019 年）

單位：億元新臺幣、%

業別	年度	2015 年	2016 年	2017 年	2018 年	2019 年
運輸業	家數（家）	7,336	7,422	7,558	7,677	7,755
	年增率（%）	1.24	1.17	1.83	1.57	1.02
	家數占比（%）	52.05	52.29	52.66	52.83	52.92
物流輔助業	家數（家）	5,061	5,066	5,051	5,102	5,139
	年增率（%）	0.20	0.10	-0.30	1.01	0.73
	家數占比（%）	35.91	35.69	35.19	35.11	35.07
倉儲及郵政快遞業	家數（家）	1,696	1,707	1,743	1,752	1,761
	年增率（%）	1.37	0.65	2.11	0.52	0.51
	家數占比（%）	12.03	12.03	12.14	12.06	12.02
物流業總計	家數（家）	14,093	14,195	14,352	14,531	14,655
	年增率（%）	0.88	0.72	1.11	1.25	0.85

資料來源：整理自財政部財政統計資料庫，營利事業家數與銷售額統計，2015-2019 年。

說　　明：(1) 2015 至 2017 年採用「營利事業家數及銷售額第 7 次修訂」，2018 至 2019 年則採用「營利事業家數及銷售額第 8 次修訂」。

(2) 上述表格數據會產生部分計算偏誤係因四捨五入與資料長度取捨所致，但並不影響分析結果。

物流業政策與趨勢

（一）國內發展政策

　　隨著行動裝置與各式電子支付的普及，線上購物愈來愈深入一般大眾的生活，除了消費不再受限時間，也不再被國境疆域所限制，透過網路平台，即便所需的物品遠在國外，也能下單購買，進而透過國際物流送到消費者手中。另一方面，透過跨境電商，國內的產品也有更多的機會能夠呈現在其他國家的消費者面前，有助於國內業者邁向國際市場。而跨境電商要能夠順暢的運作，也必須要有物流體系的充分支持，故跨境電商物流的發展為政府積極推動的政策目標。再者，隨著經濟的不斷發展，消費者對於生鮮產品的需求與要求愈來愈高，而高齡化社會的到來，銀髮族對於醫藥保健產品的需求也逐漸提升，連帶地對於冷鏈物流的需求也再增溫。面對這樣的發展趨勢，經濟部商業司為協助我國物流業，也與時俱進推出許多政策措施，目前主要的政策方向包括「推動跨境電商物流」與「打造冷鏈物流創新服務」。

1. 推動跨境電商物流

　　為了促進國內電商物流轉型升級，並推動跨境電商物流服務發展，經濟部商業司協助臺灣電商物流業者運用智慧化與自動化物流技術，建立具市場競爭力之物流服務機能，以利我國商品跨境銷售至海外市場。具體的推動作法包括：一、推動集貨代運服務模式，讓供應商先在國內集貨再共同出口以節省運費成本；二、發展並試行寄件取貨（First mile delivery）、保稅轉運等服務模式，符合前段第一哩路及貨物中轉等需求；三、推動跨境電商海外物流中心應用服務，促成海內外物流業者共同合作，協助供應商先批量備貨於海外倉庫，就近支援發貨或退貨等需求；同時，協助物流業者加強資訊串接與作業效率，以滿足電商物流及時性與高效率之需求。

2. 打造冷鏈物流創新服務

　　針對冷鏈物流需求殷切的農產品、生鮮食品及生技醫藥品，應用多溫層保冷、溫溼度監控、配送排程等技術，協助業者提升冷鏈集運與配送的效率與品

質，以支援前述貨品於海內外流通與銷售。2020 年主要的推動作法包括：一、輔導物流業者與在地農產品、食品業者合作，於彰化、南投、臺南等地區推動冷鏈集運共配服務，共享貨物訂單、車輛或設備資源等資訊，以降低物流費用；二、擴散生鮮食品與醫藥品之物流品質監管服務；三、集結食品與物流相關企業與協會，共同推動臺灣商品、冷鏈物流服務或技術輸出至越南、印尼等東協市場。

（二）趨勢與案例

雖然航空運輸業與海洋水運業之銷售額占我國物流業相當大的比重，但其營運受到全球景氣影響較鉅。然受到資通訊科技的飛快發展，使消費者習慣出現顯著的改變，多樣、少量、客製化且要求快速取得的消費者需求，也帶動物流業在電商與城市物流上，出現多元的服務創新。因此，本文在我國物流業的趨勢與案例部分，將聚焦在電商與城市物流上。

1. 電商業者自建物流爭取配送時效

隨著電子商務的迅速成長，將商品從倉庫出貨運送到消費者手中的最後一哩路，過去電商業者都是仰賴與外部物流業者合作。而在行動裝置的性能與普及程度不斷提升的帶動下，消費者的消費品項結構傾向多元化與個人化，對於商品運送及時性的要求也愈來愈高，同時配送的商品多元化且頻率更高，因此如何讓商品儘快的送到消費者手中也成為電商業者的重大挑戰。此外，由於消費習慣的改變，愈來愈多消費者透過電子商務平台進行消費，擠壓了實體店面的生存空間，也因此愈來愈多的實體店開始發展電子商務，包括超級市場、便利商店乃至於大型賣場，都開始發展電商業務。整體線上消費的需求隨著大網購時代的來臨而不斷增加，傳統物流業者的倉儲配送能量出現供不應求的狀況，大型電商業者如 PChome、momo 為了與時間賽跑，盡速的將商品送到消費者手中，自建物流系統成為一個策略選項。

電商業者 PChome 開創臺灣電商的先例，在 2018 年起就成立自有百分之百持股的「網家速配」物流團隊，除了設有 7 座倉庫外，更在雙北地區設有 8 個物流營業所，超過 250 名的員工，同時配備貨車與機車等大小車輛 200 部，專攻雙北地區的快速配送，目前已經能夠提供集團所需運能的兩成左右。「網家速配」透過貨車搭配機車作業模式，將貨車作為移動式倉庫，而機車則是不斷的從貨車

上取貨配送，負責運送小型包裹和貨車開不進去的小巷弄，進一步的提升配送的效率。

此外，PChome 也瞄準日益擴大的冷藏（凍）生鮮食品市場。2019 年與泰國曼谷米其林指南必比登推薦的泰菜品牌 baan 合作，推出泰式酸辣、綠咖哩、椰漿等 3 種火鍋湯底冷凍包，透過與第三方夥伴合作，設立三溫層（冷凍、冷藏、常溫）倉庫，並透過全新整合低溫物流服務配送到消費者家中。在冷鏈物流的布局方面，PChome 預計在 2021 年開始自建三溫層倉庫，同時增加低溫車隊及其他載具，以提升低溫配送的商品種類與占比。

而在 momo 部分，過往是與 14 家物流公司策略合作，透過「物流中心」、「衛星倉」、「顧客」三者之間的運能串連，完成商品配送的任務。隨著電商業務連年的快速成長，momo 在 2019 年開始小規模測試自有車隊的配送，更在 2020 年 5 月成立百分之百持股子公司「富昇物流」，專職管理自有的物流車隊，包括貨車與機車超過百輛，而物流配送士則有 200 人，目前致力於臺北市、新北市、桃園市、臺中市、臺南市、高雄市的六都當日配送服務，預計未來一年內將持續擴充車隊運能，提供更快速配送服務。

2. 智能取物櫃提供電商物流取貨新選擇

隨著電子商務的快速興起，消費者在網路上購物的消費規模愈來愈高，也影響到物流業的配送模式，從一開始的宅配到府，發展至後來可以將商品指定配送至特定的便利商店，再由消費者去取貨。其中配送到府常常會出現消費者與物流配送人員的時間無法配合的問題，形成需要二次甚至是三次配送的情況，不但浪費時間也耗費運輸資源。即便有社區管理人員可以代收，日益提升的網購需求也增加了社區管理員的工作負擔，配送包裹上的姓名、聯絡電話與購買通路等個資也有洩漏隱私的疑慮。此外，便利商店除了商品零售外，提供的服務項目也愈來愈多，像是咖啡茶品的製作、各項費用的代收等，網購包裹的代收也隨著消費者的網購需求提高而大幅增加，因此消費者到便利商店取貨時可能需要排隊，而店員也必須在眾多的網購包裹中去翻找，常常需要花費很長的時間。如何改善電子商務的「最後一哩物流」，成為提升消費體驗的重要關鍵，而智能取物櫃正是可以做為電子商務現行物流取貨方式的另一個選擇。2016 年起智能取物櫃服務就開始在臺灣發展，有許多廠商投入此領域的服務，雖然在 2017 年爆發智能取物

櫃廠商「快取寶」吸金倒閉事件，使得智能取物櫃的發展熱潮暫歇，但並未澆熄其他業者持續拓展業務的決心，其中又以中華郵政最為積極。

中華郵政與工研院合作在 2016 年推出「i 郵箱」服務，由於隸屬於郵局業務，有中華郵政的背書給人值得信賴的感覺，除了全臺各地郵局外，在部分車站內、臺北市捷運站、學校、社區，甚至在離島與阿里山等偏遠地區也都有設點。以物流寄取件據點數來看，根據中華郵政的官方網站資料顯示，截至 2020 年 6 月底，於全臺設置「i 郵箱」據點約有 2,000 個站點，僅次於 7-ELEVEN 的 5,700 店與全家的 3,600 店，2019 年全年取寄件合計超過 100 萬件，預計 2020 年還要再增加 400 個站點，物流影響力不容小覷。

此外，中華郵政也積極跟電商業者與四大超商洽談合作提供服務，期望透過強強聯手帶給民眾更便利的生活。其中，PChome 除了在全臺有 10,000 多家超商取貨的通路之外，為了讓消費者能夠享受更綿密的物流網絡和新的取貨方式，強化最後一哩路服務體驗，於 2019 年與中華郵政進行策略，預計新增 1,000 座 i 郵箱實體取貨點。同樣在 2019 年，中華郵政與全家便利商店合作提供「郵局便利包店寄宅」服務，每月寄件量穩定落在 2~3 萬件，近期在肺炎疫情的推波助瀾下有攀升趨勢，同時也正與四大超商洽談超商與「i 郵箱」之間的寄取服務。

四　COVID-19（新冠肺炎）對我國物流業之影響與因應

（一）COVID-19（新冠肺炎）對物流業之影響

自 2019 年 12 月中國大陸武漢爆發的 COVID-19（新冠肺炎）疫情以來，由於病毒在感染初期即具有高度傳染力，因此疫情迅速蔓延至全球各國。相較於其他國家，我國目前疫情控制得宜，但疫情在全球蔓延，臺灣做為全球產業供應鏈的重要一份子，在經濟上亦無可避免的受到衝擊。在產品出口方面，許多國家為免疫情擴散的停工措施，除了造成對於臺灣電子、機械與石化等產業產品的需求降低，臺灣部分產業仰賴從中國大陸進口的原料供應中斷，也面臨到供應鏈斷鏈的危機。不論是產品的出口或是原物料的進口，都需要物流業的支援運送，因為疫情造成的停工與封城，使得相關的海、空運物流需求下滑。

至於內需部分，在政府與全民的共同努力下，臺灣雖能有效的控制疫情擴

散，但民眾出門消費的意願降低，加上國際航空運輸也多數中斷，外國觀光客來臺人數驟減，也重創了對服務業的需求，尤其是需要人與人接觸的餐飲與零售等行業受創更深。根據經濟部統計處之批發、零售及餐飲業營業額調查結果，2020年4月份零售業營業額年減10.2%，主要是因為全球疫情擴大延燒，我國在3月下旬起限制非本國籍人士入境，加上4月份起因防疫規範要求保持社交距離，更進一步使得觀光及消費人潮下滑。不過在零售業的細項行業中，電子購物及郵購業的營業額年增19.1%，創下歷年同月新高，反映出雖然在疫病的威脅下，消費者減少上街購物，但在行動裝置與支付科技進步的支持下，消費者改到電商平台消費購物，以滿足日常生活的基本需求。因而在對電子商務需求提升的帶動下，即便在3-4月國內消費者防疫氣氛最為嚴峻時，包括像是其他汽車貨運業、郵政業務服務業與宅配遞送服務等物流業的細項產業的銷售額，都較其他物流細項產業有顯著的成長。

（二）政府之因應做法

對於受到中國大陸停工或延後開工的影響，使得國內廠商所需進口的原物料短缺，而需要轉向其他國家採購原物料時，能否加速相關進口貨物的通關，對國內廠商能否正常運作關係甚鉅。因此，政府透過提供海關便捷措施，讓物流輔助業中的報關業者與貨運承攬業者儘快的協助貨物通關，再透過物流業者運送給國內廠商，以維持產線的順利運作。此外，在我國製造業廠商轉換原物料採購地區的過程中，服務貨物進出口相關之倉儲業者的營運受到一定的衝擊，對此，為減輕倉儲業者的經營壓力，經濟部也將倉儲業者納入受嚴重特殊傳染性肺炎影響之艱困事業的補助範圍，提供薪資及營運資金的補貼，以協助倉儲業者度過疫情難關。

第三節　國際物流業發展情勢與展望

 全球物流業發展現況

隨著資訊科技的迅速發展，生產模式開始轉變成以消費者為核心，「多樣

少量」的生產及銷售成為全新的商業模式，而消費者主導性提高也連帶使得物流業面對新的物流需求，包括配送頻率高、商品多元化且數量少樣等，同時對於商品運送及時性的要求也比傳統物流來的更高，這些大網購時代下的消費者需求特點，大幅增加物流業的配送難度，也成為各國物流產業面臨的重大挑戰。

由於消費者對於網購商品的時效性要求愈來愈高，若網購包裹的遞送有所延誤，或者是在運送過程有碰撞造成損壞，消費者不會只責怪物流業者，對電商業者的印象也同樣會有所減損。此外，物流業者的電商合作夥伴未必只有一個，隨著整體電商物流需求的擴大，對於電商業者來說，商品配送的不確定性風險也愈來愈高。再者，都市化發展的結果，人口往都市集中靠攏是全球趨勢，而狹小的巷道與交通壅塞，使得配送物流車輛的停靠與貨品裝卸愈來愈不易，無法將商品準時送達的風險也愈來愈高。

對此，在原有的物流合作夥伴外，自建物流的機隊、車隊成為部分大型電商業者的策略選項。除了自有物流團隊可以提高對於商品配送的掌控性外，針對都市物流做最後一哩配送時，也可以試驗許多創新的物流配送服務，這也成為國際物流的重要趨勢。

 國外物流業發展案例

（一）亞馬遜（Amazon）擴大投入物流領域

1. 自建物流體系，降低配送成本並提高效率

隨著電商業務的不斷成長，2019 年美國網路電商巨擘亞馬遜（Amazon）終止與聯邦快遞（FedEx）的長期合作關係，改由自建的陸路與航空貨運物流配送網絡來配送商品。雖然初期投入的成本高昂，卻能夠讓亞馬遜充分的掌控商品如何的被送到消費者手中。長期而言，自建物流體系，將有助於亞馬遜降低配送成本並提高效率。

在降低成本方面，自建物流體系提高了亞馬遜對於物流業務的控制能力，對於成本控管的能力也越高。雖然 2019 年投入超過 150 億美元來發展各種工具、基礎設施，以及建立「亞馬遜送達」（Fulfillment by Amazon）服務計畫，用來推動一日送達服務，自建物流體系的成本相當高昂。不過根據國際金融服務公

司摩根史坦利（Morgan Stanley）的分析，若是仰賴外部物流合作夥伴如 UPS 和聯邦快遞，每個包裹運送的成本為 8-9 美元，但若是以亞馬遜的自有物流體系配送，成本將降至 6 美元，以 2019 年有 35 億件包裹由亞馬遜本身物流體系運送來推估，將可節省至少 710 億美元以上的運輸成本。

根據摩根史坦利的分析，2019 年亞馬遜的物流硬體約有 50 多架貨機與 2 萬多輛貨車，其規模遠小於 UPS 和聯邦快遞，但亞馬遜在美國的包裹已有超過半數是自行遞送，2019 年亞馬遜配送的包裹數超過 25 億個，而同時期 FedEx 與 UPS 所配送的包裹數量分別為 30 億與 47 億個，顯示亞馬遜的物流服務相當有效率。效率的提升主要是亞馬遜透過自動化科技的導入，例如裝箱機器人的運用，除了降低人力需求也提高包裝速度。此外，亞馬遜物流配送有近 9 成在市中心或市郊，鄉村地區的配送服務約只占 1 成左右，而其他物流業者則在 2 成左右。亞馬遜的物流配送區域聚焦在城市地區，透過在全美主要城市大量建立配送中心，也將物流配送效率大幅提升。

2. 多樣化的創新物流配送服務試驗

由於消費者與物流配送的時間經常難以搭配，導致需要二次甚至是三次配送，徒然浪費運輸資源，也是電商業者與物流業者亟需解決的一大問題。對此，亞馬遜在自建物流體系後，也藉此展開多樣的創新物流配送服務試驗，希望改善最後一哩配送的問題。在 2017 年與 2018 年分別推出送貨到屋與送貨到車內服務外，透過網路錄影機、雲端門鎖、感測器與手機等裝置，讓送貨人員可以在消費者不在的時候，將網購的商品直接放到消費者的家中或車內。

2019 年亞馬遜又提供送貨到車庫服務，並進一步試驗機器人送貨的服務。在送貨到車庫的服務方面，消費者需裝置智能 MyQ 門鎖，在亞馬遜送貨人員配送時，可以使用手機應用程式驗證包裹的配送資訊是否與該地理位置的收件人資訊一致，若相符則智能門鎖自動打開車庫門，允許送貨員進入並短暫停留放置包裹，而收件人也會同時收到提示消息。至於在機器人送貨服務的試驗方面，亞馬遜已選擇在加州爾灣地區進行大規模的無人車送貨測試，目前只在上班日的白天實驗包裹投遞，且每輛無人車也同時由一名亞馬遜員工陪同，以了解其運行情況。

上述的物流配送服務是亞馬遜對於最後一哩配送問題的創新性解決方案，是

否可被消費者接受，以及能否解決二次配送的問題，都還需要持續地進行試驗，在自建物流體系後，不須透過第三方的物流合作夥伴，亞馬遜就可以大膽且無後顧之憂的進行相關的測試。

（二）日本樂天啟動 One Delivery 計畫，自建物流「陸軍」與「空軍」

日本電商龍頭樂天過往的經營強調採用輕資產模式，主要透過與外部物流夥伴合作進行配送。不過隨著電子商務規模的日益擴大，以及日本早已出現的高齡少子化現象，已造成物流業面臨到配送人力短缺的問題。另一方面，日本的物流產業在近 10 多年內，家數持續減少，運能逐漸集中到前三大業者，雅瑪多運輸公司（黑貓宅急便）、佐川急便（Sagawa）與 JP 日本郵政三者市占率合計超過 90%，也導致日本樂天物流成本的議價能力愈來愈低，而外部物流合作夥伴在調漲運費之際，配送服務的效率與品質卻未同步提升，嚴重影響消費者的網購體驗。

為此，日本樂天啟動 One Delivery 計畫自建物流體系，透過開發自主的物流管理系統，搭配自行設計的自動化倉儲設備，推出「陸、空軍」並行的物流服務。其中，在「陸軍」方面，樂天推出的物流服務「Rakuten Express」涵蓋範圍從東京 23 區和千葉縣一帶開始，逐步地向外推展服務範圍，根據樂天官網的資訊顯示，至 2020 年 6 月「Rakuten Express」的服務範圍已經超過 30 個縣，覆蓋全日本 62.5% 的家庭人口。在「空軍」的部分，日本樂天自 2016 年就推出無人機配送服務，主要是服務東京近郊的消費者，2018 年則是擴大在日本 10 多個不同地方進行無人機配送服務的試驗。2019 年日本樂天與西友超市合作進行商業無人機配送服務試驗，從橫須賀市沿岸遞送到離島猿島。猿島為一東京灣內的無人島，不過有許多民眾渡海到猿島進行戶外活動，消費者到島上可以透過手機 APP 向西友超市訂購商品，西友超市店員會將商品放在無人機的貨艙中，待無人機配送至島上後，消費者可自行打開貨艙取出商品，並用手機 APP 進行支付。

第四節 結論與建議

 物流業轉型契機與挑戰

對於物流業的配送需求隨著電子商務不斷擴張而愈來愈高，電商業者之間的競爭也愈來愈激烈，而 24 小時、8 小時，甚至是 6 小時內的時效性配送，成為爭取消費者的重要策略。過往電商業者多是仰賴外部的物流合作夥伴進行配送服務，自身則是專注於產品開發上架、行銷推廣與客戶關係維護等核心業務。不過這種將物流業務外包的輕資產模式，近年來隨著整體環境的改變也發生了變化。

由於物流業屬於勞力密集產業，電商需求逐年增加後，需要大量的人力進行輪班或夜間作業，以及更大量的物流士來進行配送服務。但過去幾年勞動法規，對於勞動時間與休假的規範趨於嚴格，除了導致人事成本上漲外，在人手不足的情況下，物流業者貨物配送的數量與能力勢必下降，網購商品無法準時到貨的風險升高，像是取消假日收送貨服務等。為了有效的掌控「最後一哩配送」，提高消費者的電商體驗，大型電商業者如 PChome 與 momo 都大舉投資倉儲、自動化物流中心及車隊。

對此，面對勞動環境改變帶來成本上升的衝擊，如何透過整合資訊化、自動化及網際網路等應用，以發展智慧物流運用智慧化科技進行數位轉型成為物流業未來發展趨勢。特別是 2020 年是臺灣的 5G 元年，5G 的網路傳輸速度高於 4G 約 10 倍，將使得物流的設備端、作業端與管理端之間的資訊傳遞更快，而資訊量也更大，除了能讓整個物流體系從倉庫、貨物到車輛之間有更好、更有效的聯通效率外，量大且全面的大數據資料匯入，搭配 AI 人工智慧的運算與預測，將使物流流程更加智慧化。因此，智慧物流成為傳統仰賴大量人力的物流體系必須面對的挑戰與轉型契機。

 對企業的建議

如同前述，運用 5G 科技發展智慧物流已經成為物流產業的發展趨勢，也是

傳統物流業必須面對的挑戰與轉型方向，對此，有以下二點可供企業營運之參考。

（一）積極投入 5G 物流應用場景試驗

全球已經開始逐漸邁入 5G 時代，而 5G 科技確實會為物流業帶來根本性的改變，透過大數據、物聯網、人工智慧與 5G 科技的整合運用，可以預期物流業將會呈現不同的面貌。不過目前 5G 於物流業尚未有明確的應用場景，多數國家仍處於實驗階段，像是南韓將於 2020 下半年啟用無人機飛行實驗場，進行無人機運用 5G 科技的試飛場域；而中國大陸則是早在 2019 年就在廣州推出 5G 科技在物流設備與物流軟體上的應用場景，並在杭州設立 5G 與無人機物流創新應用實驗室。相較其他國家積極投入 5G 科技在物流業的應用場景試驗，我國則是相對落後，物流業者應該積極投入 5G 科技與物流業的應用場景創新開發，使相關應用場景能夠及早的落地商業化。

（二）加速提升現有人力資源

傳統物流依靠大量的人力來運作，因此強調在各個環節將人力資源運用到極致，藉以提高整體效率，是以傳統物流業是倚靠特定領域的專才。但在智慧物流的時代，透過資通訊技術與人工智慧大量運用資訊，將整個物流體系從設備端、作業端與管理端連接起來，所需的是整體性的跨域人才，加上 5G 科技也進入到物流業的應用場景中，智慧物流時代的人力需求必然與傳統物流有很大的差異。換言之，跨域數位人才將左右物流業者的競爭力。目前各產業都朝向數位轉型發展，跨域人才亦為其他產業所積極爭取，而學校每年所能供給的跨域人才有限且多無經驗，因此，若能針對企業現有人力資源的能力加以開發升級與重塑，即在原有的專長領域外，再透過在職訓練、與學校合作的回流教育等方式，可望相當程度的補充智慧物流所需的跨域人才。

附錄　物流業定義與行業範疇

　　根據行政院主計總處「行業標準分類」第 10 次修訂版本所定義之物流業，各細類定義及範疇如下表所示：

物流業小類別	定義	涵蓋範疇（細類）
陸上運輸業	從事鐵路、大眾捷運、汽車等客貨運輸之行業；管道運輸亦歸入本類。	鐵路運輸業、汽車貨運業、其他陸上運輸業
水上運輸業	從事海洋、內河及湖泊等船舶客貨運輸之行業；觀光客船之經營亦歸入本類。	海洋水運業、其他海洋水運
航空運輸業	從事航空運輸服務之行業，如民用航空客貨運輸、附駕駛商務專機租賃等運輸服務。	-
運輸輔助業	從事報關、船務代理、貨運承攬、運輸輔助之行業；停車場之經營亦歸入本類。	報關業、船務代理業、貨運承攬業、陸上運輸輔助業、水上運輸輔助業、航空運輸輔助業、其他運輸輔助業
倉儲業	從事提供倉儲設備及低溫裝置，經營普通倉儲及冷凍冷藏倉儲之行業；以倉儲服務為主並結合簡單處理如揀取、分類、分裝、包裝等亦歸入本類。	普通倉儲業、冷凍冷藏倉儲業
郵政及快遞業	從事文件或物品等收取及遞送服務之行業。	郵政業、快遞業

資料來源：行政院主計總處，2016，《中華民國行業標準分類第 10 次修訂（105 年 1 月）》。

專題

商業服務業未來發展
趨勢、相關商業服務
業政策與環境
Special Topics

CHAPTER 07 ▶ 無接觸式經濟與服務創新之前瞻

中華經濟研究院第二研究所／陳信宏所長

第一節　前言

過去各國類似「科技前瞻（Technology Foresight）」的做法，較偏重於技術預測或產業發展與產業技術創新觀點，近年的「科技前瞻」傾向於從較寬廣的經濟社會發展層面，探討科技發展所扮演的角色。此外，更融入「複合式創新」的觀點，不只是科技創新，更可納入社會創新、制度創新等議題。因此，本文主要以較中長期的角度，探討無接觸式經濟與服務創新之前瞻。

本文第二節主要討論無接觸式經濟與商業服務業演進的關聯和轉變的方向；而在第三節的各國發展經典案例說明，一方面，以韓國和日本案例做為參考，另一方面，也提出兩個廠商案例，包括：美國 Peloton：以軟體／服務思維為基礎的 OMO（Online Merge Offline）運動服務，以及荷蘭 ASML：遠距裝機和新型態供應鏈服務；第四節則提出產業如何應對的建議；第五節為總結與展望。

第二節　無接觸式經濟與商業服務業演進的關聯和轉變的方向

在 COVID-19（新冠肺炎）疫情大流行後，無接觸式經濟（或低接觸經濟）成為廣受矚目的新名詞。一方面，一些數位科技被應用於疫情管理，其中一個重點是減少非必要的接觸，如遠距診斷和醫療應用，乃至於醫院病房內的疫情管理應用等（歐宜佩，2020 年）。另一方面，線上點餐結合微物流外送、線上教學、宅經濟等也成為廣為接受的服務模式。然而，一般認為 COVID-19 疫情將加速許

多行業的數位轉型,造就無接觸式經濟的發展趨勢。

事實上,線上點餐結合微物流外送早已存在,如 Uber Eats、Foodpanda,一般將其視為 O2O 的商務型態,亦即透過網路形成線上與線下間的商務關係與服務遞送(delivery)模式。疫情期間,許多服務轉而以減少非必要的接觸做為訴求,因此服務模式更強調突破原有的「生產與消費的共地性」(colocation of production and consumption)和服務遞送過程中的人際接觸與互動型態。另外,新型態的無接觸式經濟或服務的用戶也大幅地跨越原有的「網路原住民」族群,各種世代有意無意間都開始應用或接納新型態的無接觸式經濟或服務。勤業眾信(2020 年)也觀察到,隨著無接觸式經濟與宅經濟的崛起,相關業者嘗試使用創新的手法銷售產品或提供服務,例如建立完整的虛擬或 O2O 通路、建立能與消費者直接溝通的線上社群等。另外,也有業者評估導入更多的自動化流程,或在新的營運模式中導入消費者的自助服務(self-service)等。勤業眾信並預測 2020 年服務型機器人的銷售量將首次超過工業型機器人,相較於 2019 年增加 30%,而且售出的服務型機器人有超過半數將用於倉庫、物流和醫療垂直系統中。

從科技前瞻的角度來看,疫情是意外,但並非不可預期。更重要的是,此次疫情影響深遠,造就新經濟社會常態,需要我們結合科技、制度等超前部署。儘管 COVID-19 疫情催生無接觸式經濟等模式的興起,未來的科技解決方案並非只是處理疫情管理或類似的緊急情況,而是因疫情的影響,一些新型態的無接觸式商務可能成為「新常態」。例如「在家工作」、遠距服務(如遠距裝機、遠距調校)模式變得比較容易為市場或社會所接受;而科技與營運模式的加值可使多種類型的無接觸式經濟變得更為友善或更具體驗價值。

第三節　各國發展經典案例說明

隨著疫情擴散速度的減緩,部分國家開始思考後疫情時代的創新或數位政策調整,以下以韓國和日本案例做為參考。另外,本文也提出兩個廠商案例,包括:美國的 Peloton:以軟體 / 服務思維為基礎的 OMO 運動服務,和荷蘭的 ASML:遠距裝機和新型態供應鏈服務。

一　韓國：後疫情時代的 8 大影響領域規劃

在 COVID-19 疫情大流行後，韓國政府快速召集各方專家，探討因應後疫情時代的技術應用展望，以此提出 8 大領域共涉及 25 項重大的技術創新項目。韓國專家會議討論認為疫情後可能對社會經濟環境帶來 4 大變化，包括：1. 加速發展非接觸式經濟；2. 生物技術市場的新挑戰與機會；3. 經濟安全思維促使全球供應鏈重組，加速推動產業智慧化；4. 社會重視日常風險應對及具備緊急回應能力。

從 4 大環境趨勢的變化，也進一步預測社會與經濟可能會面臨的重大轉變之 8 大領域，包括：醫療、教育、交通運輸、物流、製造、環境、文化及資訊安全等，韓國的專家學者並依照領域推論改變的方向和可能的重大創新解決方案（參見表 7-3-1）。

表 7-3-1　韓國：後疫情時代的八大影響領域

領域	改變方向	重大創新解決方案
醫療	• 未來醫生無須到醫院就可以診斷與開藥、遠距醫療需求增加 • 公共衛生系統的典範從治療為中心轉變為以預防管理為中心 • 加速醫療體系的數位轉型（AI、自動化技術、數據共享等）	• 數位診療處方（如憂鬱症、行為成癮） • 人工智慧（AI）即時疾病診斷 • 即時生物資訊量測與分析的健康管理 • 傳染病感染路徑預測與預警 • 應對 RNA 病毒的治療方法
教育	• 加速線上教育發展轉為常態 • 遠距教育基礎設施的需求性增加，以學校為中心的傳統教育體系轉變為線上教育系統 • 具超臨場感的沉浸式體驗學習，雙向客製化教育等，加速擴大線上教育優勢	• 虛擬實境／擴增實境（VR/AR）融合的教育應用 • 整合 AI 和大數據的個人學習技術 • 大型線上活動的播放技術

領域	改變方向	重大創新解決方案
交通	• 疫情流行降低民眾使用公共交通或共享運輸，尤其是大城市，加速行動困難性，提高對微型汽車及自動駕駛汽車的需求 • 對短距離移動的個人／微型交通需求增加 • 對氣候變遷及生態系統保護的意識提高，增加環保運具的需求	• 自駕車於運送感染者或疑似病患之應用 • 最後一哩路個人化移動系統 • 交通行動服務（Mobility as a Service, MaaS）
物流	• 線上或非接觸式交易增加，需要快速且精準地處理大量增加的物流需求 • 由於精準運送服務需求增加，模糊了製造與物流之間的界線，加速其競爭	• ICT 物流資訊整合平台 • 物流最後一哩路的自動送貨機器人 • 物流配送中心的智慧化應用技術
製造	• 全球價值鏈的脆弱性，加速區域供應鏈發展，企業回流需求增加 • 以區域為中心的價值鏈將會增加製造成本，對生產工廠及設備智慧化及遠距管理需求增加	• 數位分身的遠距管理應用 • 員工認知及身體耐力的增強技術 • 製造現場的協作機器人技術
環境	• 新型態流行病和環境汙染加速等，人、動物與環境相互影響 • 受到疫情影響，更加要求便利消費，增加一次性產品使用	• 蒐集和運輸醫療廢物之機器人 • 常見傳染病管理技術
文化	• 因為隔離措施，使得家庭娛樂消費提升，增加遊戲、OTT（over-the-top）等網路內容產業發展 • 因 COVID-19 回應表現佳，可提高韓國品質價值 • 虛實整合、版權保護、偵測偽造品技術需求增加	• 沉浸式體驗服務（VR 廣播、3DTV） • 深度仿冒偵查技術 • 結合無人機及 3D 技術的 GIS 系統
資訊安全	• 非接觸式的企業活動增加，如視訊會議、遠距辦公等，數據和資訊安全議題更重要 • 非接觸式的金融交易增加，生物特徵認證需求擴增	• 確保視訊會議的隱私安全 • 結合量子纏結（Quantum Entanglement）視訊安全通訊 • 數位蹤跡系統的類加密管理技術

資料來源：中經院國際所整理自 MIST 網站。

　　韓國在這方面的討論有一大部分與製造領域有關。因為疫情中斷人員移動和經濟活動停擺，也凸顯出全球價值鏈的脆弱性，因此，也不少國家以經濟安全為訴求，加速建構以區域為中心的價值鏈，相對於原有追求規模經濟和生產效率的模式相比，勢必將會增加製造成本（如材料成本、人力成本、製造成本等），同時也可能減少人力聘僱。為追求既有的生產效率水準，企業勢必會擴大提高採用數位製造設備等。因此，在韓國技術專家的討論中，也提出三大議題，包括：1. 數位分身的遠距管理應用；2. 員工認知及身體耐力的增強技術；3. 製造現場的協作機器人技術。

　　例如，在數位分身的遠距管理應用部分，主要目的是在電腦上建構實體環境的虛擬系統，並透過模擬實體環境的可能發生情境，進行預測性管理。其中，各方專家認為在全球價值鏈中斷情況下，生產製造工廠及設備的智慧化功能需求逐漸增加，需要升級現有智慧工廠計畫，以便更容易掌握整體工廠生產效率。涉及的技術項目，包括：產品資訊感應（如傳感器、控制器等技術收集即時資料，並以虛擬方式模擬成像）、虛擬技術（模擬實體環境的虛擬系統組成成分及運作技術）、通訊與控制（連接與控制實體系統和虛擬系統）等。

　　服務領域則牽涉到醫療、教育、交通、物流，乃至於文化與資訊安全等領域的改變。以教育為例，網路誠然已經促成了線上學習等模式，但是韓國的討論認為，在後疫情時代，不僅線上教育發展將轉為常態，而且遠距教育基礎設施的需求性增加，以學校為中心的傳統教育體系轉變為線上教育系統，未來將融入具超臨場感的沉浸式體驗學習，雙向客製化教育等，以加速擴大線上教育優勢。因此，韓國針對「未來學習」（Future of Learning）擬研發之重大創新解決方案包括：虛擬實境／擴增實境（VR/AR）融合的教育應用、整合人工智慧（AI）和大數據的個人學習技術、大型線上活動的播放技術等。例如，韓國技術教育大學開發智慧型職業訓練平台，讓技職高中師生可運用沉浸式情境，進行虛擬實習訓練。同樣地，美國哈佛商學院也和波士頓公共電視公司合作，以攝影棚作業模式，建構 HBX Live 虛擬互動教室，藉此系統哈佛大學商學院個案討論課程即可讓全球各地不同國家的 60 個學生同時上線，參與「個案討論」，如臨現場。

　　隨後，韓國科學技術情報通信部（Ministry of Science and ICT, MSIT）開始

主政，推動一些與重大創新解決方案有關的開發[1]。例如，韓國 MSIT 規劃投入 80 億韓元，支持沉浸式內容的開發，以驅動發展非接觸式產業。沉浸式內容發展被視為後疫情時代的重要技術開發項目之一，韓國 MSIT 將資助 AR/VR 的沉浸式內容，聚焦 9 項非接觸式核心服務，如遠距會議、協作、教育、行銷等。這些領域同時也是 5G 沉浸式內容新市場開發計畫之一。預期因為 COVID-19 影響，對工作、娛樂和通訊方式的改變，將提高民眾對沉浸式體驗和臨場感的服務內容需求，故開發的主要項目包括：

（一）遠距及協作會議（34 億韓元）

1.AR 3D 視訊會議系統，以即時方式與用戶共享 3D 立體影像，改善現有遠距視訊會議的侷限性；

2. 多個遠距用戶可在線上虛擬空間內共享 3D 產品影像，並支持產品協同設計；

3. 異地專家運用 AR 提供地下設施管理建議；

4. 現場生產線工作人員可透過 AR 手冊確認設備狀態。

（二）遠距教育及培訓（22 億韓元）

1. 職業教育有關的 AR 培訓內容；

2. 以 3D 視覺方式呈現教學內容，讓抽象的學科（如數學）可具象化；

3. 將海外機場或超市等情境轉化為虛擬，營造環境空間協助學生學習外語；

4. 推動全息影像[2]教學，並以遠距方式提供大學授課。

（三）行銷（23 億韓元）：如在虛擬空間中建置個人化的購物中心，並能以虛擬方式試穿 3D 服飾

註 1　資料來源：MSIT (2020/04). 비대면 산업 이끌 실감콘텐츠 제작 지원 . https://english.msit.go.kr/web/msipContents/contentsView.do?cateId=_policycom2&artId=2869101；NAVER (2020/05). 과기정통부 , VR · AR 실감 콘텐츠 개발에 80 억원 지 . https://news.naver.com/main/read.nhn?mode=LSD&mid=shm&sid1=105&oid=092&aid=0002187748。

註 2　全息影像（Holography）技術是利用干涉和衍射原理來紀錄並再現物體真實的三維圖像技術。

二 日本：後疫情時代的 IT 新戰略之調整方向

　　相對而言，日本內部普遍認為，此次疫情在數位應用的回應相對較其他國家為慢，故需要汲取此次經驗及機會，加速推動數位應用。因此日本 IT 綜合戰略室已研提後疫情時代的 IT 新戰略的調整方向，並以發展「數位強韌性社會」為此次 IT 新戰略調整的新目標，在做法上依循日本推動社會數位化整體架構，但更為強調行政體系的數位化。

　　日本 IT 綜合戰略室歸納後疫情時代的新課題[3]，包括：

（一）以防止 COVID-19 疫情擴散為方針，致力治療藥物與疫苗研發與應用普及；兼顧就業、民眾、廠商需求，將人與人接觸率降低 70% 或 80%，亟需 IT 和數據資料的整體性支援。

（二）未來面對類似重大公衛事件時，在確保安全社交距離下，若仍可維繫社會經濟的運作，社會須進行根本性改革。

（三）在疫情過後，為使日本經濟再次復甦，須化危機為轉機，讓數位化成為社會改革的驅動力，致力於加強社會數位強韌性發展。

　　日本 IT 綜合戰略室並設定近期目標為降低 COVID-19 感染擴散，主要做法包括運用公私合作夥伴關係，活用 IT 和數據技術，防止感染擴散，如高風險接觸者通知 APP 推廣、治癒案例資訊開放、民間企業技術和創新想法落地應用等，同時追蹤各國資料運用動向，在充分考量個資保護前提下，促進資料的活用。

　　中長期目標則是數位強韌性的社會結構變革，重點包括：

（一）改革行動：工作、學習及生活型態朝向線上及遠距的方式，即便必須減少面對面接觸機會，社會仍要正常運作，經濟仍可持續成長，運用數位化工具創造社會強韌性。

註 3　資料來源：內閣官房情報通信技術（IT）總合戰略室（2020/04），「アフターコロナに向けた社会の構造改革の必要性等を議論」，https://www.kantei.go.jp/jp/singi/it2/dai77/siryou1.pdf。

（二）**數位基礎設施部署**：加強基礎設施、資料流通體制及數位治理之建置，完備強韌性社會基盤整備，落實數位社會的法規改制。確保中小企業、高齡者、身心障礙者等都可享受到的數位包容。

（三）**數位身分系統**：持續透過 **MyNumber Card** 集點活絡消費和健康保險證明，目標為 2022 年度多數居民持有 **MyNumber Card**，並以此做為各種行政系統整合基礎，建構彈性應對疫情或其他災害的數位社會。

另外，行政程序數位化一直是推動的目標，現今將以更快的速度推行，全力避免感染風險的提升。IT 總合戰略本部將重新檢討「數位治理施行計畫」，加速推進行政程序的全面數位化。民間企業慣用的紙本和印章模式，未來在全國制度層面檢討中，將納入民間規章，以線上數位化為原則。為避免感染擴散，雖然對民眾生活產生諸多不便，然而政府也以此為契機，加速推進數位化，包含開放初診在內的線上診療，以及因應學校停課，線上教學和數位教學。政府將以危機化轉機的思維，全面性推動數位新規則，在各個領域中活用 IT 技術，以「數位強韌」為策略，促進業務的效率化。

 美國 Peloton：以軟體 / 服務思維為基礎的 O2O 運動服務

對於運動器材製造業的工業 4.0，臺灣大多仍停留在以硬體和製造為中心的創新思維，主要討論運動器材製造業的智慧製造，頂多進一步探索運動器材聯網的價值。然而，實質上，廣義的智慧製造或數位轉型牽涉到營運模式創新，可能藉此改變國際供應鏈的樣態。一個與臺灣有關的案例是 Peloton 的軟體 / 服務思維創新對臺灣運動器材製造業的影響。

美國的 Peloton 是一家獨角獸，也是一家「先天國際化企業」（Born-Global），被稱為運動產業的 Apple，固然在一開始仰賴臺灣的供應商提供智慧聯網的飛輪和跑步機（期美供貨飛輪；力山供貨飛輪車和跑步機），不過 Peloton 的創新元素同時包括產品、服務與內容，但其營運模式卻是以軟體 / 服務

思維為基礎；其三大核心為：銷售設備、註冊訂閱與創建影音內容。透過飛輪課程結合數位科技轉型為飛輪工作室 2.0，讓健身服務可以快速地放大規模（scale up）。在成為獨角獸之後，Peloton 還來臺併購了位在臺南的飛輪大廠期美科技，即其原本的供應商之一。而且，這次 COVID-19 疫情期間，因封城形成宅經濟，Peloton 的業績大幅增加，也帶動了力山（臺灣的飛輪車和跑步機供應商）的業績[4]。

Peloton 同時賣運動器材、服務與內容。他的飛輪車、跑步機兩款產品都要價不斐，買家每月還須付約新臺幣 1,200 元的訂閱費，卻能夠在較高階的運動服務市場中吸引到相當規模的消費群，並且已募到將近 10 億美元的資金，因此被稱為運動產業的 Apple。

不同於傳統的健身器材，Peloton 的產品除了配有可計算心率、步伐變化的 20 吋、30 吋觸控螢幕外，每天大約有 20 堂由名師直播的教學課程，結合團體課程概念，讓消費者更有動機運動。直播完畢後，影片則會上傳雲端，方便客戶在家使用隨選服務，邊看課程、邊做運動。位在紐約的飛輪工作室（Peloton Studio），本身只是空間有限的運動健身場域，但透過直播線上內容，大多數的客戶可在家運動。Peloton 藉此改變了運動器材公司和消費者之間一次性的買賣關係，以長期策略來經營學員黏著度、延續彼此的關係。Peloton 並致力於打造旗下教練成為明星，協助他們經營社群或拍攝 YouTube 影片，受歡迎的教練往往在 Instagram 上就有超過百萬的粉絲追蹤，養成學員長期持久的忠誠度，這也不同於傳統的健身房。由於 Peloton 的運動器材並不便宜，並非所有人都有辦法負擔，因此 Peloton 規劃要進一步推動「健身即是服務」（fitness as a service），甚至於不排除推翻目前的商業模式。

固然在一開始仰賴臺灣的供應商提供智慧聯網的飛輪和跑步機，Peloton 的創新元素同時包括產品、服務與內容，但其營運模式卻是以軟體／服務思維為基礎。透過飛輪課程結合數位科技轉型為飛輪工作室 2.0，讓健身服務可以快速地放大規模。飛輪教室結合科技與社群也打破移動上的限制，以新模式帶給運動愛好者全新的體驗，透過直播的方式與在紐約飛輪工作室的學員與老師同步一起上課。線上課程讓客戶不論身處何時何地，都可以配合其行程來設計運動；Peloton

---

註 4　郭明錤：宅經濟帶動跑步機需求，美系大廠出貨提升力山成最大受惠者，https://finance.technews.tw/2020/04/17/peloton-outlook-at-2020/。

並藉此蒐集個人習慣的數據，以提供更適合客戶的課程。而且打造明星教練也成為 Peloton 營造生態系和經營客戶群的重要手法。透過這種以軟體／服務思維為基礎的整合式與營運模式創新，Peloton 得以快速地拓展其市場空間，進而躍升為運動產業的獨角獸。目前我國也已經有業者朝這樣的創新模式發展，推出「健身魔鏡」搭配「隨選線上課程」的「居家鏡享駐家教練」產品與服務，期待有更多業者從軟體／服務思維推出更多元的創新。

四　荷蘭 ASML：遠距裝機和新型態供應鏈服務

一個值得注意的發展是：新興的數位化解決方案可能形成新型態（數位化）的「價值鏈上的服務」（service in value chain/supply chain）或製造服務化，也扣合著無接觸式服務的發展方向。誠然臺灣的 ICT 產業早已發展出製造服務化：由 OEM、ODM 到物流維修，都在為國際品牌提供各種「價值鏈上的服務」（典型的代表為 ICT 產業的全球運籌模式），這與上下游互動／價值鏈功能外包密切相關。這種製造服務化基本上是由代工業者所執行，故不必然以服務業的產值呈現，其對我國的價值反而可能反映在「三角貿易收入」。但是，新數位化科技有助於管理跨境和跨組織的全球價值鏈，因此透過數位化加值，供應鏈上的服務會有新的面貌，即便工廠在海外，也可以遠端調校、處理，或許比較容易形成以市場為主要考量的區域化供應鏈或是以市場為核心的短鏈。過程中，臺灣本地的廠商可以提供新數位化型態的製造服務，藉此有機會提高附加價值。

一個參考案例是：天下雜誌所報導的荷蘭半導體設備商艾司摩爾（ASML）透過荷、美、臺三國連線，運用混合實境（MR）幫台積電遠距裝設機台，透過 MR 混合實境智慧眼鏡 HoloLens，連結 Wifi，ASML 荷蘭總部、美國、臺灣團隊及工廠工程師即可進入虛擬會議室，進行 MR 裝機[5]。

註 5　資料來源：天下雜誌，https://www.cw.com.tw/article/article.action?template=transforme rs&id=5100240&share=eyJ0eXAiOiJKV1QiLCJhbGciOiJIUzI1NiJ9.eyJhcnRpY2xX2lkIjo1MTA wMjQwLCJ1c2VyX25hbWUiOiJZU0NoZW4iLCJpc3MiOiJodHRwczpL1wvd3d3LmN3LmNv bS50dyIsImlhdCI6MTU4OTQzMjkxNSwibmJmIjoxNTg5NDMyNDAwLCJleHAiOjE1ODk1MjI0 MDB9.0nrr2R1TrzczaGuWkA0Xf8w3A5sKOtwf8Z4uV__gXNk&utm_campaign=fb_-website_ share-icon-np&utm_medium=website_share&utm_source=fb_。

根據天下雜誌的報導：疫情衝擊之際，工程師無法出差，半導體業者該怎麼維修機台？怎麼安裝新設備？ASML 荷、美、臺三國總動員，完成史無前例、如科幻電影般的任務：MR（混合實境）遠距裝機。要發展「遠端修機」計畫則必須先完成三件事：1. 出貨的機台必須早就有系統診斷軟體程式，定時讓機台傳送相關數據回報健康情況；2. 開發新程式，結合實體機台、診斷工具（System Diagnostic Tool）、註解工具（類似小畫家）、即時影像（MR 眼鏡），建置 MR虛擬會議室；3. 網路及資訊安全。對半導體設備廠商而言，第一項已行之多年，較難的是第二及第三項。不過，天下雜誌的報導指出：ASML 認為，未來 MR 眼鏡不只用在故障排除和設備維修，會更被接受、擴大應用在包括工廠產線跨國溝通、產品研發等方面，遠端支援將「不只是支援，有望落實為工廠運作常態。」

第四節　對產業的建議

儘管無接觸式經濟與宅經濟概念在臺灣也廣受矚目，但較實質性的進展目前可能仍然有限。比較明顯的是線上點餐結合微物流外送等相較於之前更為普遍。再者，也有一些業者嘗試使用創新的手法銷售產品或提供服務，例如建立完整的虛擬或 O2O 通路、與消費者直接溝通的線上社群等。由於我國的島國特性和超前部署等因素，疫情控制表現突出，反而使得我國在因應疫情時，不似其他國家有較主動積極的數位轉型推動作為。目前更因疫情穩定控制，內部經濟和社會活動已趨於正常化，這可能影響我國未來在無接觸式經濟的研發創新和發展的動力。以下參考國外案例，提出一些產業如何應對的建議。

我國相當重視數位轉型，但是關注的焦點仍以數位製造和硬體為主。已有研發法人探索運動器材的智慧化和運動器材聯網的創新價值，主要方向包括：如何讓使用運動器材更具有運動激勵誘因、健康體驗價值，包括形塑虛擬陪跑員等，以呼應智慧生活的數位創新，但仍受限於原有的運動器材框架。然而兩相對照下，由於推出以軟體／服務思維為基礎的整合式與營運模式創新，Peloton 得以快速地拓展其市場空間，進而躍升為運動產業的獨角獸。目前我國也已經有業者朝這樣的創新模式發展，推出「健身魔鏡」搭配「隨選線上課程」的「居家鏡享駐家教練」產品與服務，期待有更多業者從軟體／服務思維推出更多元的創新。

以圖 7-4-1 詮釋 Peloton 以軟體／服務思維為基礎的整合式與營運模式創新。

Peloton 的服務創新包括：營運概念／模式（Business concept/model）、服務架構
（Service Architecture）、系統整合（System Integration）、產品創新（Product
Innovation）等層面，而且是由營運概念／模式向下驅動和貫串整個創新的流程。
在營運概念／模式方面，Peloton 主推以網紅運動教練為核心的 OMO 運動服務，
讓健身服務可以快速地放大規模和跨越地理疆界（無需高成本大量展店），故其
服務架構是以網紅運動教練經營＋線上課程＋聯網運動器材為核心加以建構，並
藉此蒐集重要的資訊而加以運用。以這樣的營運概念／模式、服務架構為基礎，
Peloton 在結合系統整合（OMO 型態下的軟硬體系統整合）、產品創新（智慧化、
聯網化的飛輪），形成完整的服務模式，其發展初期的產品創新卻主要依賴臺灣
的供應商（期美供貨飛輪；力山供貨飛輪車和跑步機）。類似這種以軟體／服務
思維為基礎的整合式與營運模式創新，是無接觸式經濟創新的核心。

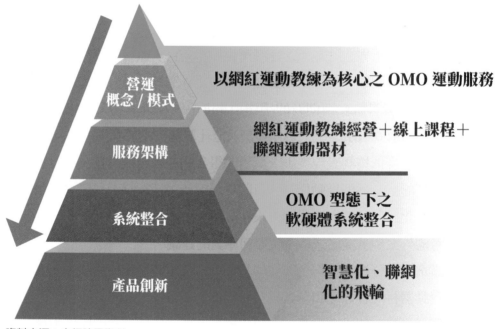

資料來源：中經院國際所。

圖 7-4-1　Peloton：以軟體／服務思維為基礎的整合式與營運模式創新

　　無接觸式經濟也牽涉消費者的自助服務，而且數位轉型常與「無人化」連結
在一起。近兩年，我國商業服務業數位轉型的一大重點乃以便利商店為核心的無

人商店實驗，但是也很快面臨後續無力的瓶頸。無人商店的暴起暴落其實有助於我們觀察數位轉型和無接觸式經濟發展進程的影響因素。

類似無人商店的「新零售」由「Amazon Go」領先推出，中國大陸的阿里巴巴集團也推動不同領域的零售型態改造，包括：盒馬鮮生模式、銀泰百貨場域應用、天貓維軍小站、社交電商、美妝及服務等新零售電商等，之後並催生了繽果盒子、F5 未來店、Take GO 等超過百家的無人零售公司。我國的無人商店實驗由統一超商領先推出「X-Store 未來商店」，原本在其總部一樓開出第一間須綁定會員才可入場、可人臉辨識結帳的無人店，僅供員工測試，2018 年 7 月在信義區開出二號店，才面向消費者。經過短暫的嘗鮮熱潮，統一超商在 2019 年 3 月對外宣布：「決定暫時擱置無人店！」同時間，中國大陸百家齊放的無人商店也紛紛傳出退出市場。

綜合多方的報導，統一超商從無人商店實驗學得一些重要的經驗，包括：人情味（服務的溫度）無可取代、智慧判讀裝置難以處理熱狗、關東煮等現場調理鮮食、在臺灣自動販賣機比無人商店更實際等[6]。

若以「無人化」當做數位轉型的一個方向或表徵，現實狀況中有哪些領域已經「無人化」？在服務業最明顯的是停車場、自助洗衣店，在製造業則是工廠高階自動化、關燈工廠等。基本上，數位轉型過程中，「智慧化」或「無人化」的導入跟使用目的有關，須與場域和優化的流程做深度整合。

以「無人化」停車場做為觀察的起點。服務人員（收費員）在停車場所執行的工作以及與顧客的互動方式和頻率都非常單純，因此得以結合門禁管制機制（如車牌辨識）和多元的支付方式，快速走向「無人化」。

進一步而言，在製造業場域，導入一般的或單站式工業機器人屬於結構化、簡單任務、與周圍環境互動有限，且其獨立工作能力的要求相對較低。越往高階走，其複雜性、與周圍環境互動性越高，獨立工作能力的要求也會因

註 6　蔡茹涵（2019 年），《小七無人店計畫喊卡高科技為何敵不過傳統店員？看超商龍頭統一用千萬成本換來的 3 個體悟》，商業週刊，取自 https://www.businessweekly.com.tw/article.aspx?id=25281&type=Blog。

王一芝（2019 年），《無人店之後 不到 2 坪面積的機器，成了便利商店的下一個戰場？》，天下雜誌，取自 https://www.cw.com.tw/article/article.action?id=5095001。

聯合報新聞網（2019 年），《陸無人商店大崩盤！2 年狂潮……被 2 個真相壓垮》，取自：https://theme.udn.com/theme/story/6775/3824611。

「智慧化」的深入而提高。再由工業應用轉向服務／社會應用／社會落地，場域特性也隨之改變，會從結構化走向非結構化、低自主性走向高自主性，獨立工作能力的要求或複雜度也會有所增加。因此，數位轉型的進程受到「環境的複雜度」（Complexity of environment）和「自動化的程度／複雜度」（Level of automation）的影響（參見圖 7-4-2）。

特別就「自動化的程度／複雜度」來看，目前的 AI 可以比人聰明，但不見得比人有智慧，而且目前的 AI 仍相當程度受制於特定的工項（task-specific）、特定的情境（context-specific），其中 task-specific 因素就牽涉著「自動化的程度／複雜度」的高低，我們藉此進一步觀察無人商店實驗中服務的溫度問題。便利商店的店員其實不只是「收銀員」，而是提供了多種技能、多種工項的服務提供者和前台，他們與客人的互動頻率和型態原本就多元而複雜，因此難以簡單的支付工具和身分辨識技術加以取代。另一方面，消費者行為也會成為無人商店發展的制約因素，例如中國大陸就出現架上商品被消費者弄亂、消費者進入無人商店吹冷氣卻不消費的情形。

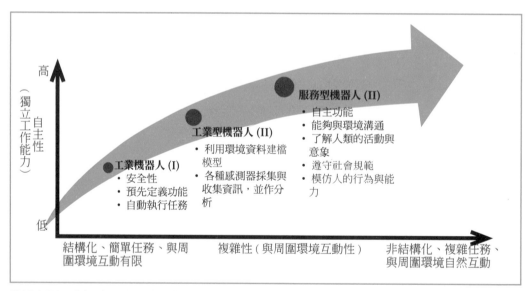

資料來源：中經院國際所修改自 Marketta Niemelä（2017），Robotit hoiva- ja hoitotyössä, https://www.easyfairs.com/fileadmin/groups/7/2017/Future_Care_2017_Helsinki/Marketta_Niemela.pdf。

圖 7-4-2　場域應用的影響：工業應用 vs. 服務／社會應用

進一步而言，服務業數位科技創新往往會「社會落地」（social landing），故其數位轉型要克服「數位化的二元對立」（digital dichotomy）的問題。這包括新舊經濟活動方式之間的衝突或矛盾、線上虛擬活動與現實世界活動之間的串聯或認知差異，例如無人化的服務與人性化的服務間的衝突。如何有效地處理「數位化的二元對立」將是數位時代核心的政策課題，而且新的營運模式會對既有的部門或管制環境產生挑戰。尤其，一些無接觸式經濟或服務要在社會落地，必須突破一些現有的管制框架，例如這次疫情凸顯遠距醫療不能侷限於偏鄉的主流應用場景；自駕車的發展也投射出交通行動服務（Mobility as a Service; MaaS）和自駕物流等新的發展方向，但是這些新型態服務需要技術及新的治理方式，如荷蘭正在推動「軟體駕照」（software driving license）。另外，許多數位科技的應用需要與現實環境的人事物互動，互動的複雜度越高、層面越廣，轉換（switchover）的時間越長。而且相對於製造業的場域，服務業在數位科技與人事物互動的關係，會從結構化走向非結構化、低自主性走向高自主性，使得轉換的難度提升。

第五節　總結與展望

COVID-19 疫情影響深遠，消費型態、工作型態、企業生產型態都產生了很大的變化，造就了新經濟社會常態，需要我國結合科技、制度等超前布署。儘管 COVID-19 疫情催生了無接觸式經濟等模式的興起，未來相關的科技解決方案和服務設計、政策配套等並非只是處理疫情管理或類似的緊急情況，而是因疫情的影響，一些新型態的無接觸商務，如在家工作、線上會議等服務模式，變成比較容易為市場或社會所接受，具有進一步落地成為「新常態」的動力；而科技與營運模式的加值可使多種類型的無接觸式經濟變得更為友善或更具體驗價值。

針對因應後疫情時代的技術應用展望，韓國專家會議討論，認為疫情後可能對社會經濟環境帶來 4 大變化，其中就包括加速發展非接觸式經濟，韓國政府進而提出 8 大領域、涉及 25 項重大技術創新的項目；日本針對後疫情時代的 IT 新戰略調整方向，設定中長期目標為：數位強韌性的社會結構變革。一些業界也推出具有前瞻性和商業性的創新服務，包括：美國 Peloton 以軟體／服務思維為基

礎所推出的 OMO 運動服務，不僅讓自己躋身獨角獸，而且這次疫情期間，因封城形成宅經濟，使得 Peloton 的業績大幅增加，也帶動了臺灣的飛輪車和跑步機供應商的業績；荷蘭 ASML 與台積電合作推出遠距裝機和新型態供應鏈服務，顯示新興的數位化解決方案可能形成新型態（數位化）的「價值鏈上的服務」或製造服務化，也扣合著無接觸式服務的發展方向。

這些發展需要創新思維和社會及政府給予較有利的創新促進條件。Peloton 主推以網紅運動教練為核心之 OMO 運動服務，讓健身服務可以快速地放大規模和跨越地理疆界（無需高成本大量展店），故其服務架構是以網紅運動教練經營＋線上課程＋聯網運動器材為核心加以建構。以這樣的營運概念／模式、服務架構，Peloton 再結合系統整合（OMO 型態下之軟硬體系統整合）、產品創新（智慧化、聯網化的飛輪），形成完整的服務模式，而其發展初期的產品創新卻主要依賴臺灣的供應商。類似這種以軟體／服務思維為基礎的整合式與營運模式創新，是無接觸式經濟創新的核心。然而，無接觸式經濟往往牽涉消費者的自助服務，並常與「無人化」連結在一起。從臺灣及國際上「無人店」的實驗經驗來看，「智慧化」或「無人化」的導入跟使用目的有關，須與場域和優化的流程做深度整合。因此，「智慧化」或「無人化」的進程受到「環境的複雜度」和「自動化的程度／複雜度」的影響。而且相對於製造業的場域，服務業在數位科技與人事物互動的關係會從結構化走向非結構化、低自主性走向高自主性，而使得轉換的難度提升。更重要的是，一些無接觸式經濟或服務要在社會落地必須突破一些現有的管制框架。

CHAPTER 08 ▷ 行動支付、數位貨幣對商業服務業之影響

資策會產業情報研究所／陳子昂總監、朱師右分析師

第一節 前言

　　行動支付與數位貨幣為當前相當重要之趨勢。行動支付係指透過智慧型手機應用程式（APP），於銷售點系統（Point-of-Sale）完成交易的付款服務，消費者出門不用帶錢包，進入店家，只要拿起手機，透過無線標準的近場通訊（Near Field Communication, NFC）、掃描 QR Code，透過行動錢包 APP，嗶一聲，就能輕鬆付款。目前市場上支付業者除了 Apple Pay、Google Pay、Samsung Pay 等國際業者外，還有 LINE Pay、街口支付、橘子支付、歐付寶、臺灣 Pay 等業者。在國際行動支付大廠積極拓展的影響下，行動支付已成為主要付款工具之一，以行動支付發展較成熟的中國大陸市場來說，支付寶及微信支付市占就超過九成。

　　而數位貨幣雖然仍在發展之初，但是自從臉書（Facebook）在 2019 年發表加密貨幣 Libra 白皮書後，已經掀起了數位貨幣的熱潮，各國央行均針對發行央行數位貨幣（Central Bank Digital Currency, CBDC）展開研究，我國央行也隨即成立數位貨幣研究計畫專案小組，針對相關議題，進行研究與測試。因此，本文除了主要分析行動支付及其帶給服務業的影響外，亦涵蓋數位貨幣之探討，以及相關無接觸式服務帶來的新商機。

第二節　行動支付之發展現況與趨勢

 行動支付發展現況

　　國際行動支付大廠布局已經從過往發展在地市場、強化核心功能等面向，轉為發展跨境支付、整套技術輸出海外等策略，並透過與各國政府及商家合作，藉此提升自有支付品牌在全球市場之使用率及使用通路。此外，為簡化用戶付款流程，國際發卡組織 MasterCard 與 VISA 也已經取消信用卡簽名制，改用安全晶片與生物辨識，以提升便利性與安全性。

　　根據我國金管會統計，至 2020 年 4 月底，國內電子支付共有 5 家專營與 23 家兼營業者，使用電子支付的人數達到 829 萬人，年成長率達 62.6%。許多國內外行動支付業者近年競相投入行動支付市場，國內行動支付自有品牌五大類型業者，包含金融機構、電子支付、電子票證、零售商務、通訊載具及電信資服之業者，至 2020 年 7 月為止，推出行動支付自有品牌的國際與本地業者家數已超過 70 家。

　　資策會的調查也發現，國內行動支付用戶已達到六成，且其偏好度首度超越實體信用卡；探究其原因，除了方便和具有優惠之外，政府的推廣活動如旅宿補助、商圈回饋與振興券，以及今年的 COVID-19（新冠肺炎）疫情喚起民眾重視衛生，也是推動無接觸的行動支付得以跳躍式成長的重要因素。

　　依據資策會產業情報研究所 2020 年公布的《行動支付消費者調查》，臺灣行動支付用戶已達六成，用戶最常使用的行動支付品牌，前三名依序為 LINE Pay（27.6%）、街口支付（16.6%）與 Apple Pay（10.5%）。在使用場域排名上，依序為便利超商（75.6%）、量販店（42.5%）、超級市場（40.1%）、百貨／購物中心（36.4%）與連鎖餐飲（33.3%）。在使用年齡層上，有高達 77.6% 的 46~55 歲「熟齡族」曾使用行動支付，較 2018 年成長 31.2%，成長幅度為全年齡層中最高。其中，除了 26~35 歲族群最常使用街口支付外，其他年齡層皆最常使用 LINE Pay，而街口支付也在 18~25 歲與 36~45 歲等年輕族群中取得第二名。特別的是，全聯超市的 PX Pay 已經成為 46~65 歲「熟齡族」第二大常用方案。

主要業者布局

行動支付業者主要可分為金融端、支付端、商務端、用戶端及電信資服端。過去金融端多採被動方式因應，然而近年面臨其他勢力崛起，金融端逐漸朝主動出擊的方式（例如 VISA 積極拓展亞洲、紐澳、歐美等地市場）；支付端則積極從跨國界、跨情境、跨虛實等方向，提高市場滲透率，例如微信、支付寶的跨境支付；商務端則運用本身通路優勢，自推支付方案，以減少對其他支付業者的依賴；用戶端如 Apple、Google 則推出自家信用卡與簽帳金融卡，而 LINE、街口支付、臺灣 Pay、Pi 錢包等業者則推出繳費、轉帳與各種回饋應戰；電信資服端則試圖整合生活付款情境，建立合作生態系。

根據資策會產業情報研究所（MIC）統計資料，消費者經常使用的前五大電子支付品牌為「LINE Pay」、「街口支付」、「Apple Pay」、「Google Pay」與「臺灣 Pay」，其中 LINE Pay、街口支付與臺灣 Pay 都有使用 QR Code 掃碼支付，為了解決 QR Code 掃碼規格眾多，商家導入不便的問題，國際支付產業標準組織 EMVCo. 制定了全球共通規範 EMV QR Code，並在 2018 年開始在我國推動這項共通規格，2019 年下半年已經串聯多家銀行的行動支付錢包及超過 1 萬家的通路可以使用。

導入 EMV QR Code 統一規格的優點是商店不需另外建置收單終端設備，可有效降底成本，非常適合應用在傳統市場的小型攤商、計程車接送、小型商家、物流業者等，且不用負擔額外軟硬體成本即可支援行動支付，例如臺灣行動支付、財金公司、聯合信用卡中心，讓合作的特約商家只需張貼一張 QR Code 即可支援多家行動支付方案。

掃碼交易流程可以分成主掃模式（Merchant-Presented Mode）與被掃模式（Consumer-Presented Mode）模式。主掃模式是指消費者持行動裝置 APP 掃 QR Code 以發動支付交易；被掃模式是指消費者出一次性動態 QR Code，商店端透過掃碼將資訊傳送銀行主機端（例如 NCCC 聯合信用卡交易中心）。

三　我國行動支付發展趨勢

隨著政府對於行動支付等金融科技的支持與開放態度、行動支付傳輸技術與身分驗證技術的演進、新舊業者投入市場互相競爭與合作，以及千禧世代（Millennials）等新興族群對於行動支付接受度高之習慣移轉影響，我國行動支付市場近年持續明顯成長。

隨著前述國際大廠近期布局的帶動，我國行動支付將朝向三個趨勢發展。

（一）合作夥伴化零為整成為主流競爭趨勢

行動支付業者要在競爭激烈的市場立足，是否具備豐富多元的生態系夥伴將是左右戰局的關鍵，而生態系是能夠將支付場景擴展的必要條件，有夠多的支付場景，方能藉此吸納更多的消費者加入；而隨著用戶數量的增加，又反過來吸納更多的服務介接加入，彼此相輔相成。

以國際行動支付大廠為例，為了持續擴大勢力範圍，紛紛透過整合方案、投資入股新創業者，甚至建立各自生態系等策略，將合作夥伴化零為整。在此趨勢下，未來市場可望見到更多元的行動支付應用情境，包含結合車聯網、協助商家數位轉型、做為企業解決支付薪資與差旅結報用途、導入人工智慧（AI）應用來優化行動支付體驗等。

（二）從運用優惠搶攻市占到展開金融戰

國內行動支付業者為搶攻市占率，現階段仍會持續藉由會員忠誠機制、點數與優惠活動，吸引用戶採用自家方案。隨著即將於 2020 年下半年的純網銀上線，行動支付業者亦將加強雙方間的合作，運用各自陣營成員之特色，延伸出更多金融服務。

然而，為能改善長期提供用戶優惠的成本壓力，大型業者在累積相當用戶數規模後，將由提供無償優惠，改為酌收費用以平衡營收及開銷。而優惠補貼則又將是未來國際大廠教育市場採用刷臉支付的手法，藉以維持長期競爭的市場優勢。

（三）從專注局部到全情境或技術輸出

近年來，在消費者付款習慣轉移的驅動下，已迫使以零售業為首的多數服務業面臨轉型議題，使行動支付的應用情境從最初的零售交易付款，擴散到如繳費、繳稅、交通、娛樂、旅遊、觀光及金融商品等服務。

未來，為了持續提升用戶黏著度、增加用戶使用頻率，行動支付業者將逐漸由原本專注發展零售服務情境，演變為發展多元情境，以增加可用通路或功能；從原本專注拓展在地商家，到藉由擴大合作網絡、取得海外電子支付執照、與國際業者成立合資公司、及支援多國幣別以經營境內外支付清算，亦或透過技術輸出以獲取海外政府及商家支持，朝向「全境支付」發展。

第三節　行動支付國際案例分析

一　螞蟻金服

近年來中、日、韓國際大廠積極合作發展共同條碼。中國大陸的螞蟻金服、騰訊、日本的 LINE、NTT docomo、Mercari、KDDI，韓國的 Kakao 等 6 家業者已於 2019 年宣布，透過系統開發商 Digital Garage 的雲支付 Cloud Pay 機制，研製共同標準的 QR Code。螞蟻金服、NTT docomo 及 Kakao 在 2019 年底開通，騰訊、LINE 及 Mercari 也陸續在 2020 年春季開通。中、日、韓業者旗下任一種行動支付品牌用戶，只要在有導入雲支付 Cloud Pay 的商家，都能透過共用 QR Code 掃碼並付款，形成東北亞行動支付生態系。

騰訊也和日本 LINE 共同協助商家裝設 APP 及 QR Code 掃碼器，讓日本商家可同時支援微信支付與 LINE Pay。LINE 則與韓國 PAYCO 啟動「全球聯盟計畫」，讓我國、泰國及日本的 LINE Pay 用戶能在韓國商家進行跨境支付。

東南亞方面，新加坡政府在 2018 年 9 月推出共同條碼平台 SGQR，支援此平台業者，包含螞蟻金服、騰訊、中國銀聯、Grab、新加坡 7 間大型銀行等，總計有 27 種行動支付國際品牌支援，形成了東南亞行動支付生態系。

螞蟻金服自 2004 年 12 月起獨自營運，並隨著一帶一路策略（如圖 8-3-

1），逐步與亞洲的主要支付業者合作，如 2015 年與印度 Paytm，2016 年與泰國 TrueMoney，2017 年與菲律賓 GCash、韓國 Kakao Pay、印尼 DANA、香港 AlipayHK、馬來西亞 Touch'n Go，2018 年與巴基斯坦 Easypaisa、孟加拉 bKash 等合作。螞蟻金服境外勢力透過與前述支付業者的合作，迅速且紮實地擴大支付寶在海外市場的可用通路。

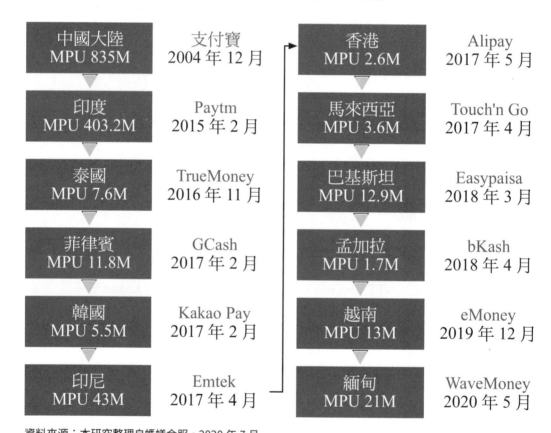

資料來源：本研究整理自螞蟻金服，2020 年 7 月

 螞蟻金服在「一帶一路」推廣行動支付

二　亞馬遜（Amazon）

屬於行動支付生態系中商務端的電商龍頭亞馬遜（Amazon），秉持著實驗

精神，不斷推陳出新、挖掘特定族群商機，並結合其電商和零售勢力，拓展海外行動支付市場。

（一）推出新式服務

Amazon 於 2018 年 1 月推出的「Amazon Go」無人商店，結合多項先端技術與行動支付，成為無人商店的標竿，也改變零售商店的經營概念；而行動支付做為驗證顧客身分與結帳付款的重要工具，簡化了以往顧客排隊付款才能離開商店的流程。

Amazon 也在 Amazon Pay 推出先訂餐付款再到店取餐功能的「Amazon Pay Places」，並不斷將 Amazon Pay 導入如美國加油站和餐廳等實體零售店。

Amazon 還規劃藉由推出 Amazon Pay for Alexa Skills 的智慧音箱服務，讓美國商家與開發人員可以透過 Alexa 及 Amazon Pay，銷售商品給 Alexa 用戶，藉此鎖定語音支付的線上購物市場。

（二）滿足特定族群需要

針對不同族群的需要，Amazon 亦推出多種類型的應用服務。例如於 2017 年推出 Amazon Cash 現金儲值服務，讓沒有信用卡的消費者也能在 Amazon 網站購物付款；Amazon 還在美國大學校園推出「Amazon Instant Pickup」的立即取貨服務，向大學生販售如零食、飲料和手機配件等小商品。

（三）整合線上線下，擴展海外市場

近年 Amazon 欲將其在電商累積的優勢，伸延至實體零售商家，逐步邁向「虛實整合」。例如 Amazon 以其龐大的銷售量為籌碼與銀行協商，提出比信用卡手續費更低的費率給願導入 Amazon Pay 的小商店，甚至提供合作商家能選擇付費使用 Amazon 的包裝、倉儲及運物等服務，以增加其服務營收。

在海外市場方面，Amazon 於 2017 年取得印度的電子錢包（Amazon Wallet）經營許可後，積極整合當地會員忠誠獎勵制度，及支援信用卡、銀行帳戶或其他付費帳戶。迄今，Amazon 已經超越印度第二大電商業者，開始與印度最大電商平台 Flipkart 和阿里巴巴集團交手。

在日本，Amazon 透過分支 Amazon Japan 推廣 Amazon Pay，提供日本用戶

能在零售店使用 Amazon 帳戶或掃碼完成結帳；Amazon Japan 也於 2018 年 8 月在九州福岡市試運行 Amazon Pay。

在墨西哥，Amazon 透過支付技術「CoDi」協助政府建構行動支付系統，提供顧客使用 QR Code 及智慧手機進行線上付款或是面對面付款，且無需手續費。

 ## 三　臉書（Facebook）

擁有超過 30 億活躍用戶的全球最大社群平台臉書（Facebook）用戶數轉化為更多商機，透過旗下服務發展更多使用情境，包括由行動支付用戶端的角度加入戰場。

（一）進化成銷售工具

Facebook 在 2014 年 2 月併購 WhatsApp，使其活躍用戶數由 4 億名增至 2017 年 6 月的 13 億名，並於同年 10 月在 WhatsApp 結合行動支付功能（付款或 P2P 轉帳），且新增 PayPal 付款功能。PayPal 則協助引導商家購買 Facebook 的廣告或在粉絲頁上銷售商品，以尋求更多獲利可能。

此外，Facebook 也於 2018 年 2 月在印度結合 WhatsApp 正式推出行動轉帳服務。

（二）互補合作擴大情境

Facebook 在增加付款工具與跨國匯款功能上也不遺餘力，在 2016 年 10 月和 PayPal 合作，於美國將 PayPal 轉變成其「Facebook Messenger」除簽帳卡以外的另一付款方式。2017 年 2 月，Facebook 增加跨國匯款，並整合 TransferWise 開發的聊天機器人 Chatbot，讓用戶在其引導下完成轉帳流程，或是設定每日匯率通知等功能。

（三）積極擴展海外市場

2019 年 11 月，在印度推出能實現用戶的銀行帳戶互相以手機轉帳、以掃碼消費付款，並能支援多家銀行帳戶之統一支付介面（Unified Payment Interface, UPI）

的印度國家支付公司（National Payments Corporation of India, NPCI）宣布用戶已達 1 億人，並準備邁向國際市場，新加坡及阿拉伯聯合大公國皆預計使用 UPI。

此時擁有 2 億 4,000 萬印度用戶且支援 13 種語言的 WhatsApp 趁勢而起，Facebook 也宣布推出 Facebook Pay，讓 Facebook、Messenger、WhatsApp 及 Instagram 等旗下用戶，都能在透過 Facebook Pay 進行 P2P 轉帳、交易付款及捐款。同時，Facebook 在建置風險評估管理體系，以及考量網路金融利潤率 6% 以上而行動支付利潤率僅 0.1% 至 0.15% 之後，宣布未來將提供印度用戶更多借貸服務。

第四節　數位貨幣之發展趨勢與案例

 一　數位貨幣之發展趨勢

數位貨幣可以取代流通中的現金 M0（如圖 8-4-1），可實現流通性、儲存性、離線交易、可控匿名、不可偽造、不可重複交易、不可否認等特點。

M4	其他短期流動資產（圖庫券、人埔保單等）
M3	其他金融機構的定期存款和儲蓄存款
M2	商業銀行的定期存款和儲蓄存款
M1	金融機構的活期存款
M0	紙幣、硬幣

資料來源：本研究整理。

圖 8-4-1 **金融機構對貨幣的五大分類**

依據 2017 年國際清算銀行提出貨幣之花概念模型（如圖 8-4-2），此模型反映支付創新所帶來的貨幣屬性及分類的變化。在國際清算銀行於 2020 年 3 月發布的 CBDC 金字塔（如圖 8-4-3），反映了從消費者需求對應到央行數位貨幣的相關設計選擇。該金字塔形成了一個多層次的結構，其中較低層的設計決策將

可以做為後續更高層次的決策基礎，金字塔圖的左側列出消費者對央行數位貨幣CBDC 的需求及相關特徵，右側則是針對這些需求和特徵，對應央行數位貨幣CBDC 設計方案的技術選擇。

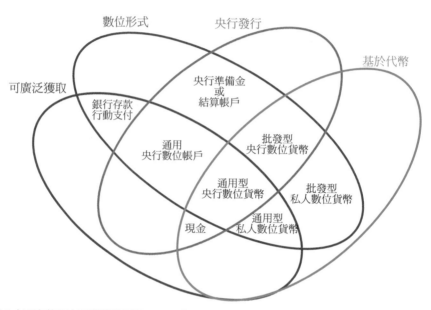

資料來源：本研究整理自國際清算銀行，2020 年 7 月。

圖 8-4-2 **貨幣之花 - 貨幣分類**

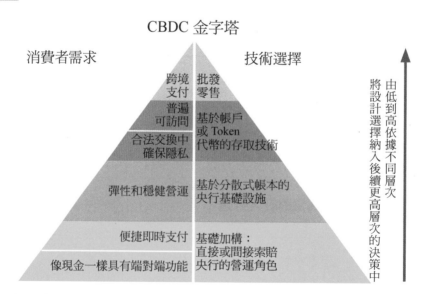

資料來源：本研究整理自國際清算銀行（BIS Quarterly Review, March 2020），2020 年 7 月。

圖 8-4-3 **CBDC 金字塔**

因應電子貨幣的發展趨勢，國際貨幣基金組織（International Monetary Fund, IMF）提出結合中央銀行貨幣及電子貨幣優點的新型發行架構，透過與央行合作的電子貨幣機構，向民眾發行數位貨幣，由中央銀行擔保，並由中央銀行提供發行的信任基礎及跨行清算服務。透過合作方式，民間金融機構可以發行具備中央銀行貨幣信任及保障的數位貨幣，民間金融機構則可以發揮支付創新、業務推廣、客戶服務等專長，並協助進行「知道你的客戶（Know Your Customer, KYC）」實名認證、反洗錢等業務。（圖 8-4-4）

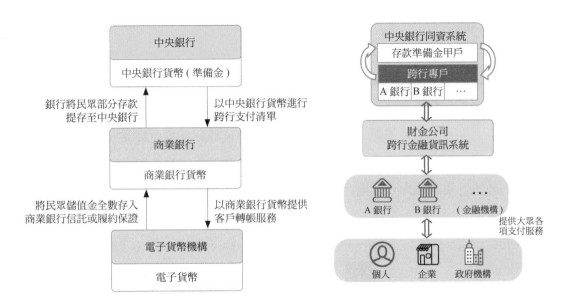

資料來源：中央銀行，2020 年 7 月。

 圖 8-4-4 **電子貨幣發行架構**

二 數位貨幣之發展案例——數位人民幣

中國大陸自 2014 年便開始著手研究 CBDC，並開發數位人民幣（Digital Currency Electronic Payment, DCEP），目前在多個城市進行試點，其功能和屬性跟紙鈔完全一樣。DCEP 錢包可做為 M0 替代，也就是無限法償，不需要銀行帳戶及信用卡綁定，店家不可拒收，民眾使用該錢包，碰一碰就支付，還可以雙離

線支付,可以照顧到弱勢族群的行動支付使用需求。在使用上,用戶只要註冊一個 APP 錢包,視情形向銀行繳交個人資料、兌換數位人民幣,就可以開始使用。而用戶最關心的,錢包需不需要有實名制?在數位人民幣上的設計邏輯很簡單,即實名程度愈高,能使用的額度愈高。按照目前相關資料來看,區分為四種層級。一類:強實名;二類:較強實名;三類:較弱實名;四類:日常使用、匿名,第四類完全匿名制的錢包,讓數位人民幣可以落實零售使用。

如同比特幣的交易具匿名性,大家看得到交易紀錄及交易地址,但是卻不知道該交易地址是屬於誰的,數位人民幣表面上也具備此種匿名特性,但政府會有兩個資料庫做管理。第一個資料庫用於人民的身分認證管理,不論等級如何都會在資料庫中管理;第二個資料庫管理所有交易訊息,即使用等級最低的匿名錢包,透過大數據交叉比對結合其他訊息,依舊可以推測出來個人資料。

人民未來只要下載 APP,就可以把手機當作錢包,註冊錢包時依照程度分成四個等級:強實名>較強實名>較弱實名>匿名,身分認證愈完整,可以享有的服務愈多樣,而實名程度愈高,錢包能使用的額度就會愈高,匿名為實名等級中最低的等級,僅能使用小額度,但適合用於日常生活、零售使用。

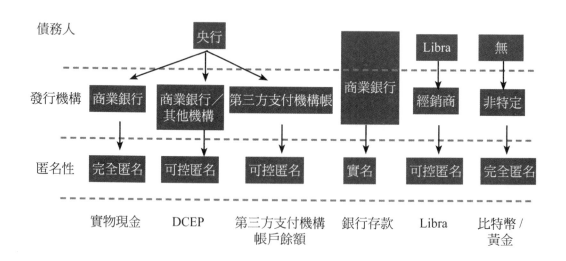

資料來源:本研究整理自科技金融前沿:Libra 與數字貨幣展望、IMF,2020 年 7 月。

圖 8-4-5 數位貨幣的種類

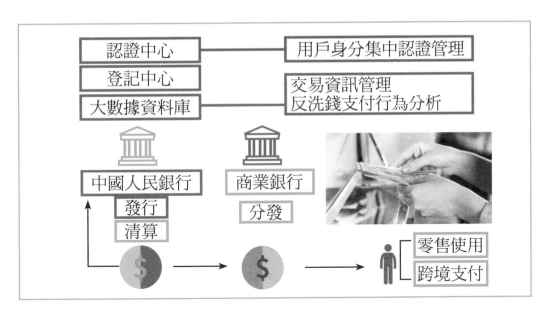

資料來源：本研究整理自科技金融前沿：Libra 與數字貨幣展望，2020 年 7 月。

圖 8-4-6 **數位人民幣發展現況**

項目	內容
發行	中國人民銀行領頭 商業銀行：工商銀行、中國農業銀行、中國銀行、中國建設銀行 電信：中國移動、中國電信、中國聯通
地點	深圳、蘇州
場景	交通、教育、醫療等
時間	分兩階段推動 2019 年底小範圍場景封閉試點、2020 年深圳大範圍推廣
使用方式	無網路手機互碰即可完成轉帳，不須綁定任何銀行卡

資料來源：本研究整理自中國大陸國務院關於支援深圳建設中國特色社會主義先行示範區的意見，2020 年
　　　　　7 月。

圖 8-4-7 **中國人民銀行以試點城市推動數位人民幣**

第五節　行動支付與數位貨幣對服務業的影響

一　行動支付結合相關服務業籌組生態系

　　依行動支付所涉及的環節可將其中的參與業者概分為五大勢力，分別是金融端（包括信用卡業者與銀行業者）、支付端（包括支付業者、信託服務管理業者和電子票證業者）、商務端（包括零售業者、電商業者、遊戲業者）、用戶端（包括行動載具業者、網通軟體業者）與電信資服端（電信業者、資服業者）。

　　各類型的業者為了累積更多顧客以擴大獲利機會，皆相繼搶攻持續成長但競爭激烈的行動支付市場。在國內外多重勢力競爭下，各方逐漸形成以夥伴合作及資源共享的方式，組成「生態系」拓展市場，對包括商業服務業在內的各類型服務業帶來了以下影響。

資料來源：MIC，2020 年 7 月。

說　　明：(1) 財金公司「臺灣 Pay」包含國內多家金融機構。業者順序依筆畫遞增排序。

　　　　　(2) 僅列舉推出自有支付品牌、較常見或較知名的國內與國際（右側紅底白字）業者，或與行動支付營運相關的業者（如資服業者）。另外零售商務類中「+1 家」為臺電公司推出的「臺電 e 櫃檯」。

圖 8-5-1　行動支付整合服務業形成生態系

（一）金融端勢力轉守為攻

首當其衝的是被瓜分獲利機會的金融業者，而金融業者為了能重拾市場優勢，從以往被動因應其他勢力的威脅，將轉守為攻，積極推廣、投入資源、策略聯盟以及布局實體通路。

（二）支付端勢力攻城掠地

傳統金融服務的威脅來自支付端，原因在於支付端勢力近年透過提升方案價值、集中資源因應挑戰、透過整併強化實力等三項策略，於各地行動支付市場攻城掠地。

（三）商務端勢力鞏固版圖

商務端是另一群備受影響的對象，原因在於商務端業者的付款環節逐漸整合行動支付，但方案並不是商家自有的。商務端勢力為了鞏固行動支付的獲利版圖以抗衡來自其他勢力的威脅，也試圖透過推出自有方案、增加自主力量以及尋找合作夥伴突破窘境，或是將失去優勢的方案終止。

（四）用戶端勢力異軍突起

由於手機業者和網通軟體業者的用戶端勢力，憑藉自身資源積極搶攻支付市場，如 Apple、Google、Samsung 近年來積極在全球各地主要市場推出方案。另有來自新進業者投入，致使品牌鮮明的用戶端成為市場上不容小覷的勢力。

（五）電信端勢力重振旗鼓

由於行動支付技術的發展以及消費者的偏好，原先由電信資服端勢力主導的信託服務管理（Trusted Service Management, TSM）模式所提供的 NFC 行動支付方案，並未順利於市場成長，主要是因為消費者需要自行更換 SIM 卡方可使用行動支付，對消費者在使用上形成顯著的轉移障礙，同時因為 Google 提出 HCE 方案，讓銀行可以不一定要將資料存放在由電信業者主導的 SIM 卡裡，而削弱了銀行和電信業者合作及拆帳獲利的必要性，進而讓電信業面臨夥伴合作關係減弱的影響。

在國際支付大廠積極布局下，行動支付除了持續導入各式實體零售店外，

也拓展到電商、交通、觀光、醫療、匯款、捐款及繳費等領域。在零售方面，Amazon 將 Amazon Pay 導入美國加油站、餐廳及其他實體店；LINE Pay 成為 Starbucks 結帳工具；Apple、Google 及 Samsung 與美國 7-11 及 Target 百貨合作。

在電商方面，Apple 陸續在 16 個國家地區將 Apple Pay 導入 Uber Eats；Google Pay 成為 eBay 手機及網站的支付選項；LINE Pay 在日本試營運訂位點餐的 LINE Mini App。在交通方面，Apple Pay 導入波特蘭、芝加哥和紐約市公共交通系統；Google Pay 的澳洲墨爾本用戶，可添加當地交通票證 Myki；PayPal 可付 Fedex 香港、日本、新加坡、馬來西亞、紐西蘭、澳洲等地的電子帳單及 ANA 機票。

在觀光方面，英國政府支援 Apple Pay 及 Google Pay 做為旅遊收費付款方式；阿里巴巴與日本運輸公司 JR 九州合作，打造無現金島。醫療方面，Apple Pay 與美國連鎖藥妝店 CVS 合作；支付寶、微信支付可結合人臉辨識用於醫院付款。

在匯款、捐款及繳費方面，LINE Pay 支援社福團體供民眾直接捐贈各國災後重建；Visa 則推出 Visa Direct 及 B2B Connect 攻跨國匯款服務。

 ## 二 數位貨幣對服務業的影響

數位貨幣對支付的影響可以從線上支付、線下支付、物聯網支付、人工智慧等領域進行分析。在線上支付方面，因數位貨幣具有法償特性，線上支付系統若能支持央行數位貨幣，未來可省下面對不同支付系統間繁瑣的清算結算的流程，打通金流障礙；在線下支付方面，數位貨幣具無限法償的特性，可廣泛應用於市場或小額支付，取代現金交易；在物聯網支付方面，對於售票機、販賣機等物聯網設備，若能利用央行數位貨幣收現，也可省下面對不同支付系統的繁瑣。可打通物聯網金流。

此外，人工智慧的發展也會促成新形態的服務，支付主體可以不是人類，而是 AI 或自動化機器人，如自駕車，未來甚至可透過資駕車自行接收乘客付款，並用以支付燃油、維修、洗車、停車、過路費用，而央行數位貨幣因具超然特性，由央行進行擔保，可讓產業免除擔心不同業種間的支付障礙，讓產業專注在

技術與應用創新。

　　從應用優勢來看，央行數位貨幣可能成為物聯網與 AIoT 產業應用的優先選項，隨著 5G、物聯網與人工智慧的發展，將可提高數位貨幣應用上的重要性。如果央行數位貨幣系統發展成熟，將有助於物聯網與 AIoT 的金流發展，並有助於建立起整個產業鏈，幫助軟硬體與服務業發展。此外央行數位貨幣有利於累積金融大數據，也可進一步做為貨幣發放與金融發展的重要資訊。短期來看，數位貨幣涉及到金融業各類系統升級改造，以及商業推廣和場景應用，將會拉動金融科技的需求並產生新的商業模式；若從軟體開發的角度來看，受益最大的是資訊服務軟體供應商以及相關收單設備及加解密廠商；從商業營運的角度來看，對於商業服務業交易場景的營運業者也將會受益。

 三　行動支付等無接觸式服務在後疫情時代的潛在商機

　　2020 年 COVID-19（新冠肺炎）爆發以來，疫情迅速蔓延至全球各地，由亞洲至歐美非國家，確診人數直線上揚，甚至超出部分地區醫療院所能負荷。為圍堵疫情擴散、減少群聚接觸感染之風險，許多國家與大型城市因而採取積極展開防疫手段，啟動鎖國封城及禁足令等政策，呼籲民眾盡可能避免外出與旅行。影響所及，全球有高達 40 億人口被禁足不得外出，被迫居家工作或上課，人們因此產生了新的生活模式，也催生許多「無接觸」與「避群聚」的應用發展與商機。

　　這波疫情帶動了防疫消費的宅經濟，如線上購物、追劇、遊戲，以及美食外送等。而此種消費習性及非接觸式需求的改變，加上 5G、物聯網與智慧科技的推波助瀾，將在後疫情時代，繼續促進及衍生包括行動支付、數位貨幣等數位經濟下的無接觸式新商機與新產業，且潛力無窮。

　　因此，圖 8-5-2 的二維模型可用以解釋因應肺炎疫情所帶動的改變與契機。橫軸的左側代表的是人與人的接觸，右側代表的是無人的非接觸方式，如人與機器、系統或平台進行互動，以有效避免人與人的接觸；縱軸代表的分別是虛擬空間和實體空間。

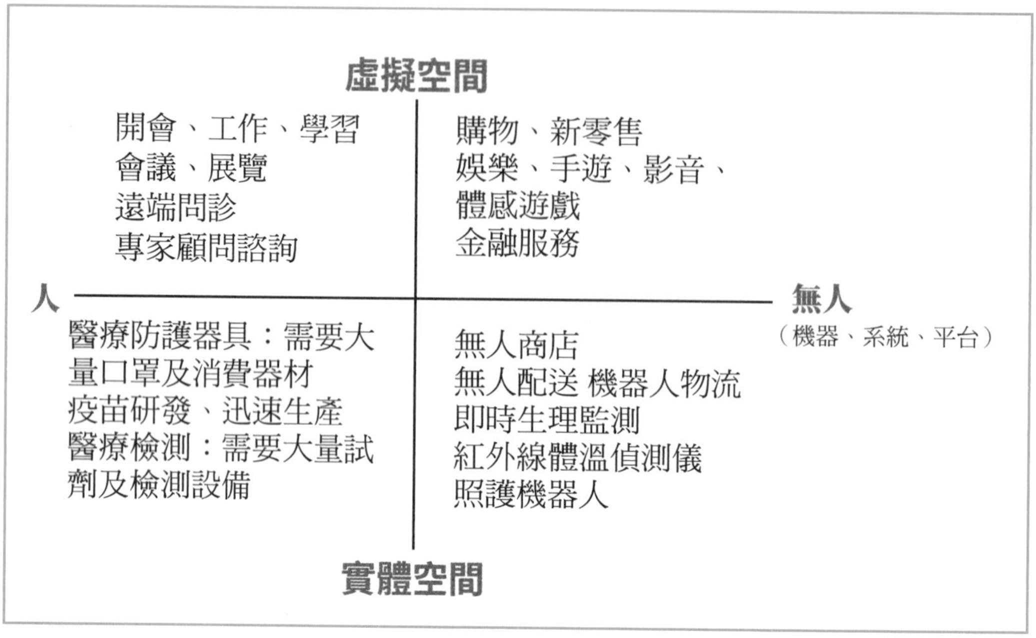

資料來源：MIC，2020 年 7 月。

圖 8-5-2　因應肺炎疫情所帶動的改變與契機

　　以象限的角度來看，第二象限是服務人們於虛擬空間中完成工作、學習和就醫等需要與他人互動之產品，例如遠端會議軟體，市占率較高的 Zoom 在短短三個月內用戶從 1,000 萬爆增逾兩億人即為一例，其在 2020 年 3 月 App Store 及 Google Play 在內的全球非遊戲下載量中，Zoom 僅次於抖音 TikTok 海外版和 WhatsApp 等應用程式，排名第三；而為了不影響學習進度，包括美國的可汗學院 Khan Academy、Coursera 和 DataCamp，中國大陸的「阿里釘釘」和「網易雲課堂」以及「均一教育平台」等教育平台，均推出付費或免費的線上學習方式，且註冊線上課程的新用戶數皆快速增長。

　　而右上角的第一象限代表的是，使人們能透過與機器、系統或平台互動，即可在虛擬空間中滿足其購物、娛樂及金融服務等需要的商機；例如，Google 運用擴增實境（Augmented Reality）技術讓家中變成虛擬動物園；「中國進出口商品交易會」（又稱廣州交易會，簡稱廣交會）開先例，在 2020 年 6 月中旬首次在網路上舉辦，提供全天候網上推介、供採購對接、商務洽談等服務。

　　右下角的第三象限意謂著在實體空間中，透過無人化的裝置或設備，滿足人

們生活及防疫需要的商機，包括無人商店、機器人物流、紅外線體溫偵測儀及照護機器人等。例如武漢在疫情時期出現一家無人的疫區超市，沒有收銀員，顧客挑選完物品，只需要自行用手機掃碼結帳，且收銀後也不會產生收據，以減少人與人之間的接觸；京東商城研發的物流機器人，則在專收肺炎患者的醫院協助派送醫療物資；也有防疫用體溫測量機器人，可取代人工或手持式的量測設備。

最後，第四象限的商機是在實體空間中，滿足人們防疫需要的醫療與檢測相關產品。

若依照時程發展，又可將上述所及之無接觸式服務商機，依短、中、長期分類如表 8-5-1。短期內即可看到因改變而迅速引發的商機是線上娛樂以及遠距辦公、學習的需求，因目前市面上已有立即可用之商品，故此類屬於短期商機。

而新零售、線上影音、遊戲和新型金融服務，因需要時間開發軟體應用與內容，並結合 5G、AR/VR、雲端運算及大數據等科技，以帶動多元情境、軟體及生態系在零售、遊戲、影音、音樂會／展覽及運動賽事等領域之應用，屬於中期商機。

最後則是需要配合物聯網、5G 和人工智慧等技術的導入，完成研發運送醫院藥品、提供老殘弱者照護以及從事管理物業等之機器人產品。因需要較長時間研發零組件及相關硬體，屬於 2~3 年後的長期商機。

表 8-5-1　疫情之後將衍生數位經濟新商機與新產業

進程	應用領域	說明	所需技術
短期	• 線上開會、辦公 • 線上教學 • 遠端問診 • 專家顧問諮詢 • 即時生理監測 • 紅外線體溫感測儀	• 線上辦公及視訊會議等軟體 • 線上即時／多人互動教室、高解析影像 • 在醫療雲端平台進行醫師線上問診 • 線上專業諮詢（如法律、技術） • 可隨時記錄生理數據的穿戴式裝置 • 迅速測量人群的體溫	5G、AR/VR

進程	應用領域	說明	所需技術
中期	• 電商零售 • 遊戲、線上影音等娛樂服務 • 金融服務	• 零售商品品項更加細分、小眾客製化，AR/VR 廣告 • 更多元化的手遊、體感遊戲，高解析影音（如動漫、戲劇），線上音樂會、電影發布 • 線上金融服務更加多元，同時將促進資安、身分識別等技術提升	5G、IoT+AR/VR、Big Data、AI
長期	• 無人配送 / 機器人物流 • 照護機器人	• 搭配感測器、自主規劃路線的機器人、智能取餐櫃 • 老人、幼童照護陪伴	5G、IoT、Big Data +AI

資料來源：MIC，2020 年 7 月。

第六節　總結與展望

過去兩年，全球產業先後經過美中貿易戰及 COVID-19 疫情衝擊，「去全球化」的分流策略更加被重視，除了供應鏈的分散布局以降低「產銷購」的集中性風險，人力運用也逐漸朝向分流規劃與演練，以因應突發的系統性風險。由於疫情在短期內並沒有結束的跡象，遠距辦公、上課勢必成為未來社會日常生活的一部分，為了提升產業應有的生產力及維持社會的活力，能保持「社交距離（Social Distancing）」的「低接觸式經濟」也將成為人們生活的新常態。因此，商業服務業面對行動支付、數位貨幣等無接觸式服務與數位經濟之興起，將面臨一些挑戰並建議應有以下因應做法。

 「資訊安全」是最基本與關鍵的落實環節

在肺炎疫情影響下，各國政府對於人員隔離與行動的限制，使得居家辦公和上課的人數遽增，遠距視訊會議和直播教學因此成為風潮，卻也潛藏各種資訊安全風險，如遭遇網路釣魚、宣稱提供疫情資訊或建議的惡意網站，以及勒索軟體

等攻擊。

根據一項對 400 多位 IT 及資安專家的調查發現，超過九成的受訪者表示近期安全威脅和網路攻擊數量均有所增加，也帶來諸多在資安上的新挑戰。例如，有心人士利用資安漏洞盜取個人帳密資料及私人會議連結，進行「Zoomboom」的惡作劇，意即透過螢幕共享向所有的與會者散布仇恨與種族歧視言論，或是播放限制級影片，甚至透過通話功能騷擾他人等，加上會議資料可能在電子密碼本（ECB）的加解密模式中留存完整內容於伺服器上，產生商業機密外洩的風險。美國和英國情報機構亦在五月初提出警告，疑似國家資助的駭客可能已鎖定國際藥廠、醫學研究機構或大學等單位，欲竊取肺炎的研究成果。

對此，建議企業及學校除了慎選視訊會議、雲端平台解決方案外，也必須加強員工的私人設備檢核、身分驗證與資料授權分級等，才能落實安全遠距科技應用的長遠發展。

 「數位落差」是遠距產業普及的最大挑戰

在無接觸式服務應用情境中，使用者必須擁有數位產品，如智慧手機、電腦及可連上網際網路的寬頻網路環境，這對許多中產階級以上的家庭是最基本不過的數位權利，但全球仍有不少弱勢族群因為「數位落差（Digital Divide）」無法享有遠距工作、學習或購物等資源，亟需政府、企業與慈善機構的協助。例如，美國 Comcast 推出一項「網路必需品計畫（Internet Essentials）」，藉由政府補貼低收入家庭 60 天免費上網，支持在家從事遠距學習等活動。

然而，即便民眾有了電腦與網路等數位工具，仍存在不少心理與技術層面的挑戰。以遠距學習為例，老師必須改變單向授課模式，重新學習新的「備課」技巧，如後製教學影片與操作直播軟體，甚至重新設計合適的教案、互動討論、線上測驗與分派功課等，對不熟稔數位工具的教師將是不小的挑戰。同樣的，學生也必須適應新型態的在家上課與考試方式，尤其國小中低年級生需要家長的從旁協助，才能按時順利接入線上課程，也考驗藍領家長對數位工具的操作能力。

另一方面，未來系統勢必要擴充更大的線上頻寬以及更多授權使用的線上教室，才能應付大規模停課下的直播教學需求。

三　人工智慧的管理與維護日趨重要

在疫情的驅動下，製造業與服務業為維持生產力，亦將加速導入無人化及自動化科技，例如無人載具、無人商店及智慧工廠，促使產業加速應用人工智慧進行產品智慧化、流程優化。然而，在人工智慧導入後，對於後續維護、管理議題也逐漸顯現出來，不論是對模型管理、上線後模型的效率及精準度表現，又或者是當有新資料後，對模型重新訓練時是否符合公平、沒偏見等規範問題。這都表示人工智慧在導入企業後，也必須對其決策流程、成果做出好的管理，否則看似帶來效益的人工智慧，也有可能在一夕之間變成破壞公司名聲或是流程的負資產。

四　中美分採攻守態度應對數位貨幣，政府與民眾的貨幣互動關係將改變

短期內，美國在數位貨幣的推展上採取守勢，避免在數位貨幣的戰場上落後，用以鞏固既有的美元優勢；而中國大陸則以攻勢為主，強化目前與亞洲各國的經貿關係、拉攏友好國家，試圖提升人民幣的國際地位，往兩位數的儲備貨幣交易比重前進。

長期而言，推行數位貨幣已是國際趨勢，未來政府與民眾在貨幣上的互動關係將產生改變。首先是政府的掌控權增加，在實施貨幣政策時，央行有管道能直接面對民眾，對貨幣的管控也能更即時與精確；再者，金流追蹤力增強，每一筆交易都被立即記錄且不得竄改，有效遏止洗錢、假帳等情事；其三，便利性提升，民眾無須持有實體現金，省去前往銀行、ATM 的時間，提高金融普惠性。

但仍須注意的是，數位貨幣所衍生的龐大資料庫勢必需要面對資訊安全與個人隱私的難題，政府能介入的範圍與可公開共享的領域都有待權衡。而即使政府加強了對央行數位貨幣的追蹤力，面對既有的加密貨幣黑市等匿名性地下交易，仍將難以杜絕。另外，數位貨幣的發展可能擠壓實體貨幣的使用場域，對於沒有行動裝置、難以進行身分驗證的民眾而言，數位化並不能帶來預期的便利性，因此「數位平權」是數位貨幣推行上值得關注的重要議題。

CHAPTER 09 ▶ 商業服務業之數位轉型

工研院產業科技國際策略發展所／張超群副所長

第一節 前言

　　商業服務業包含批發零售業、餐飲業、物流業等因應商業活動而衍生的多個業種業態，不僅可支援上游製造業、農業等的生產活動，並有鏈結下游消費市場、促進商品流通之能量，在我國經濟與就業方面扮演非常重要的角色。

　　近年來，隨著雲端服務、行動化、社群、數據分析與網路安全等數位科技的崛起、成熟和普及，全球正在進行一場前所未見的產業結構調整，所有產業皆不例外。這波數位科技浪潮引發產業創新動能並促使新興商業模式持續發展，但臺灣商業服務業以中小企業為主，長期創新動能不足，造成無法轉型升級與價值提升的窘境。COVID-19（新冠肺炎）疫情期間，在封城和維持社交距離的防疫要求下，消費者被迫接受無接觸式的消費模式，以網路平台取代實體店面、以物流取代店面取貨、以數位金融取代實體貨幣等，帶動在線經濟、宅經濟、非接觸式經濟等新經濟產業發展，而商業服務業中的智慧零售、智慧餐廳和智慧物流也趁機崛起。在此波數位浪潮下，我國商業服務業者應思考和規劃如何應用新興數位科技來提高營運流程效能、增加客戶體驗、強化市場定位等，以帶動企業的數位轉型。

第二節 商業服務業推動數位轉型現況

　　數位轉型是一個將數位科技整合應用到企業各個營運功能，從價值主張、營運流程、消費者體驗、數位文化到徹底轉型，並同步創新產品服務及商業模式的

過程。數位轉型更是結合物聯網、大數據、人工智慧等數位技術,使組織可以隨時獲得訊息,成為一個極為靈敏,以消費者的價值與體驗為核心,且不斷創新、持續轉型的組織。

數位轉型會帶動企業內部文化變革,並重塑內部流程和業務模式,以嶄新的方式與顧客打交道。使一個企業能搶在競爭者之前,預測出顧客的思維並即時做出回應,使企業能從互動中瞭解客戶需求,並透過這些互動獲得顧客價值,使得在面對顧客和競爭對手的能力上能變得更加敏捷。

以 5G、物聯網、雲端中心為導向的數位化基礎建設,正改變著產業與生活型態,並催生新興垂直應用服務和破壞式創新商業模式,也帶動產業數位轉型。數位轉型運用物聯網、人工智慧、機器人等新興科技,提升了產業生產力,但新的營運模式使產業界限日趨模糊,新競爭者帶動了持續創新投資之動能,進而提高了產業附加值價值和促進經濟成長。

美國和中國大陸新興科技業者,在網際網路的發展下積極擁抱數位科技,在 10 到 20 年的時間中建構出獨占或寡占的生態圈,形成贏者通吃的局面,並發展成全球市值前幾大的企業,如 Amazon、Google、Facebook、百度、阿里巴巴、騰訊等;而新創公司如 Uber、滴滴出行、Airbnb 等,則利用不到 10 年的運作已布局全球,分別顛覆了傳統運輸與旅遊住宿市場,成為全球最大的運輸業者與飯店業者。反觀我國商業服務業者,因為多為中小型企業,運用數位科技的能力不足,在此波數位科技浪潮下載沉載浮,而部分國內商業服務業的領導業者,如全家便利商店、新竹物流等,均已積極擁抱數位科技,啟動數位轉型來提升企業的競爭力與韌性。

以下將針對經濟部商業司主管的商業服務業,包括:批發零售、餐飲與物流等相關產業,推動數位轉型的現況進行說明。

 智慧零售

2019 年全球零售市場規模超過 25 兆美元、我國零售業的營業額則超過新臺幣 3 兆 8,523 億元,零售規模的快速攀升,有極大比例受益於零售科技加值、創新應用導入及零售服務轉型。未來零售業會持續成長,預估 2023 年全球市場規

模將突破 29.7 兆美元，而受益於零售科技加值，其中又以智慧零售之電商成長最為快速，預估其產值占比將從 2019 年的 14.1% 成長到 2023 年的 22%。

「智慧零售」是以消費者體驗為核心的資料驅動零售模式，運用物聯網、大數據、人工智慧、數位支付及體驗科技等技術，配合商業智慧分析建構「個人化」、「客製化」全新消費服務模式，也就是一個以消費者為核心，受數據所驅動，並以科技為媒介的營運模式。這包含了採購模式、供應鏈管理、服務運營、以及行銷與銷售等業務功能，全面性的串聯可提供消費者更高的價值以及更好的體驗。隨著數位經濟發展，消費型態改變加速零售業版塊的移轉，零售業者為了維持市場競爭力，運用科技加值加速零售服務轉型升級，打造集銷售、體驗、服務為一體的新零售樣貌，成為企業首要任務。

在智慧零售時代，品牌企業不僅要提升「吸睛程度」，更要掌握即時、便利及精準三大要素，除了使用大數據預測行銷趨勢、分析消費者行為和判斷庫存量，以獲取精準受眾和增加企業營收，達成高效率優化企業營運目標之外，更要以互動行銷裝置吸引消費者駐足商品區、透過無線射頻識別系統（RFID）感應記錄消費者拿取各商品的比率、電子標籤即時更新商品及行銷資訊，以及以 RFID 感應加速結帳流程，達成導入智慧設備提升消費者體驗，實現「智慧新零售」。消費者再也不是被動的購物者，而是主動投入每一個環節的參與者：從一開始的商品搜尋到購買，消費者便能從虛實整合的購物環境中體驗娛樂、分享情感以及參與消費，採購完商品後，則可以透過各種平台自由發表購物體驗與商品滿意度等訊息。

2019 年被視為科技零售元年，在這個時間點各種「新零售」、「超零售」、「科技零售」、「無人零售」等新名詞不斷推陳出新，共同反映了全球零售服務業正面臨數位轉型的急迫性與必要性，期望透過新科技帶動新商業模式，獲取新商機。

智慧零售商店以消費者為核心概念，因應實體場域的不同而投入不同的應用技術，該技術大致可分成顯示器應用技術（如迎賓機器人、智慧看板、數位海報、電子標籤、互動式廣告牆、透明顯示螢幕冰箱、POS 結帳機台、KIOSK 多媒體服務機等）、影像辨識應用技術（如人臉辨識系統、智慧貨架影像辨識盤點系統、人流 / 熱區影像辨識、自助結帳系統等）、雲端儲存與大數據分析等，其他應用技術還包含如行動支付、RFID、近距離無線通訊（NFC）、機器人、擴

增實境 / 虛擬實境（AR/VR）虛擬體驗、人工智慧（AI）語音服務與智慧客服等。這些智慧零售商店相關應用解決方案的提出，除了強化既有的服務外，主要還期望提供更完整的消費者體驗，藉由不同智慧科技導入的平台與載具，蒐集已發生的消費行為數據，以及蒐集購買行為發生前的動機與目的，或是不消費的原因等資訊，再透過大數據分析讓每一次的消費行為轉變成下一次的購買依據，有利於企業針對不同目標訂定營運決策或行銷方式，提升店家業績。

我國擁有發展零售服務應用的消費人口特性、超商密集度居世界第二、智慧硬體產業技術成熟等優勢。國內高科技業者可連結擁有應用場域的零售服務業者，進行場域測試，以建構具有彈性製造、組裝並驗證智慧零售科技的解決方案，形塑我國智慧零售科技服務產業鏈，一方面能滿足我國零售服務業轉型需求，另一方面可將國內本土智慧零售科技服務解決方案或新創，輸出到亞太其他國家與市場。

 二　智慧餐廳

餐飲業屬於勞力密集產業，從顧客入店的那一刻起，從帶位、點餐、做菜、上菜、結帳和背後的倉儲管理與清潔，都靠專屬人力提供服務，其中還有不少人力需要專業證照，因此餐飲業者主要經營成本就是人力成本，一般餐飲業者將人事成本控制在 30% 以下，若能有效降低，則可以提高獲利水準。此外，對於高齡和少子化的國家，如何聘僱合格的從業人員，一直是餐飲業者亟思解決的重要課題。

隨著數位科技的發展，全球餐飲業掀起科技風潮，餐廳藉由網際網路、人工智慧、物聯網、服務型機器人等軟硬體與整合平台，串連大數據分析等相關應用技術，檢視餐廳服務流程找出欲解決的經營痛點，從而進行整體營運流程再造，或運用服務型機器人將人力資源重新配置，透過數位轉型打造智慧餐廳。

通常發展智慧餐廳會先透過大數據分析掌握消費者的需求，運用科技強化消費者體驗與提高服務品質。對餐廳經營者而言，為達到成本降低與營收增加等營運目標，可能會面臨店面租金 / 售價的上漲壓力、人力短缺與薪資上調困境、翻桌率與回客率無法提高、競爭激烈須有新穎的行銷方式等問題。而在消費者方

面，則是希望能在用餐過程中提升自己的消費體驗，這一方面可透過縮短用餐的等位時間，給消費者感受良好的服務品質與用餐環境等方式來完成。

智慧餐廳所有智慧科技的應用皆是希望能為消費者帶來更好的服務與感受，無論是更快的點菜及上菜速度與穩定的用餐品質，或是新奇的互動體驗與優良的用餐環境等。智慧餐廳著重每位消費者用餐流程的整體體驗，如一進到店內，門旁的臉部辨識系統就會辨別出消費者身分，顯示出個人化的互動式廣告牆或數位看板內容。不需要排隊站在點餐櫃檯前面，顧及旁人眼光或後方客人的催促，改由服務機器人或是物聯網終端設備進行點餐，並推薦餐廳熱門的餐點組合。廚房的運作流程中，廚房員工從整合系統平台上接單，系統自動排序製作順序與內容，交給烹飪機器人備料與烹調，或是廚師與機器人協同料理餐點，待製作完成後，交由智慧取餐櫃或送餐輸送帶與機器人送至前台消費者。除此之外，在等位和用餐期間，餐廳內提供其他如 AR/VR、APP 互動遊戲、互動看板與廣告牆，以及服務機器人等互動體驗科技，提升消費體驗，模糊對於等候入座和餐點製作等待時間的感受。

COVID-19 疫情期間，在封城和維持社交距離的防疫要求下，許多餐廳僅提供外賣，而消費者也透過各種外送平台訂餐和取餐，導致外送平台業務呈現井噴式成長。外送平台的興起受惠於全球共享經濟的持續延燒，以及標榜受僱者的自主權與工作時間彈性分配的零工經濟熱潮，加速 O2O（Online to Offline）商業模式，同時，也吸引新世代或想賺額外收入的求職人口，為外送平台的運作模式注入大量的人力供給，更促使外送平台的蓬勃發展。外送平台的科技應用分成前端、後端與整體平台營運模型等三個方面，以平台為核心運用 AI、大數據、行動 APP 等科技應用強化餐廳、消費者與配送員之間的連結。

此外，目前提供外送或外帶的餐廳，其規劃並不是最符合外送的商業模式，隨著外送平台的發展，專門製作外送餐飲的「幽靈廚房」或「雲端廚房」在外送平台上崛起。「幽靈廚房」的概念是將廚房從餐廳中抽離出來，提供「廚房即是服務（Kitchen as a Service）」，讓不同品牌的餐廳進駐共享的廚房空間，幫助餐飲業者節省營運成本，並建立自己的「虛擬餐廳」。消費者可透過外送平台訂購餐點，店家直接從「幽靈廚房」出餐並完成配送服務。未來，消費者可透過一張外送訂單，就能吃到不同餐飲品牌的菜單組合，更符合消費者的消費需求。

隨著各國政府逐漸解封，企業面對新常態（new normal）的社會經濟體系，

非接觸式經濟引導消費者行為模式的調整與轉變，對餐飲業者而言，持續強化非接觸式的線上銷售管道，以掌握餐點外送、冷凍熟食宅配的龐大商機，專注整合實體店面與線上銷售，也成為未來常態性的商業模式。而導入數位工具，如運用社群媒體行銷、電子商務銷售等，為長期發展的關鍵營運策略。

隨著智慧科技的進步，餐飲業者開始透過數位轉型，重新打造經營與銷售策略，形塑精緻化服務與流程，取代既有的人力與模式，讓消費者從入店後直到結帳離開，從中體驗不同階段的智慧化服務，以情境體驗為尊的作為，將是未來的主要策略。

智慧餐廳透過這些智慧科技與消費者的新奇互動與終端設備，蒐集更多方的數據管道，例如消費者的消費習慣、菜單瀏覽紀錄、參與過的互動紀錄、消費金額與支付方式，或是餐廳主要客群分布、熱門餐點統計、尖峰週期與資源使用情形等，再結合大數據分析轉換成有效的經營資訊，提供餐廳擬定建議策略與精準行銷的方向，以獲得更好的營運效益。

智慧餐廳模式還處於新鮮期，受眾大多為年輕、追求炫酷的消費者，獵奇心理會讓智慧餐廳短時間內受到歡迎。但從長期發展看，若無法讓消費者感受到人情味，販賣的產品也無法做到差異化，智慧餐廳對消費者的吸引力會逐漸減弱。事實上，帶給消費者更好的美食、更貼心的服務，始終是餐飲業生存發展的根本。從這個意義上說，智慧餐廳和普通餐廳沒有什麼不同。

綜觀智慧餐廳的未來發展趨勢，業者利用數據分析與應用科技重建其行銷策略，打造新的商業模式，達成降低成本與增加營收的永續經營，可做為未來欲加入餐廳相關市場的業者範例，以及零售場域中新典範轉移的借鏡。

三　智慧物流

近年來，我國電子商務興起，倉儲貨物品項高達上萬，銷售型態多樣（B2B、B2C、C2C），且出貨需求愈發急迫（最快 2 小時），導致業者的訂單履行作業負荷大增。物流倉儲服務為其中一項關鍵環節，尤以倉儲揀貨理貨作業耗費人力和時間最多，約占 50~70% 人力、30~40% 時間和 65% 成本，且出錯率最高、效率最差。我國物流倉儲業者多為中小企業，缺乏引入數位科技的資金與

知識，少子化及高齡化將使傳統作業人力招募日趨困難，對於傳統倉儲業者的作業品質與生存空間將更為不利。此外，我國倉儲空間有限，難以因應成長快速的電商訂單，常發生貨物錯誤置放而影響出貨時間，亦造成大量人力負荷。

一般而言，影響物流倉儲效率的因素多，難以僅靠人力解決。國際大型物流服務體系應用智慧解決方案已成趨勢，例如 Amazon、菜鳥、京東、DHL 等紛紛從倉儲「智動化」揀貨理貨著手，期能加速滿足新零售的服務需求，達成正確配貨、省人省力揀貨、快速出貨送貨，並做為決勝關鍵。國內物流倉儲業者卻仍多停留在大量人工作業，缺乏技術實證環境。我國產業的商業服務體系，若要提高競爭力，物流倉儲相關活動勢必走向數位化與自動化的「高效能智慧化倉儲系統」。若國內無整合性因應方案，未來僅能使用外來方案，不僅難以發揮特有的競爭優勢，同時亦會缺乏創造整廠方案輸出機會。

數位科技的進展使倉儲業的手動處理流程和跟踪操作，被機器人、物聯網、大數據和人工智慧等自動化和數位科技系統所取代，而消費者要求倉儲業者更高的透明度、更好的責任感和更快的吞吐量處理，更迫使倉儲業者加速數位化轉型。因此，若可克服臺灣在地化挑戰（複雜倉儲），兼顧固定與動態訂單，研發具成本優勢之創新倉儲科技服務解決方案提升顧客滿意度，挑戰國際標竿服務水準之訂單履行服務，將從以商品價值為中心，轉變為訂單履行服務價值導向的新藍海。

倉儲的數位化轉型對當今的物流業者產生了重大影響。每個具有重複動作的流程和活動都可以完全自動化，即使那些無法完全自動化的流程和活動，也可以利用倉儲的數位化轉型來改善端到端的透明度並從中受益。

國內已有多家業者投入「高效能智動智慧化倉儲系統」的開發，該系統結合物聯網、人工智慧、大數據分析等技術，發展可支援新零售高效服務的智慧倉儲，運用貨物配置邏輯、智慧機器人技術、AI 深度學習技術、人機協同與路徑規劃演算法、空間感測定位技術、揀貨自走車及貨架裝置等，整合成包括自動化倉庫系統、自動化搬運與輸送系統、自動化撿選與分撿系統、電控系統與資訊管理系統的「高效能智慧化倉儲系統」。

第三節　商業服務業數位轉型國內外案例

數位科技的快速進展，加上消費行為的改變，帶動許多既有業者進行數位轉型，以因應新進業者的競爭，同時滿足多變的消費者需求。以下介紹智慧零售、智慧餐廳和智慧物流的知名國內外案例，提供有興趣的業者參考。

 智慧零售

智慧零售是重新定義消費者體驗、商業模式及營運流程，尋找新的高效率運營方式，除了創造營收之外，更能帶來品牌的長遠價值，以下列舉國內外經典案例。

（一）沃爾瑪（Walmart）

沃爾瑪是全球最大的實體零售業者，但近年來面臨亞馬遜等電商業者的挑戰，因此於 2018 年 7 月 7 日宣布與 Microsoft 策略聯盟進行數位轉型，雙方的合作將聚焦在利用人工智慧和其他科技工具，協助管理成本、擴張業務版圖和加速創新腳步。透過加快購物速度來提升來店顧客的便利性，並協助員工改善作業和爭取零售夥伴的更多授權。

在 2018 會計年度，沃爾瑪共花費了 117 億美元用於技術投資，使其成為僅次於亞馬遜和 Google 母公司 Alphabet 的全球第三大 IT 支出者。沃爾瑪將自己定位為使用新技術的領導者，致力於優化營運效率和提升消費者購物體驗，利用實體商店加速 O2O 虛實整合。該公司首席執行長 Doug McMillan 宣稱，沃爾瑪正在從傳統的零售公司轉變為科技和創新公司。

沃爾瑪推動數位轉型的重點包括通過業務合作夥伴以及供應鏈、商店運營、店內商品和顧客體驗的快速迭代來完成。該公司已經在其業務流程的各個面向部署了轉換策略，例如貨架庫存、供應鏈管理、交付、線上商店等，並優化了整體顧客體驗。

沃爾瑪在智慧零售方面的主要投入在 AI 機器人應用布局的全面展開，主要包括：

1. 運用 Bossa Nova 自動貨架掃描機器人系統，該機器人運用相機、RGB 圖

像和點雲圖,可以在 90 秒內掃描完一組貨架。其主要功能是判斷貨架存貨量以更新庫存,同時提醒員工補貨;並可識別丟失和錯放的商品、標錯的價格和標籤,回傳給員工來調整。除使貨品得以及時補充而不會缺貨,也可確認貨架上產品的數量和標價是否正確,以避免錯誤和浪費。此外,機器人將會在感應到人類後隨即停下,並退後讓出空間給人類,尚未掃描的貨架將會被記錄下來,隨後再重複造訪。該機器人系統可提高上架效率 50%,目前已經在美國 350 家以上的店面部署此一系統。

2. 沃爾瑪與服務型機器人公司 Five Elements Robotics 合作開發自動購物用機器人車 Budgee,該機器人車可以自動跟隨,協助消費者在最短時間內找到自己購物清單的商品,並推薦限時特價搶購商品,提供消費者購物的新體驗。

3. 沃爾瑪為改善消費者購物體驗,提出以無人機為消費者找尋貨物的概念。沃爾瑪提供平板電腦或手機給來店購物的消費者選擇商品,消費者選定後,店內的無人機利用所配備的攝影鏡頭、傳感器、加速器、陀螺儀等裝置,結合 3D 地圖技術,使無人機根據規劃路線,自動飛往賣場貨倉提取所需貨品後交至消費者手上。如消費者選擇請求導航協助,中央控制系統則會控制無人機,為消費者帶路到所找尋商品的貨架前。

4. 沃爾瑪的智慧零售實驗室(Intelligent Retail Lab)使用感測器、攝影機、雷達和處理器來取得資料,透過 AI 技術來預測存貨和掌握各種貨物迴轉率,並使店員可以即時補貨,以提高客戶的購物體驗。

(二) 亞馬遜(Amazon)

亞馬遜是全球最大的電商平台,但近年來在線下的動作頻繁,除以 137 億美元大手筆併購全美最大天然有機食品連鎖零售商全食超市(Whole Food Market)外,也率先開設實體書店、小型無人商店 Amazon Go 和採用無人收銀技術的大型超市 Amazon Go Grocery 等實體店面,以進行線上線下平台、通路的整合。

亞馬遜在 2018 年 1 月於西雅圖亞馬遜總部附近開設亞馬遜無人便利店 Amazon Go,標榜「商品拿了就走」的免結帳快速消費體驗,掀起無人零售的新型態,也在全球掀起一股無人商店的風潮,包括中國、日本、韓國與臺灣等連鎖業者皆相繼投入。亞馬遜在 2020 年 1 月又在西雅圖開設了「Plus 版無人超市」

Amazon Go Grocery。

Amazon Go 和 Amazon Go Grocery 無人商店採用許多新技術，做為支撐其營運的關鍵，主要包括：以相機、麥克風、感測器融合、圖像分析，確認顧客身分並蒐集分析用戶購買行為；以大數據分析用戶偏好再據以調整庫存；以拿了就走（Just Walk Out）技術自動追蹤商品位置。

透過上述技術的應用，Amazon Go 無人商店具有下列特色：

1. 手機成為消費者進店消費的唯一憑證：消費者只要具備 Amazon 帳號、下載 Amazon Go APP，以手機 QRcode 刷進閘門即可開始消費。

2. 商品拿了就走，免排隊結帳的創新商業模式：利用深度感測相機陣列等多種環境感測器融合（Sensor Fusion），打造出一套結合電腦視覺的影像辨識系統，能自動偵測商品、分析消費者動作，以及追蹤在店內移動的路徑，自動檢測、判斷消費者何時從貨架上取走何種產品或將產品退回貨架，並在虛擬購物車中對其進行追蹤，最後根據消費者在離店時所攜帶的產品品項和數量自動計費，再從該帳戶事先綁定的信用卡扣款，但為避免結帳出錯，對於進店人數也採取流量管制。

3. 消費者離店後自動收到帳目明細：消費者拿著商品離開後，經過 5 到 10 分鐘，手機上就會收到帳單通知，消費者從手機上可查看商品購物明細以及到店停留時間，若是帳單上記載品項與實際購買的商品不符，直接從手機上的帳目明細，就可將商品移除，即時完成退款。

（三）盒馬鮮生

盒馬鮮生創立於 2015 年，首家店面於 2016 年 1 月在上海金橋國際商業廣場開幕，截至 2020 年 7 月，在中國 21 個城市計有 217 家門市。盒馬鮮生是阿里巴巴旗下販賣生鮮食品的子公司，有網路和實體店，打出「新零售」旗號，運用大數據、人工智慧等先進技術手段，對商品的生產、流通與銷售過程進行升級改造，是以資料和技術驅動的新零售平台。

盒馬鮮生是阿里巴巴對線下超市完全重構的新零售業態，是於超市實體店提供新鮮食品，是餐飲店且提供店內即煮即食的服務，也是菜市場—消費者可到店購買，也可以在移動端下單，並提供線上下單後，門店附近 3 公里範圍內 30 分鐘送達的高效「外賣」服務。盒馬鮮生被定位為一家「生鮮食品超市＋餐飲＋電

商＋物流配送」的多業態集合體，實踐了阿里巴巴提出的「新零售」模式，配合科技及數據，提升消費者線上線下的購物體驗。

盒馬鮮生希望為消費者打造社區化的一站式新零售體驗中心，用科技和人情味帶給人們「鮮美生活」，並具有下列特色：

1. 門店的定位為傳統賣場、社區超市和餐廳的混合體，圍繞吃這個場景定位，改變傳統零售以商品為中心的經營模式，走向以場景為中心的商品組織模式。

2. 在商品結構方面，改變了傳統超市、賣場的品類組合原則，盒馬鮮生追求的不是為消費者提供簡單商品，而是提供一種生活方式的經營理念。把更多以往家庭完成的事情放到店裡完成，為消費者提供的是可以直接食用的成品、半成品。因此，改變了傳統超市的商品結構。

3. 盒馬鮮生改走 mini 店的輕資產模式。盒馬鮮生初期展店模式最大的弱點是規模和投資很大，對門店的要求很高，找店面很難，加上投資成本限制，發展速度快不起來，因此推出盒馬 mini 小店模式，投資僅需既有店面的十分之一，對店面的要求不高，能夠輕鬆進入郊區、城鎮，且具備了盒馬鮮生一樣的品類豐富性，盒馬 mini 的單店品類超過 3,000 種商品，生鮮商品超過三分之一。生鮮具有單價低、對冷鏈物流的服務要求高、損耗大的特點，決定了盒馬 mini 輕模式在生鮮銷售中的優勢。

盒馬鮮生追求的是為消費者提供便利、品質生活方式，將會使超市的許多品類發生重構，品類管理的模式改變成強大的複合功能，特別是突出的包括餐飲功能、物流功能、粉絲運營功能，必將會衝擊目前零售商店單一的買賣功能。盒馬鮮生的商業模式放棄客單價理論，意味著零售店的業績主要依靠提升來客數。它所表現的是零售店由以自我為中心的經營理念，轉向以消費者為中心的經營理念，是一種重大的經營理念變革，並體現互聯網環境下零售商業模式生態化重構的方向。

(四) 全家「科技概念店」

我國便利商店密集度高，店內不僅販售一般日常生活常用商品與食品外，還提供範疇包羅萬象的多元服務項目，以滿足消費者即時所需。但臺灣社會面臨少子高齡化，勞動力日漸缺乏，帶動零售業者運用科技以解決零售業勞動力不足的問題。此外，這波 COVID-19 疫情也對零售業造成衝擊，引發數位轉型和強化產

業韌性的需求。

近年來，國內四大便利商店為因應服務種類愈來愈多，店內工作項目愈趨繁雜，紛紛在智慧科技商店投入技術應用布局，結合 AIoT 技術、雲端儲存與大數據分析等應用技術推出智慧科技商店來接受挑戰，包括 7-11 便利商店「X-store」、全家便利商店的科技概念店、OK 便利商店的「OK mini」智慧迷你超商與萊爾富導入的智慧科技商店，以下介紹全家便利商店的科技概念店。

全家便利商店於 2018 年 3 月在台北推出「科技概念店」，店裡導入的 17 項智慧相關應用技術，著重優化店員工作流程與強化消費者體驗，採取的技術包含數位海報、玻璃帷幕電子牆、影 / 光傳送技術、人臉辨識（微笑與否）、互動投影、咖啡助理（機器手臂）、Robo 機器人、數位戳章、IoT 設備監控系統、智慧 EC 驗收、互動貨架、VR 虛擬商店（二樓商店）、電子標籤、透明顯示器、建議訂購系統、物流到店通知等。全家「科技概念店」的特色如下：

1. 在優化店員工作流程方面，重塑店員日常工作流程，將耗時最多的例行工作予以自動化或智慧化，以目前店員日常工作中時間占比最高的例子來說，概念店導入智慧 EC 驗收系統來盤點電子商務相關交易的大量貨品，透過 RFID 標籤直接掃描點貨，縮短收 / 驗貨流程。導入電子標籤、數位海報及玻璃帷幕電子牆等智慧科技應用技術，減少貨架商品的標籤抽換與店內資訊活動布置的時間；導入 IoT 設備監控系統，可確認店內機器設備的運作狀況，進行預警式提醒或自動派修通知，減輕了店員業務負擔。上述智慧相關應用技術，簡化了店員工作內容與流程，讓店員能有更多時間來思考與提供更好的消費者服務。

2. 在強化消費者體驗方面，著重互動與虛擬體驗。當消費者進入店面消費時，透過數位海報、玻璃帷幕電子牆、影 / 光傳送技術、透明顯示器、Robo 機器人、數位戳章與互動貨架等應用技術，觀看當期促銷活動與商品資訊，甚至可以透過與其互動的方式拿到專屬優惠，提升消費過程的有感度。另一方面，概念店與無實體店面的電商品牌（如 Life 8 等）合作，利用 VR 虛擬商店與電子貨架等應用技術提供線下體驗 / 線上消費的販售模式，讓消費者可在店內拿取樣品用 NFC 感應或掃描虛擬商店中的 QR code，以獲得進一步的商品詳細資訊，並可選擇即刻下單，進一步整合線上線下的零售通路，突破店面空間限制。

3. 在大數據應用方面，全家便利商店蒐集了二種不同面向的數據進行大數據分析，一種是店內營運流程的各種監測指標，如氣候、商品銷售狀況與庫存量

等；另一種是消費者的消費紀錄、來店次數等資訊，挑選可參考之有效數據後進行交叉分析，即可提供合適的進貨建議，包含建議訂購何種商品、多少數量，或是促銷活動重點等，讓店長能快速做出精準決策。另一方面，在數據分析後，也能針對消費者提供客製化服務，包括推薦合適的商品或是偏好的優惠活動，達到精準行銷。

全家便利商店長期以來積極投入數位創新布局，2020 年規劃投資 35 億元於科技零售，包括智慧咖啡機、自助結帳系統、KIOSK 等。此外，也和工業技術研究院合作透過數據科技發展智慧零售，除運用 AI 人工智慧、大數據及 AIoT 技術提升零售服務品質、簡化店員勞務，更希望能共同發展出一套適合臺灣的智慧商店解決方案。但全家投入發展的智慧商店並非無人商店，而是降低人力的使用與負擔，使一個員工可以管理多家店，進而降低營運成本，以便在偏鄉或小型社區成立簡易店，讓便利商店的普及率更高，並滿足相關消費者的購物需求。

 智慧餐廳

餐飲業的「四高一低」，即高房租成本、高人工成本、高食材成本、高水電成本和低利潤，是全球餐飲業智慧風潮——智慧餐廳興起的直接推手。智慧餐廳藉由人工智慧、物聯網、智慧機器人等軟硬體與整合平台，串連大數據分析等相關應用技術，以下列舉國內外經典案例進行說明。

（一）五芳齋

中國百年老字號餐廳「五芳齋」於 2018 年 1 月 25 日與阿里巴巴集團旗下的本地生活服務平台口碑公司，合作在杭州開設第一家無人門市，將老店轉型成為一家 24 小時無人智慧餐廳，導入自助點餐平台系統、智慧取餐櫃與無人販售機等相關科技，從排隊、點餐、下單到取餐的整個過程全部依靠消費者獨立完成，以解決餐廳在尖峰用餐時段的排隊人潮問題，並且希望提高門市的點餐效率與翻桌率。導入此應用服務後，消費者可自助完成所有用餐流程，成為一家完全用數位技術驅動的新零售餐廳，餐廳因而精簡前台服務所需的人力，但整體工作效率卻提高了三倍。

1. 自助點餐系統：消費者用支付寶或者手機掃描 QR code 進入口碑 APP 點餐系統，或利用店內自助點餐機進行點餐可選擇線上預訂到店取餐、店內用餐或外帶等不同服務。此外，點餐過程中，系統會根據消費者過往用餐與消費紀錄，對菜單自動排序，推薦消費者可能喜好的品項與優惠組合套餐，增加消費者點餐意願與提升點餐速度，點完餐後用手機就能直接買單。

2. 智慧取餐櫃：餐廳內用區設置有 40 個智慧取餐櫃，取代了原先的人工送餐方式。餐廳完成備餐把食物放進智慧取餐櫃後，系統就會透過手機自動推送取餐簡訊。消費者根據簡訊上的密碼，按下手機就可開啟相對應的智慧取餐櫃拿取餐點。

3. AR 互動體驗：等餐期間，消費者還可以在店內用 AR 掃碼五芳齋「粽寶」標誌的圖案，玩砸金蛋等互動遊戲獲得餐廳優惠卷。消費者透過 AR 互動體驗還可增進對餐廳品牌、餐廳活動訊息的了解。

4. 無人販售機：提供 24 小時且免排隊的外帶服務，消費者可以隨時使用無人販售機，用支付寶掃二維碼開門，取走裡面的粽子、糕點等食品。取出要吃的東西以後，關上櫃門後系統將自動結算扣款，不需要任何額外操作。

5. 線上預訂：如果要上門自取餐點，可以先通過手機上的口碑 APP，進入門店頁面在線上預訂，再來到門店就能直接打包帶走預訂的餐點。

（二）Easta

美國藜麥沙拉（quinoa bowls）連鎖「無人餐廳」Eatsa 在 2015 年於美國舊金山開設了首家門店，並在 2016 年年底擴張到了 7 家。Eatsa 的消費者用 iPad 或是 APP 自助點餐，並在自助櫥櫃前取走餐品，消費者的消費全程無須和店員互動。Eatsa 無人餐廳從消費者進入餐廳起，就利用不同的數位技術來提高顧客體驗，摘要如下：

1. 智慧點餐系統：消費者進入餐廳後，先到點餐區的白色類似 iPad 的智慧點餐機，通過刷卡系統讀取持卡人身分後，即可開始點餐。消費者所選擇的飲食偏好，都將被記錄，日後再點餐時，將會自動顯示並推薦，以提高點餐效率。另外，消費者也能利用 APP 遠距點餐。Eatsa 提供全素食健康套餐、飲料等供應選擇，確定訂單後，刷信用卡完成結帳。

2. 智慧取餐櫃：消費者點餐後移動至取餐區，將會看到個人的姓名出現在

長方體空櫃上方的電子螢幕上，大約等 90 秒後，個人名字的底色將變為綠色，右側顯示對應空櫃的編號，走到相應取餐櫃前，櫃上的透明電子螢幕就會顯示姓名、所點餐食的營養數額、卡路里等訊息，輕觸打開，取出食物，完成餐廳基本的全流程到此即完成。

Eatsa 經過近二年的營運後，2017 年 11 月於官網公告，準備關閉在紐約、華盛頓哥倫比亞特區、加州伯克利的 5 家餐廳，留下 2 家位於舊金山本部的門店繼續運營。

Eatsa 的消費者從點餐到取餐都不需要店員參與，但是同樣地，消費者也無法向店員反饋菜色品質，導致 Eatsa 的許多經營決策不受消費者青睞，而關閉大多數門店，並逐漸向技術提供者轉型。當資本和創業家積極推行無人的智慧餐廳，沉浸在效率提升、消費者體驗更好的理想時，使員工顯得有些多餘而淪為替代品。但無人的消費技術並不能完全取代傳統門店，美國無人餐廳代表 Eatsa 關掉大部分門店或許能說明這些問題。

（三）海底撈

海底撈的第一家智慧店在 2018 年 10 月 28 日於中國北京中駿世界城開始試營運，面積超過 1,600 平方公尺，共有 93 張餐桌、2 個包廂，整個門市更注重的是智慧化體驗。

這家籌備了 3 年的高科技餐廳，從等位點餐、到廚房配菜、調製鍋底和送菜，融入了一系列「新科技」。海底撈與松下、用友、科大訊飛和阿里雲合作研發智慧餐廳，掌控這家智慧餐廳自動化工作的，是海底撈自主研發的智慧後廚系統（Intelligent Kitchen Management System, IKMS）。海底撈智慧餐廳從消費者進入餐廳起，就利用不同的數位技術來提高顧客體驗：

1. 互動式候位體驗：店內排隊候位區可以容納 80 人，候位區採用電影放映的投影布幕，螢幕中間是海底撈研發團隊自主研發的遊戲「吃貨大作戰」，使用者透過海底撈 APP 就能和其他等位的消費者一起玩遊戲；而螢幕的右下角會即時顯示叫號號碼，以及部分餐廳後場的工作狀態，消費者可掌握即時順位號碼與觀看廚房工作動態。

2. 線上點餐平台與智慧菜單：消費者透過 iPad 下單點餐，系統會把訂單發送給中樞控制系統。

3. 千人千味自動打鍋機：鍋底部分會由海底撈與北京和比利時智慧技術有限公司聯合研發的自動打鍋機進行準備，自動打鍋機除可配置標準的鍋底，還可以提供高級會員客製鍋底。在客製鍋底時，需要經過培訓的店員將這些需求轉化為成分配方後輸入自動打鍋機。

4. 自動配菜機器人與 RFID 食材監管系統：廚房配菜區配備有 9 組 19 個機械手臂，接收餐點資訊後由機械手臂從貨架拿取食材放置在餐盤上自動配菜，再經由自動傳輸帶送到傳菜窗口，待服務員拆去保鮮包裝後，由送餐機器人送出。每一個餐盤皆植入晶片，可透過 RFID 進行食材監管、備餐進度與查看運送流程。配菜時間可以從過去的 10 分鐘縮短至兩分鐘以內。

5. 機器人送餐：店內共有 8 台送餐機器人，具備無軌定位導航、自動安全避障、多機協同工作與智慧語音等功能，配餐員將菜品放在機器人的餐盤上後輸入桌號，機器人會透過餐廳頂部的感應器依路線行駛，將餐盤依據點餐記錄送至相對應的桌旁或將餐盤回收至後台。到達目的餐桌時，機器人不會用語音提醒取餐，需要用餐者自己留意，如果不取完菜品，機器人會停著不走。店中的送餐機器人、機械手臂和整個中樞控制系統，是由海底撈與松下合資成立的公司提供。

6. 環繞式大型投影技術提供沉浸式用餐體驗：用餐區內裝置了 72 台高畫質投影機，並在四周布置大型投影布幕，每隔 15 分鐘隨機切換 8 種不同主題的 360 度立體場景或客製化投影內容，讓消費者感受獨特的沉浸式消費體驗。

7. 食品安全監控：廚房裡還設立了監測大螢幕，使廚房運行、生產、庫存和保存期限等整體監控一目瞭然，大幅降低人為造成的食品安全風險。

8. 智慧後廚系統：自主研發的中樞系統，整合前台與後台的管理系統，能即時監控廚房運轉與前台服務現況，同時也透過各環節的數據上傳雲端分析，提供餐廳經營方針與建議。

在具體消費方面，海底撈智慧店的包廂費與普通店相同，菜品價格要貴一些，平均每個人到店消費金額比普通門市會高約 10%-15%，高出的這部分價格屬於體驗溢價。在這裡用餐確實能近距離體驗到智慧化設備的應用，遠比一般智慧餐廳的掃碼點餐、支付、開啟智慧取餐櫃等的體驗感要強，但這樣的店能不能保持新鮮感並給消費者帶來願意重複購買的美好消費體驗，進而複製到別處，還需要營運一段時間才能評價。

以臺灣而言，餐廳結合外送平台的合作案例已經愈來愈多。另外，也有餐

廳開始朝智慧化轉型，例如早餐店麥味登。麥味登從推出會員 APP 出發，透過 APP 希望可以同時解決顧客排隊點餐，以及加盟主一邊出餐一邊接電話訂餐的問題；接著在 2020 年，也規劃在會員 APP 裡導入桌邊掃碼點餐功能。另一方面，麥味登也推出了店長門市管理系統與智慧總部系統，並設置了約 10 人的資訊團隊，以及成立大數據加值中心，希望串連、維護包括會員 APP、店長門市管理、智慧總部等三大系統，讓各部門都能利用由相關系統蒐集到的數據，以便進一步做人流分析，進行精準行銷。

 三 **智慧物流**

電子商務已使全球零售業產生了變化，中國大陸、美國已深受影響，可預期的是倉儲系統會加快自動化走向智能化，電商公司的發展除了需 AGV（Automated Guided Vehicle）自動導引車、AMR（Autonomous Mobile Robots）自主移動機器人，亦需要智慧化倉儲系統的建置，以下摘要分析國內外業者推動智慧倉儲的案例。

（一）亞馬遜

亞馬遜為因應其電商業務的蓬勃發展，在全球擁有 175 間配送中心（Fulfillment Center），僱用了超過 30 萬名員工，負責所有亞馬遜訂單的分揀、包裝和出貨，也一直扮演著亞馬遜倉庫自動化與當日到貨承諾的要角，並積極與其供應商測試一系列的機器人和自動化技術，試圖將倉庫中完成訂單的每一個步驟「全面」自動化，並積極布建亞馬遜機器人配送中心（Amazon Robotics Fulfillment Center）來推動相關工作，以達成其對消費者的服務承諾。目前亞馬遜在 26 個新一代機器人配送中心內，建立人機協作的自動化工作環境，以簡化流程、提高安全性和提高效率，並提供更智慧、更快和更一致的顧客體驗。亞馬遜機器人配送中心所採用的機器人和數位自動化技術如下：

1. 機器手臂：碼垛機（palletizers）[1]是帶有機械抓手（gripper）的機械手臂，可識別並抓住輸送帶上的搬運箱（totes），並將其堆疊或存放在托盤（pellets）

註 1　又稱裝棧機，可用輸送帶或機器設備把貨物自動裝載在棧板上，節省人力的搬運。

上以便運送。另一種類型的機械手臂是機器人存放架（robo-stow），可以將庫存托盤擺放到配送中心的不同位置，或將其放置在搬運自走車（AGV）上，以運送到下一個目的地。目前，亞馬遜在全球各地擁有六個機器人存放架和 30 個碼垛機。

2. 搬運自走車（AGV）：2012 年亞馬遜以 7.75 億美元收購以做倉儲機器人聞名的 Kiva System 公司，並更名為 Amazon Robotics 後，開始大量導入 Kiva 的 AGV 到自有的物流倉儲中心，2015 年起進行開發新一代構造較簡單、體型較小型和負重能力較高的 Hercules AGV，目前亞馬遜已部署超過 20 萬台 AGV。AGV 將商品自動送到揀配站工作人員身邊，由其挑選物品並將其放入訂購貨架，然後在完成所有訂單後移至打包處，透過人機協作能夠實現快速揀貨，將揀貨作業時間由全人工的 60 到 75 分鐘縮短到 15 分鐘，可降低配送成本約 40%，成為人機協作改善揀選流程的經典案例。AGV 可以在貨架下穿行，不需要專用的通道，所以這些貨架可以密集擺放，使配送中心內的庫存得以增加 40-50%。AGV 能「馱」起 340 公斤的貨架，行走速度為 5-6 公里 / 小時，採用電瓶電源，每 1 小時充電 5 分鐘，透過無線網路和地面上的二維條碼進行導航，其背後有著強大的控制系統和運行計算方法。

3. 同步定位和地圖構建（SLAM）系統：2019 年亞馬遜收購了 Canvas Technology，強化機器人空間 AI（spatial AI）在動態環境中安全導航的能力，利用感測器和同步定位與地圖構建（Simultaneous Localization And Mapping，SLAM）軟體的組合可不斷更新共享地圖，提供給 AGV 使用。

4. 包裹分揀機器人 Pegasus：在外型上十分類似既有 Kiva AGV 的一種配備有輸送帶的新型包裹分揀機器人，Pegasus 能夠減少分揀錯誤的情況發生、降低貨物損壞的可能性並提高運輸效率，能將當前系統的包裹分揀錯誤率大幅降低 50%，亞馬遜已在美國部分配送中心部署 800 台 Pegasus。

5. 模組化運輸機器人 Xanthus：Xanthus 是亞馬遜投入開發的新一代 AGV，是一種較大型的模組化運輸機器人，能依據上方安裝的模組，執行多種不同的任務。相較過去使用的系統，Xanthus 的創新設計，則允許工程師透過設計不同功能的配件，創造多樣化的解決方案。Xanthus 不僅用途更為廣泛，體積也只有以往 AGV 的三分之一，成本也可降低一半。

6. 封箱包裝機 Carton Wrap：該機器由義大利公司 CMC Srl 製造，該機器會

掃瞄貨物大小，並包裝進相對應尺寸的紙箱，最後封箱、貼寄收件資訊等。每台機器將會取代 12 位負責紙箱組裝、封箱、貼標籤的員工，藉此節省成本與增加物流速度。該機器每小時能夠完成 600 至 700 個封箱包裝，比人員封箱速度快上 4 至 5 倍。

7. 智能傳輸系統 SLAM 系統：這套 SLAM（Scan, Label, Apply, Manifest）系統在貨物完成包裝後，能夠以每一秒鐘處理一件包裹的速度完成稱重、貼標籤、掃描等工作，還能自動糾錯，通過高精度稱重能力快速識別，並將錯誤的包裹分離出來。

8. 員工機器人安全背心（Robotic Tec Vest）：亞馬遜配送中心內 AGV 機器人和員工是分區作業的，當員工需要進入 AGV 機器人作業區時，需要穿上機器人安全背心，並與 AGV 機器人既有的避障檢測配合使用，使員工周圍 5 公尺以內的所有 AGV 機器人都停在其運行軌道上，以免發生碰撞、傷害或損壞貨物。

人工智慧和機器人技術的發展帶動倉儲自動化的發展，亞馬遜透過多年來的併購和自主研發，已經將部分作業自動化，透過人機協作，大幅提升倉儲作業的效率，但距離將倉儲作業全面自動化仍需要多年的投入。

（二）新竹物流

新竹物流是臺灣最大的專業物流服務商，1938 年成立至今，不斷推動創新經營模式，由傳統運輸公司轉型為全方位綜合型物流服務集團。近年來電子商務蓬勃發展，物流需求大幅提升，且配送包裹十分多樣化，新竹物流積極發展高階物流技術，導入科技化服務解決方案，降低成本、提高效率，創造營運商機。新竹物流和工研院服務系統科技中心合作，透過引進多項倉儲智動化科技，逐步邁向智慧倉儲之路。

1. 自動材積重量測量辨識系統：物流產業多以貨品材積重量計算運費，快速分貨是提升宅配速度的關鍵，傳統人工量測一件貨物需要 10 秒、誤差 30%，隱藏諸多弊端與爭議。為了降低人工負荷、作業時間、損失與客訴，新竹物流導入由工研院開發的國產第一座自動材積重量測量辨識系統，應用感測技術、影像辨識、動態快速重量偵測等技術，整合一般作業現場的輸送帶，讓貨品在輸送帶上移動時，以高速（80m/min）、不停頓的方式進行貨品的材積與重量偵測，精確度超過 90%，並進行影像拍攝，即時上傳後端管理平台，以利後續計價與問題

排除，提升物流作業運作速度及精確度，快速測量每天上萬件商品的進貨材積與重量，一舉解決業者多年來的作業瓶頸。

2. 揀理貨自動化的高速分貨系統：工研院所開發的系統應用感測、影像與自動化技術，大幅降低人工作業負荷，將每小時處理貨件數自 3,600 件提升至 6,000 件，縮短 30% 出貨時間，打造「當日配」電子商務遞送服務，優化訂單履行服務，服務品質與作業效能提升。

3. 多元化定位導航 iAGV（Intelligent Automated Guided Vehicle）：工研院團隊針對國內物流中心之服務環境需求，發展出可運用地面定位技術和全球首創之天花板定位導航技術，完成我國第一套適合物流中心應用、可降低人員走動距離與搬運負荷之人機協同服務型機器人—多元化定位導航 iAGV。iAGV 具備「動線最適化」及「壅塞避免」的動線運算引擎，並利用安裝於天花板上的深度攝影機，直接讀取並分析特徵物深度，予以解讀判斷目前位置與下一動作指示，讓荷重與搬運需求由機器人來執行，使員工可專注於自貨架上取下正確的商品及數量，並放置到車上，提升人員生產力，成功解決我國物流產業貨物置放地面阻礙定位問題。iAGV 提供貨運站揀貨、理貨之貨物移動服務，協助現場人員降低 70% 勞力、減少走動距離 1.2km/ 日（約 1/3）及縮短理貨時間 25%，效率提升達 30%，大幅提升揀理貨作業效率。

第四節　推動數位轉型的瓶頸與因應策略

數位轉型帶來的經濟成果並不是雨露均霑的分布，根據 WEF 報告，數位平台、大數據及自動化促成了市場的集中以及贏者全拿，受益者主要為技術與智財的所有者或是資本投資者。技術領先採用的產業與企業，其在生產力提高的效果及市占率之影響將遠高於後進者。而技術的成熟與採用，存在產業別及企業規模別之差異。以服務業別來說，國內數位科技領先採用產業為金融保險產業，運輸倉儲、醫療產業為其次，房地產等採用相對落後。企業規模也顯著地影響數位科技的採用情況，根據調查指出，中小企業在使用電子商務、大數位分析、雲計算甚或是 RFID 及軟體服務採用之比例相較大企業低，主要原因來自於中小企業的財務限制，其次是缺乏對於數位轉型帶來影響之認知，進而缺乏風險預警或潛在

成本利益評估之模式及因應策略。

　　進一步探討中小企業採用數位技術的阻礙，還包括資訊安全考量與企業文化及組織結構不一致、數位基礎建設品質不足或數位人才缺乏等。不過，來自於數位原住民（Digital natives）的新創公司，則被視為扭轉產業格局的重要驅動力。其中，少數的獨角獸企業，打破原有產業的疆界，以數位化行銷管道、數位化的產品及服務、數位化的營運模式，創造了原產業數位收入的五成以上。同時，對照現有廠商，數位新創也更容易獲得資金的挹注。對比之下，既有企業往往須面對數位產品蠶食傳統收入達 30% 以上的衝擊，若啟動數位轉型之速度較慢，較容易失去市場先機。企業要快速取得數位收入的成長或營運模式的轉型，往往是以併購的方式進行，而併購後的整合也成為企業管理上的重大挑戰。

　　我國產業在因應數位轉型的議題上還維持相當傳統的概念，絕大部分花費在硬體設備，但是對於如何發揮設備應用最大價值的軟體與科技服務，目前產業的認知還是較低的，而這現象更普遍出現於中小型與傳統服務業當中。在數位轉型時代，國內服務業須擺脫買產品解決問題的思維，科技產品的取得很容易，然而要發揮科技應用的綜效，仍須交由專業廠商因地制宜透過服務導入才能達成完善的整合。

第五節　總結與展望

　　世界經濟論壇（World Economic Forum, WEF）預估 2030 年全球數位經濟產值將高達 120 兆美元，在 WEF 所發布的「2018 年數位轉型倡議」報告中顯示，包含人工智慧、自動駕駛設備、大數據分析與雲端運算、客製化製造與 3D 列印、物聯網、機器人與無人載具、社群平台等七項關鍵新科技項目，不僅驅動產業轉型與服務創新，加速創新產品、服務、商業模式發展，亦將進一步形塑商業服務業的新樣態。藉由整合跨領域科技項目，配合企業創新創業能耐，提升產業科技創新綜效，舉凡批發及零售業、住宿及餐飲業、物流及倉儲業等商業服務業，預估將有許多企業開始運用科技提供創新服務，尤其是商業數據分析加值，並以此為基礎逐步擴大到企業升級轉型、核心系統改善、雲端服務及資安等應用項目，故科技創新做為服務體驗的新槓桿點正快速發生。

商業服務業是我國經濟重要基石，新創企業則是近年我國大力發展的方向，也是科技發展重要應用場域。然而在面臨商業服務業研發投入偏低、出口規模偏小等關鍵議題，未來新科技服務的挑戰在於創新突破，建立「以人為本」的服務方案，除追求新興解決方案與技術、服務導向商業模式外，如何掌握市場、產業與社會需求，以創新帶動微笑曲線上移的策略，推動跨域服務整合與在地場域試煉，發揮軟硬整合綜效，將是我國產業發展的成功關鍵。

CHAPTER 10 > 結合雲端與數據，零售業再創新格局

伊雲谷數位科技股份有限公司／蔡佳宏執行長

第一節　前言

隨著網際網路、智慧型手機等科技發展，快速改變了現今的消費模式，消費行為在線上與線下不斷游移並產生大量數據，使零售業者無不開始啟動數位轉型計畫，積極蒐集在零售價值鏈上的各項數據。根據 KPMG 在 2018 年針對消費品與零售業決策者的調查，有 70% 的企業將「加速數位轉型」這件事當作策略目標之一，企業內的數位領導者，更期待從數位轉型來優化企業數據分析的能力。

零售業龍頭 Amazon 即是指標案例。Amazon 以「顧客至上」的品牌精神誕生於網際網路，「仔細聆聽顧客需求」使 Amazon 快速成為網路商城一哥。Amazon 於 2017 年併購美國高級食品超市全食超市（Whole Foods Market），正式宣告從網路走向實體店面，這筆併購案讓 Amazon 能提供消費者更多元的購物通路選擇，但背後的策略是打通虛擬空間與實體空間，與顧客建立更深刻的連結。2016 年 Amazon 推出無人商店 Amazon Go，消費者只要掃手機條碼即可進入商店，顧客拿取的產品自動掃進其亞馬遜帳戶，並在消費者離開門店後自動於帳戶扣款。在整個購買流程中，沒有店員推銷或打擾、消費者更不需要拿出錢包裡的信用卡或現金來結帳，「拿了就走」的全新消費體驗，全由店內無數的攝影鏡頭組合而成，無時無刻追蹤顧客行為，能知道顧客拿了什麼以及他們不要什麼。Amazon 強大的地方，即是不斷蒐集顧客數據並拼湊顧客樣貌，利用數位工具滿足顧客需求，改寫零售業的遊戲規則。

在本文當中，將分享一些企業導入數位轉型的實務經驗與案例，帶您了解零售業者如何開始進行數位轉型，以及零售業可能會遇到的挑戰與解方。接著您將透過國內外零售頂尖案例，了解雲端、大數據等技術如何拯救老品牌、執行精準

行銷提升業績。最後，我們將一同想像在 COVID-19（新冠肺炎）與 5G 商轉後的新世界，學習如何在您的組織當中，開始導入轉型思維，一步步邁向成功。

第二節　商業服務業的轉變

 數位科技驅動零售業數位轉型

　　何謂數位轉型？根據資策會對數位轉型的解釋，數位轉型須從「轉型」與「數位」兩個面向拆解，「轉型」是企業依據經營理念，長期地改善經營方向、營運模式以及組織結構，為企業重塑優勢；而「數位」則指利用數位科技，如雲端、大數據、物聯網等技術作為實現轉型的工具。因此數位轉型意為「以數位科技大幅改變企業價值的創造與傳遞方式」，而轉型的結果會體現於企業優化顧客體驗、改善營運流程、創造新商業模式。

　　世界經濟論壇（World Economic Forum）與埃森哲（Accenture）於 2017 年指出未來形塑零售的動力包括：被賦權的消費者（The empowered consumer）、破壞性的技術（Disruptive technologies），與數位轉型浪潮的訴求不謀而合，也凸顯了零售業者採納數位轉型策略的急迫性。尤其智慧型手機的普及，加速消費者「被賦權」而能主動取得更多產品資訊，消費者在評估新產品時，不只能從傳統路邊廣告看板、電視廣告取得產品資訊，也能從搜尋引擎、社群軟體、網路影視平台取得第一手產品消息；此外，線上網友的經驗分享，也更易於擴散產品資訊，在這樣的購買場景脈絡下，使消費者對於零售業的標準提高，追求商品交貨、比價、試用、退貨等便利服務，同時也追求客製化、尊榮的消費體驗，聰明的零售業者導入數位工具來應對消費者不斷變化的需求，例如導入擴增實境（AR）/虛擬實境（VR）試衣間，協助消費者做採購決策，提升消費者對品牌的信任，或是導入機器人進行店內指引與貨架整理來降低營運成本，新的商業模式也應運而生。也因此數位轉型顧問在協助零售業者選定轉型方向時，往往是以消費者為中心思考產品與場景，希望藉此連結消費者，提供一致性的產品體驗、增加用戶數、培養品牌忠誠度，最後提高轉單率，增加利潤空間。

二　透過數據找到品牌的第二曲線

然而，企業在面臨龐大數據量時，常常焦慮得不知該從何下手，例如面對系統裡百萬筆的會員資料，該如何從中找到提升顧客忠誠度的方法？該如何從數據中找到關聯，再創新營收？會員資料人人都有，零售業者要如何運用數據在市場中更具競爭力？如何能創造品牌的「第二曲線」？

愛爾蘭著名管理學家查爾斯‧韓第（Charles Handy）於 1980 年代提出「第二曲線」（The Second Wave）理論，說明組織在第一優勢的高峰期，即要找到另一條出路（即第二曲線），在組織動能向下墜落時，第二曲線能做為組織的新成長動能。攤開零售業價值供應鏈，從批發、物流、倉儲、銷售、售後服務，數據在零售業每個環節都能發揮作用（零售業商業旅程請參考圖 10-2-1），這時更需要企業領導者的智慧與產業經驗，來決定哪一指標最能挑動企業的神經，進而透過數據來為經理人解決問題，提升企業成長的動能，找到品牌的第二曲線。

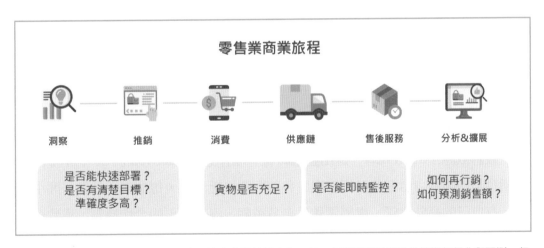

說　　明：從批發、存貨、出貨到客服皆有大量數據產生，每一項環節都能透過數據進行優化與預測，但要如何從海量數據中排除雜訊，端看企業主的經驗與產業知識。

圖 10-2-1　零售業商業旅程

　　舉例而言，有一家臺灣保健食品零售商透過其會員資料進行會員人物誌分析，分析會員的消費習慣、生活方式與背景，交叉分析後發現經常使用健康食品的消費者有極高的比例有養寵物，因此這間健康食品零售商找到「第二曲線」，開始販賣寵物糧食、狗骨頭、寵物尿布等寵物用品，開啟了新的事業版圖，打破原本產業的框架，增加新營收來源。

 ## 三　零售業轉型的挑戰

　　在協助零售業者轉型的過程中，專業的數位轉型顧問會協助梳理企業內部的資料，這個過程是數位轉型專案中最耗時費力的，原因有三點，分別是企業內的數據孤島、穀倉效應以及技術負債。

（一）數據孤島

　　數據孤島指的是企業內部數據零散如同孤島一般既不共享也不透明，數據被記錄的方式也大不相同，使得數據整合變得更加困難。會造成此現象，是因為企業規模越大，分工越精細，每一個部門各自為政，擁有各自蒐集的數據資料，數據之間缺乏關聯性，且「數據就是力量」，各部門擁護自家數據，增加部門間溝通的障礙，也導致決策層無法掌握有關聯的數據進行決策。

（二）穀倉效應

　　穀倉效應（Silo Effect）是由金融時報專欄作家 Gillian Tett 於 2015 年提出，意指企業內因缺少合理的目標管理，各部門間缺乏溝通，每個部門就像一間小公司，有自己的高階主管、專屬團隊且自負盈虧，沒有水平的合作機制，導致企業內部團隊像一個個獨立的穀倉，使企業走向衰敗。由於數位轉型需要跨部門高度協作，企業高層須訂立清楚、長遠的組織目標，設法打破組織間的穀倉來落實數位轉型。

（三）技術負債

　　技術負債是資訊技術（IT）部門中的一個比喻，指的是 IT 人員在有限的資

源底下執行較複雜的任務時，為加速完成而未考慮長期規劃，取而代之的是使用抄捷徑、妥協的方案，看似解決了眼前的問題，但就如同負債一樣，要在未來一一償還。在技術負債之下，企業 IT 系統通常未妥善規劃，也較難水平擴展，加深了數據庫間溝通的困難。同時，我們也常見到許多零售業者為了趕上數位腳步，使用自身舊系統稍作修改就推出電商服務，未將前端快速增長的訂單、通路、物流納入考量，使系統問題不斷浮現，例如基礎設施缺乏彈性擴張、穩定度不足等，企業內部疲於維護舊系統，消費者也因不穩定的供貨品質而轉向其他品牌。

四　基礎設施數位化，加速零售轉型步伐

而零售業者有機會擺脫數據孤島、穀倉效應與技術負債進行轉型嗎？傳統的零售業者是否還有機會搭上這波數位轉型潮流呢？答案是可以的，只要從基礎設施的數位化做起。要落地實踐零售轉型，KPMG 與阿里雲研究所提出了數智化加速器五部曲，能協助企業逐步構建轉型策略：

（一）基礎設施雲端化

基礎設施是打造數位化網絡的基礎，雲端服務賦予基礎設施高彈性、強大的計算資源與龐大儲存空間，能配合步調快速的零售產業。使用雲端，企業無需綁約即可取用，其「隨開隨用」的租用特性能取代企業 IT 投資支出，節省人力成本，將珍貴、稀缺的人力資源投注在真正重要的商業決策上。國際大廠如 Amazon、Microsoft、Google 皆大力投資於雲端服務發展，國際零售品牌如 Under Armour 也透過雲端服務全球 1.8 億 APP 使用者。

（二）觸點數位化

觸點數位化是指一間企業的神經網絡，透過物聯網、人工智慧（AI）等確保零售業者蒐集資訊的數位能力，把握與消費者、員工、供應商接觸的時機，並把這些資訊詳實記錄，取得新的商業洞察。觸點數位化的範圍廣泛，有線上的會員系統與小應用程式（APP），或是線下的電子櫥窗、試衣鏡、電子支付平台、無

線射頻辨識（RFID）、電子標籤等，為決策智慧化打下基礎。

（三）業務在線化

業務在線化則是企業骨幹，指業務皆於線上協同作戰來快速反應市場變化，即時以數位化的方式優化或重塑流程，體現業務價值，也幫助企業內部資訊流通與開放。

（四）營運數據化

營運數據化即是透過挖掘自身的「小數據」以及生態系中的「大數據」來驅動業務活動、降低成本、優化消費體驗。以會員系統來說，營運數據化能協助管理者篩選高價值會員給予獎勵或 VIP，或是設計行銷方案增進會員的回購率。

（五）決策智慧化

決策智慧化則是一間公司的大腦，可以驅動一項產品的開發，影響企業的營運。智慧化是透過演算法來預測結果、輔助決策，根據愈來愈完備的資料蒐集，以及一次次的演算法訓練，能形成良性的反饋機制，演算法也能愈來愈準確。

要加速轉型步伐，企業可參考以上步驟，將基礎設施遷移至雲端、布局數位觸點，善用營運數據來進行智慧決策。

第三節　國外經典案例

 數據驅動轉型：無印良品（MUJI）

1979 年，西友株式會社總裁堤清二，有感於當時市場過於重視品牌識別，而提出了「反品牌」的概念，便與設計師田中光一推出「無印良品」，其名稱的意思即是「沒有名字的優良商品」，提倡純樸、簡潔、環保、以人為本的理念，提供消費者簡約、自然、品質優良且價格合理的商品。其主要業務以販賣日常用品為主，包含服飾、文具、美妝用品、食品、廚具等；另也投資子事業，包含咖

啡簡餐、生鮮賣場、飯店、露營營地等，多方面發展開拓。截至 2020 年 4 月，無印良品在日本家飾品牌市占率排名第二、服飾通路價值排名第二。

（一）線上購物衝擊實體店面生存空間

數位轉型浪潮下，老牌的無印良品無可避免地遇到經營障礙。以市場面來看，線上消費趨勢興起，消費型態從實體購物，演變為增加線上網站或行動購物模式，衝擊無印良品實體店面零售成長；在產業面，線上的電商競爭對手增加，再加上電商與平價品牌崛起，導致顧客流失，競爭愈來愈激烈。

傳統的企業架構因各自為政，使策略不同步、系統分散、數據資料無法溝通，形成穀倉效應，導致企業走向衰敗。因此無印良品的數位轉型邏輯則是先思考整體組織轉型的目的，從上至下規劃全面數位建設願景，並建立各部門精準量化指標。因企業高層重視精準的數據指標，促進各部門重視數據分析與相關數位優化的輔助，並順勢推動各部門技術單位將數據整合，也組織策略部門，進行跨部門資料互通與綜合數據分析，共同思考如何提升營運效率與顧客體驗，將利益最大化。

有鑑於此，無印良品高層決定以三大面向進行改革。第一，強化線上與線下導流，於線上開發會員系統，同時鼓勵消費者進實體店消費；第二，藉由數據分析，即時掌握消費者偏好，提升行銷精準度；第三，導入新技術，強化內部系統，增進決策效率。

（二）透過 MUJI Passport 串聯虛擬與實體通路

2013 年，無印良品看準智慧型手機這項媒介，推出最能貼近消費者的「MUJI Passport」會員 APP，這一步是無印良品布局 O2O（Online to Offline）戰略的重要環節。「MUJI passport」提供消費者商品掃描條碼的搜尋服務、查詢產品在各門市的庫存狀況，並掌握品牌最新優惠，此款 App 也可以與消費者的 Facebook 帳號連通，降低會員註冊的門檻。無印良品也規劃會員積點制，消費者於消費時出示 APP 畫面，即可累積里程，於 MUJI passport 投稿商品留言、互動、門店打卡，也可以累積里程，里程可兌換購物點數，還能不定期收到商品優惠券。

MUJI Passport 於前端蒐集了大量資料，包含用戶的行動瀏覽紀錄、線上線

下交易資訊等，這些珍貴的資料都被記錄於顧客管理（CRM）系統當中，經過分析後，這些數據能協助行銷部門推播優惠商品，或是做為產品部門規劃產品時重要的參考依據。

為存放 MUJI Passport 產生的大量資料，無印良品選擇使用 AWS 雲端，將資料匯總處理後，存放於存儲容量為 PB 等級的資料庫 Amazon Redshift，便於各部門快速、方便地取用，各部門與高層便可運用數據做為營運衡量指標，強化或改變各部門流程、擬定數位時代的策略。

自 2013 年 MUJI Passport 上線至今，無印良品藉由數位轉型，營業額成長86%，整體店舖成長 50%，海外店家成長將近 2 倍。不僅如此，無印良品門店訪客不減反增，因為門店能依靠有效的數據分析，提供在地化實體店的產品組合或擺設；透過 MUJI Passport，會員線上瀏覽足跡、購買歷史紀錄與即時的商店庫存數據整合，將分析數據應用在個人化促銷活動上，顧客忠誠度與購買率因此大幅提升；最後，MUJI Passport 也讓無印良品打開跨領域異業合作的機會，透過系統建置與內部制度改革，更容易串接新技術，如近年利用 MUJI Passport 串接MOMO 購物網的商城，即是一指標性的合作案。

從無印良品的案例中，可以了解數位轉型須由上而下推動，更要有長期奮戰的決心，由企業高層訂立長遠的經營目標與願景，打通各部門間壁壘，才能有效地推動數位轉型。數位轉型的過程，更要善於利用數位化工具來優化營運流程，如建置行動 APP、CRM、ERP 等系統來蒐集大量資料，之後串流資料數據至雲端儲存空間，產生可視化報表，不僅可為企業建構堅強的基礎建設，更能增加營運效率與競爭力。最後，有效地應用數據，擬訂新市場、新通路以及新的服務策略，達成無印良品的致勝關鍵。

 二 **AI 傳承老師傅手藝：日本麒麟啤酒**

日本麒麟啤酒成立於 1907 年，是日本前三大啤酒品牌之一，旗下生產超過30 種酒精與飲料，於 2019 年創下 178 億美元年營收，其中啤酒與烈酒的營業額占總體營收 36.2%。

（一）失傳的職人手藝

一間啤酒公司的靈魂即在於它的釀酒技術與專業釀酒師，重視職人精神的麒麟啤酒其內部研發過程嚴謹，從啤酒花產地開始管理，每一項商品上市前更需要經過 200 次反覆測試。如此耗時費工的程序，隨著日本人口老化、新一代消費者喜好快速多變，年輕人缺乏動力花費時間學習釀酒技藝，再加上老一輩釀酒師年屆退休，迫使麒麟啤酒開始正視傳承問題。

另一方面，「商品配置」是食品飲料零售管理的一環，麒麟啤酒為了掌握銷售狀況，每日派人走訪商店盤點貨架上商品數量，並且稽核擺設位置是否符合總公司規定等，整理完貨架後需要拍照回傳至總公司，由總公司人員進行判讀，需要比對的照片每日有上萬張，這些瑣碎任務往往花掉員工不少時間，且工作內容單調、重複性高，人員易缺乏精神、注意力不集中，在這樣的情況下也導致判讀錯誤比例上升。

（二）AI 釀酒師誕生

一名專業釀酒師需要 10 年以上的養成，為解決傳承與接班問題，麒麟啤酒與三菱研究部門合作「AI 釀造技術」，將麒麟過去 20 年的測試數據輸入 AI 系統當中，員工只需要選擇希望呈現的味道、香氣、口感、酒精濃度等，AI 即能產出相對應的釀造配方，此項技術降低麒麟公司對釀酒師的依賴，加速了產品開發速度。

麒麟也將 AI 應用導入於實體通路，過往每日需花費 1 小時的貨架盤點工作，在麒麟導入 AI 與圖片辨識技術後，僅需要 7 分鐘即可完成。檢查人員只要利用手機拍攝貨架上的商品，上傳至雲端系統進行 AI 高精度比對，若有商品擺放不合規定就會自動生成提醒，讓管理者能確實掌握、快速調整貨架擺設。

以製造業為主的臺灣，也面臨技藝傳承與人員不足的問題，可以借鏡麒麟啤酒利用 AI 轉型案例，將過往數據資料留存整理，再利用 AI 技術來消弭對於高度人工的依賴。

在臺灣已有製造業開始導入 AI，以臺灣一間傳統紡織公司為例，此間公司為全球最大的牛仔褲製造商之一，在服裝與牛仔褲產業擁有眾多世界知名品牌顧客，其總部位於臺灣，工廠設立遍佈亞洲、非洲以及中南美洲。

要製作優質牛仔布料，企業高度仰賴老師傅對於布料的採購經驗，然而較少

年輕人願意投入這項產業，且隨著公司擴展全球，更需要一個有效率的布料採買監管流程，因此藉由數位轉型顧問的協助，該公司導入雲端以及 AI 技術，並基於企業內部採購資料，提供資料與特徵萃取、資料處理方法，從物料規格與採購細節中建立即時的線上分析模型，進行物料價格與成本區間智慧預測，此項技術能使企業獲得可預測的價格與成本區間評估，可有效傳承老師傅經驗，同時將商業智慧資訊集中監管，輔助經營管理階層進行商務決策。

 ## 三　善用雲端 +AI 走出創新路：可口可樂

　　在全球征服大人與小孩的汽水品牌可口可樂，百年老牌遇上新時代，也不得不踏上數位轉型之路。

　　掌管臺灣、香港、中國大陸與美國西部可口可樂製造與行銷的太古可口可樂公司（Swire Coca-Cola），旗下的 10,000 名銷售代表高度仰賴系統支持，這套系統涵蓋了業務中各種關鍵任務：生產、物流、財務、資料分析、人力資源、IT管理、企業管理解決方案 SAP、資料儲存、供應鏈管理、顧客關係管理（CRM）以及自助販賣機系統，這套龐大的系統，讓銷售團隊能透過行動裝置終端機連線進行下訂單、檢查庫存與價格，出貨團隊能依靠系統分配商品裝載順序，以及最佳路線規劃。要支撐如此龐大的系統，太古可口可樂自行打造 3 座資料中心，然而在數位化浪潮下，業務量指數型成長，IT 系統支援必須更靈活來反應快速的市場變遷，尤其在節慶促銷、淡季與旺季，消費者需求更加浮動，地端的資料中心已無法滿足需求，因此毅然決然淘汰舊有的資料中心，全面上雲端系統。

（一）雲端帶動業務成長

　　2019 年 3 月，太古可口可樂公司正式關閉所有資料中心，用短短一年多的時間完成所有系統遷移至雲端，這當中包含了公司核心系統 SAP 與 CRM 的搬遷。透過搬遷上雲，太古可口可樂在三個面向獲得了改善：第一，雲端可以快速回應前端業務需求，以往準備硬體設備需要數個月的時間，而雲端可以在數分鐘內部署完成；第二，雲端技術使物聯網（IoT）、人工智慧（AI）技術能夠更快速部署，用新技術帶動新服務，協助業績的成長；最後，雲端可以隨公司的行銷

推廣活動與淡旺季做彈性擴充，工程師維運的複雜程度也降低。

（二）利用 AI 擴大營收機會

除了將基礎設施搬遷上雲，可口可樂也積極投入 AI 來創造新的消費體驗。可口可樂研發雲端加上 AI 的「智能販賣機」，其最大的特色在於，商家透過雲端即時監控販賣機內的銷售數據，並運用 AI 學習各地區消費習慣，推出因時制宜的限量折扣方案與促銷活動，不僅如此，販賣機還能連上消費者手機 APP，能夠線上預購飲料，並在指定的販賣機取貨。

可口可樂除了運用數據進行精準行銷，還運用數據設計新的汽水口味！可口可樂曾推出「Freestyle 自助飲料機」，讓消費者可以依據個人偏好，自由調配汽水口味，可口可樂運用消費者留下的數據，再透過 AI 分析出一套最受歡迎的組合「櫻桃汽水」，並開始在全球販賣店販售櫻桃汽水。

零售業從製造、配送、銷售等環節產生大量數據，這些數據將是未來商業決策的重要參考，若能善用數據以及雲端工具，並即時回應市場需求，百年老品牌依然能創造新營收機會。

第四節　國內案例

一　生鮮販賣店：以數據預測進貨量，減少生鮮浪費

此生鮮販賣店為臺灣知名連鎖生鮮超市。生鮮食品最貼近消費者生活，有極高的發展潛力，因此超市之間也積極投入於提供最新鮮的生鮮食品給予顧客，然而生鮮食品最麻煩的即是「效期管理」，新鮮食物容易腐爛，需求變化很大且報廢率高，報廢的成本反映至價格之上，對於消費者而言難以承受；另外，生鮮的進貨量非常難以預估，天氣、節氣變化、地理區域與衛生安全都是影響進貨量的變因之一。這些挑戰使得超市難以準確預估進貨量，如果進得太多賣不完，食物就報銷了，如果進得太少則會降低顧客的滿意度與忠誠度。

因此該公司透過數位轉型顧問建立「預測驅動」解決方案，協助顧客精準

預測。首先，盤點並蒐集所有與預測相關的數據，例如從感應器回傳的食品新鮮度分數、倉庫裡的庫存數量、供應商出貨量、架上剩餘的存量、銷售量、天氣、消費者資料等變因，再透過雲端高彈性的基礎設施，能集中存放大量數據資料，並透過雲端數據分析與機器學習，加以預測生鮮產品的品質和新鮮度以及顧客需求，避免生鮮缺貨的窘境，並釋放庫存壓力且避免生鮮損壞，有效減少生鮮浪費。

 ## 二　跨國零售商：利用數據取得更清晰的顧客洞見

此個案為一家泛亞洲的領導性零售商，主要在全世界各區域進行食品和個人產品的加工和批發。該公司擁有超過 200,000 名員工和超過 10 億美元的營收，其 5,000 多家分店分布於亞洲 10 個國家以上。

為提高營收總額，此零售業高層希望能提高行銷活動的報酬率，改善購物模式，有效提升行銷主動性，並藉由進階零售分析，了解衡量投資報酬率的方法，讓全方位的管理變得更加容易，同時追蹤購物模式，來解鎖無數的零售業務機會。

但要優化行銷活動的投報率，必須有更清晰的顧客洞見，這當中包含了即時的資料洞見，藉由縮短提取洞見的時間，讓管理層能即時做出重要的產品決策，同時也要提升資料處理性能，加速端到端的業務交易數據處理流程，然而此間零售商旗下的 5,000 多家商店，每年大約產生超過 200 億筆的交易紀錄，企業內部的地端基礎設施無法支撐如此龐大的數據量，也無法進行數據分析。

因此，經由數位轉型顧問的協助，此零售商透過雲端彈性擴展的特性實現數據分析，使資料處理時間從 20 幾個小時減少至 1.5 個小時，並且透過商業智慧（BI）工具使數據資料轉化成可閱讀的決策報表，並且在任何時間、地點和裝置皆能使用報表及儀表板。

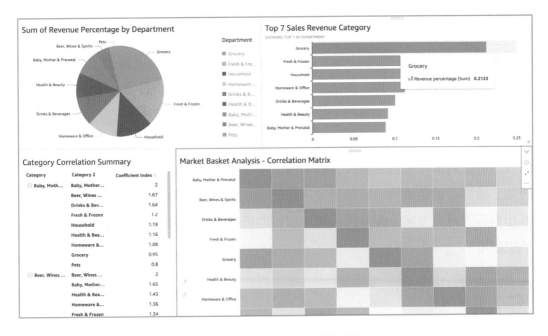

說　　明：零售業者透過視覺化購物籃分析報表，挖掘產品之間的關聯性。

 10-3-1 零售業可視化報表

第五節　給產業的建議

一　導入以顧客體驗為中心的技術

　　隨著科技進步，以往的「人找貨」漸漸轉變成「貨找人」，零售業變成了搶奪消費者資訊的爭奪戰，因此零售業者可以考慮導入以「顧客體驗」為中心的技術，抓緊顧客的目光並充分掌握顧客足跡，為企業帶來新的利潤空間，常見的應用有：

（一）個性化行銷

　　傳統的行銷方式為大規模傳播，精準度與效率低落，然而搭配大數據與 AI 科技，即能根據消費者偏好，推薦精準商品，達成個性化行銷。

以英國新創軟體公司 Personify XP 為例，此平台蒐集線上匿名的訪客數據，透過 AI 與機器學習技術辨識網路匿名使用者行為，進而提供個人化購物頁面，動態調整商品資訊與推薦品項，且不違反歐盟通用資料保護規則（GDPR）規則。此項技術成功為英國服飾品牌提升業績，在六天內平均訂單金額提升 15%，銷貨收入提升 30%。

也有臺灣知名的連鎖便利商店在與數位轉型顧問的合作下，透過蒐集、分析會員的消費習慣，並透過會員分級來進行精準行銷，例如當消費者經常性地購買飯糰，購買次數累積到一定數量後，系統會在後台自動為會員做分級，並給予顧客相對應的優惠方案，像推播飯糰加飲料的抵用券等，藉此提升銷售額以及顧客的忠誠度。

（二）情感辨識

利用 AI 進行臉部辨識、語音辨識、文本分析，能夠正確地傾聽顧客需求，量化顧客情緒。此項技術能活用在眾多領域，包含市場調查、品牌行銷、客服品質診斷、社群傾聽等。

以知名巧克力品牌 Hershey's 為例，Hershey's 推出「微笑讓生活更甜」的行銷企劃，整合販賣機與 AI 技術，在販賣機上裝設鏡頭與感應螢幕，消費者只要在販賣機前微笑，即能取得一顆巧克力做為獎勵。此活動利用科技讓品牌與顧客有強大情感連結，帶動品牌在顧客心中的地位，也藉此蒐集到大量的顧客資訊。

而在臺灣，也有知名影音娛樂領導品牌的客服在數位轉型顧問協助下進行顧客情感分析，透過雲端大量蒐集產品評論、回饋表等不同資料來源所產生的顧客反饋，並利用自然語言處理（NLP）與機器學習，自動辨識顧客是否對產品產生負面觀感，進而能回饋到研發單位來改善產品品質。

 COVID-19：零售業數位化試煉場

2020 年爆發的 COVID-19 疫情使全球經濟成長陷入低潮，零售業者也面臨營運上的挑戰，許多大型零售商在這波疫情下倒閉，這當中包含了美國保健食品大廠健安喜（GNC）、全球最大女性服飾零售商 RTW Retailwinds Inc，以及有

200 年歷史的美國老字號服飾品牌布克兄弟（Brooks Brothers）等。根據市場研究機構 Coresight Research 的預測，在 COVID-19 疫情底下，美國恐多達 25,000 間零售店永久關閉。然而在這低靡的氣氛中，仍有零售業者屹立不搖，且營收不斷上升，例如美國的 Walmart 股價在這次疫情中逆風高飛，歸功於 Walmart 長期經營全通路策略，能支持疫情下大量的線上訂單與取貨配送需求，才將這次危機化為轉機。

那麼，在疫情趨緩後，零售業者該如何為新時代準備呢？建議企業可以從強化下列「內功」著手：

（一）建立以數據驅動的新營銷模式

在疫情之下，我們發現許多業者因缺乏完整的數據蒐集流程而在調整供應方面遇到困難，或者是因缺乏顧客數據，而無法最大化其顧客價值而錯失了商機。

而現在正是一個好機會，讓零售商開始思考如何在企業裡建立「以數據驅動的新營銷模式」，透過大量投資數據方案來建立創新的業務模型，僱用有相關技能的員工，並與有數據解決方案的技術夥伴合作，以利用人工智慧和數位轉型帶來新機會。例如透過導入顧客關係管理系統（CRM），能從銷售數字、消費生命週期、顧客忠誠度計畫做全面性地數據探勘與管理，提升顧客忠誠度；另一方面，透過掌握客流量、顧客資訊及購物偏好等相關數據，能判斷哪些通路貢獻最佳的長期價值，從而提高整體銷售和成本效率。

（二）投資數位化工具降低營運成本

在疫情下，全球產業鏈斷鏈，各國封城、鎖國，影響企業持續營運，對於長期仰賴人力的企業來說是一大挑戰。我們建議零售企業可以開始考慮在自動化與 AI 進行更多投資，例如機器人流程自動化與機器學習等，來降低人工成本。同時，應導入具有 AI 功能的 ERP 工具，來實現端到端的智慧供應鏈，使產業鏈上下游間的溝通更即時、透明。舉例來說，若發生天災或人禍，供應商停工的狀況下，能先預測哪些商品會有出貨壓力，或是預測未來商品的缺貨狀況，有了 AI 更能主動保護企業重要生計。

三　5G 時代加速零售轉型

　　5G 為第五代行動通訊網路（5th generation mobile networks），擁有大頻寬、低延遲、廣連結的特性，以下載一部兩小時左右的電影來說，在 4G 穩定的狀態下得花 6 分鐘時間，而在 5G 時代僅需 3.6 秒就能完成任務。2020 年 7 月，臺灣電信業者陸續開放其 5G 訊號，5G 新時代正式降臨臺灣，然而目前 5G 基地臺集中在大都會區，覆蓋率還在發展當中，消費者體驗可能會有落差。

　　雖然 5G 全面覆蓋還需要一段時間，但 5G 已經引爆多項智慧化創新應用，尤其在實體零售業將有更多的想像空間：

（一）AR/VR 購物、虛擬試衣間、虛擬試妝更加普及

　　5G 的超大頻寬與低延遲，透過網路覆蓋、容量的提升，支援更高效的資料傳輸，讓實體店面、家庭導入 AR/VR 購物成為可能，消費者能沉浸在擬真的購物體驗中，達到精準銷售。

（二）5G 結合 AIoT，催生無人零售

　　5G 廣連結特性讓萬物皆可物物相連，透過連結人、貨、場的所有物聯網設備，銷售場域可以進一步實現數位化、智慧化升級，進而打造無人零售新模式。

（三）5G 結合 AI，洞察消費行為

　　除了發展無人零售，5G 也將產生大量珍貴的顧客資料，業者將實體店面與線上平台資料進行整合後，藉由 AI 分析與洞察消費者數位軌跡、消費動向等，深度探究消費場景的脈絡，除了可將基本顧客人物誌和貨品屬性歸類外，結合熱銷品和滯銷品，為顧客進行個性化的商品推薦和精準行銷，有助於增加零售業者的利潤空間。

　　2019 年，中國大陸房地產業協會商業文化旅遊地產委員會、中國電信、華為、中國信通院，即於上海打造全球第一間 5G 商場「5G+ 五星購物中心」，探索 5G 在商業應用場景上的新可能。於消費者體驗層面，商場配置有 5G 機器人穿梭商場提供導購、送貨、室內導覽服務，同時商場也提供 AR/VR 購物與商品

全息投影 [1]，精準的服務使消費體驗升級；以店家層面來說，5G 搭配高畫質鏡頭與感測器等物聯網設備，即時記錄清晰影像，並上傳雲端集中管理、運算，了解和預測當前顧客消費傾向與消費行為，增加商場營收機會；以房產業者來說，5G 智慧建築結合 IoT 技術與數據服務，能蒐集室內活動資訊，並轉售給店家，產生新的商業價值模式。

5G 為零售業帶來新的想像，唯一不變的是以顧客為中心的場景體驗設計，以及顧客與場景互動中產生的大量數據，而如何把握這些大量數據並轉化為有價值的商業模式，考驗著零售業者的智慧。

四　數位轉型：技術、數據、人才、文化缺一不可

數位轉型是持續性的過程，面對持續變動的市場，不僅僅是導入數位化工具，更重要的是企業從管理層面進行轉型，將其內化進公司的 DNA 當中。

在轉型的過程中，技術、數據、人才與組織文化是核心重點。數位轉型需要跳脫以往的框架來解決問題，因此對於組織與人員的要求，從過往的穩定營運結構，轉變為彈性敏捷為主流，更強調人員批判性思考的能力，才能在大量的數據資料中抽絲剝繭，找到盲點。

數位轉型的最後一哩路，即是企業組織文化的養成，需由高階主管協助將數位轉型思維融合於決策與流程當中，並且要讓每一位成員清楚了解公司轉型的方向，才能避免穀倉效應的發生，快速帶動全公司一起往目標邁進。而何種文化足以驅動數位轉型？我們認為「顧客至上」、「數據驅動」的心態最為關鍵，在乎顧客並且透過數字進行決策，才能使企業數位轉型穩定地成長、走得長遠。

企業數位轉型成功與否，取決於企業在技術、數據、人才與文化的成熟度，若企業上下無法融入文化、無法同心協力，將難以真正推動數位轉型。

註 1　全息投影係將虛擬影像以 3D 的方式浮現在空中、投影在觀眾的面前，就好像虛擬影像再浮現在空中；而全息投影秀就是將全息投影的技術發揮到淋漓盡致，當成一場秀來演出。

第六節　總結與展望

臺灣目前處於數位轉型與數據應用的初期，尤其在零售業有許多想像空間，後疫情時代以及 5G 時代，將重新定義零售業的營銷模式，業者若想在這一波潮流當中「超車」，可以開始思考阿里雲提出的轉型五部曲，尋找有雲端經驗的專業夥伴，一同從基礎設施數位化與資料蒐集開始做起。

零售業者也可以借鏡國際品牌，如無印良品，透過線上的官方網站、會員 APP、線下觸點做為資料蒐集平台，利用雲端高彈性的資料庫以及運算能力，將每一次的消費紀錄、點擊行為等龐大資訊量，存儲於雲端數據湖中進行資料清洗、分類、分析，最後透過可視化的儀表板呈現新的商業洞察，看清楚消費者面貌；也可以學習可口可樂，善用彈性的雲端系統，並利用 AI 輔助商品開發；更可以學習麒麟啤酒，將數據應用於供應鏈管理與營運管理，來降低人力成本，增進營運效率。

COVID-19 為世界局勢投下了一顆震撼彈，為市場增加了許多不確定性，零售市場將重新洗牌，而率先導入數位工具，累積數位資產的零售業者，將有更多籌碼改變未來市場布局。展望未來，將會是一場「數據的掠奪戰」。

CHAPTER 11 ▶ 後疫時代消費行為與商業服務業行銷關鍵

靜宜大學／任立中副校長

第一節　前言

　　根據 2019 年三月時在英國倫敦所舉辦的「B2B 行銷會展」（B2B Marketing Expo 2019, London）所發布的一份針對全球企業界的行銷長（Chief Marketing Officer）的一份調查報告，請行銷長們勾選出他們認為未來企業行銷最重要、單一的活動項目，其結果如圖 11-1-1 所示，前四名的活動可說是無分軒輊。Content Marketing（內容行銷）排名第一，代表著傳統行銷手法仍是一切行銷活動的根本。雖然從較狹義的觀點言之，內容行銷就是業者透過各式網路平台的管道，例如：部落格、影片、線上研討會、社交媒體和電子口碑論壇行銷等，吸引潛在顧客進入各種入口網站，讓他們在網站中搜尋到他們想要的訊息（內容），然後透過對這些「內容」產生共鳴，觸發後續一連串的連鎖效應與鏈結，最終達成消費者購買產品或服務行為之行銷手法。但是如果從較廣義的觀點解釋，所謂的「內容」勢必仍須回歸至傳統的行銷市場區隔理論以及消費者行為理論為依託，才能知道對什麼樣的消費者要說什麼樣的內容才能產生共鳴。與其說「內容是王道」（Content is King），倒不如說是「行銷是王道」（Marketing is King）。至於各式網路的管道，不過就是有別於傳統的報紙、廣播、電視等媒體，隨時代科技演進的一種新興媒體。因此，真正值得注意的反而是排名第二至四名的項目，該三個似乎與行銷沒有直接關連的主題，卻是未來發展的主流。

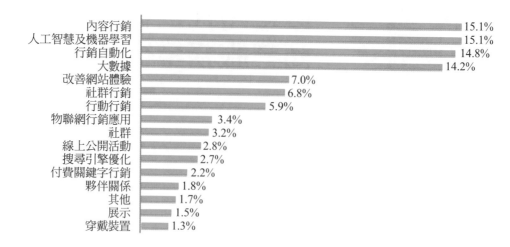

資料來源：B2B Marketing Expo 2019, London.

圖 11-1-1　2019 年最重要的行銷活動

　　圖 11-1-1 中排名第二至四名分別為：AI and ML（人工智慧 Artificial Intelligence 與機器學習 Machine Learning）；Marketing Automation（行銷自動化）；Big Data（大數據）。其實這三項行銷活動的共同交集是所謂的 MarTech 方案，用以解決現代行銷決策問題的工具。MarTech 是 Marketing Technology 的簡稱，名為「行銷科技」或「行銷工程」或是更廣義的稱為「行銷科學」。MarTech 改變了傳統行銷長（CMO）的角色，融入或整合了更多的資訊硬體的需求，以及更重要的是靈活運用資料分析（Data Analytics）技能於一體。去年當麥當勞行銷長（CMO）離職之後，公司並沒有任命新的行銷長。取而代之的是行銷科技資深副總裁與全球行銷資深副總裁。擁有 132 年歷史的醫療保健品牌嬌生（Johnson & Johnson），與相對年輕的企業 Uber 幾乎也同時取消了行銷長一職，並將其職責拆分由其他管理層接手。如今受到 COVID-19（新冠肺炎）的影響，能推動並有效執行 AI&ML、MA、BG 此三項功能於行銷活動的行銷技術長（Chief Martech Officer），絕對是企業重中之重的新職務。因為，以目前的情勢，我們早已觀察到這些活動，不僅以雷霆萬鈞的速度在企業間擴散，其應用的深度更是日新月異。

　　自從去年隨著物聯網（Internet of Things）的大幅擴散以及今年 5G 的資通訊技術（Information and communication technologies, ICTs）的啟動下，全球消費經濟及消費模式亦隨之一直持續不斷的創新與演化。然而如今受到 COVID-19 疫情大爆發的影響，產生一種「低接觸經濟」態勢之下的產業與市場環境，消費者的消費或購物新行為更加不斷地重塑或回溯；而此新行為又再進一步影響或決定了業者的創新研發方向。在面對這巨大變動的時代下，我們可以觀察到從供給端與需求端兩個不同角度的衝擊：

　　1. 從業者面而言，讓許多企業對於「數位轉型」的需求日益迫切，其營運不僅打破時間與空間的藩籬，並創造出多種新型態的工作方式（例如：數位辦公、數位教育等），使經營更具備運作靈活、彈性及高效率等特點。

　　2. 從消費面而言，讓許多消費者對「數位轉型」的需求日益迫切，其消費不僅打破時間與空間的藩籬，並創造出多種新型態的消費方式（例如：數位娛樂、數位學習等），使消費更具備運作靈活、彈性及高效率等特點。

　　上述的衝擊對市場競爭行為之發生與演變過程，其最核心的因素與特性是消費者與競爭者的異質性（Heterogeneity）與動態性（Dynamics）。消費者的異質性是指每個人都呈現不同的需求，而此需求上的差異源自於每個人所具備獨特的人格特質、生活型態、認知、態度、價值觀等所形成。同樣的，競爭者的異質性在於競爭業者基於對市場的認知不同而造成市場上充斥各式各樣不同的產品與服務、廣告與促銷、價格與通路等現象，此種多樣差異性的決策導因於業者的資源、規模、範疇、學習與管理能耐等的差異。所以，無論在傳統經濟體系、新經濟環境、以至於現今低接觸經濟衝擊下，對消費者的影響與其回應之道，以及對業者的影響與其回應之對策，仍是異質的，不會是全體一致的變化。

　　再就動態性而言，消費者行為的動態性意指消費者自己本身在不同的時空環境之下也會有不同的需求，而此需求行為的異動通常受各項情境變數如時間壓力、社交環境、購買情境等影響。而競爭者的動態行為則在說明競爭業者之間「創新—模仿」過程中角色的易位、本身組織學習能力與速度的轉換、主動攻擊與被動防禦策略的輪替等，也都會隨著企業成長的過程中，不斷地演變與蛻變。有鑑於 COVID-19 的疫情瞬息萬變，動態性的重要性恐更甚於異質性。此「供、需、異、動」四項交錯的複雜生態系統如圖 11-1-2 所示。

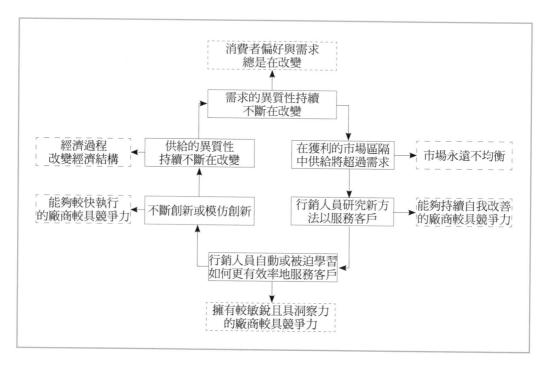

資料來源：Dickson, Peter R.(1992), "Toward a General Theory of Competitive Rationality," Journal of Marketing, 56 (January), pp. 70.

圖 11-1-2 競爭哲理的一般化理論

　　從「供給塑造需求」輪轉至「需求刺激供給」的共生互動循環的生態系統一直是推動全球經濟巨輪前進和發展的主要動力。現今疫情席捲全世界各國，全球新經濟形成一種低接觸經濟的情勢，消費結構與購買行為進入全新並快速蛻變的時代，企業如何在此疫情瞬息萬變、動盪的疫情環境中，保持生存優勢地位及營運續航力？根據圖 11-1-2 競爭哲理的一般化理論之主張，較具競爭力且能在市場中勝出的業者，其所具備的本質有三：（1）能夠持續自我改善者（即依靠行銷人員研發創新方法以服務顧客）；（2）擁有較敏銳的洞察力者（即學習如何更有效率地服務顧客）；（3）能夠具有快速執行力者（即不斷創新或模仿創新）。譬如說美國自從疫情擴散後，其職業籃球賽（NBA）於 2020 年 3 月中旬受迫停賽，但是短短二個半月之後，在疫情仍十分險峻的情勢下，在佛州奧蘭多迪士尼

樂園便展開複賽活動。在所謂「泡泡聯盟」[1]的防護計畫下，球賽現場可以看見整合各項科技的創新研發，有效率地在低接觸的環境下，傳遞給球迷最仿真的體驗。一個傳統的口號——「新速實簡」，在低接觸經濟時代，重新展現其精義。

本章針對低接觸經濟下之消費行為轉變與因應策略進行深入探討，期能對於政府政策制定與業者策略發展提供參考。本章之架構安排如下：第二節首先從業者的角度，探討目前企業面對消費者之行銷決策的科學化、接觸形式的多樣性、內容行銷的個人化等趨勢特性，如何透過數位轉型與虛實整合策略，回應低經濟環境之下的消費需求。第三節則從需求面的角度，探討消費者如何受到疫情的影響，其生活模式的改變與消費習慣的重塑。第四節與第五節將分別介紹國外經典案例與我國指標性個案。最後，第六節為總結與展望。

第二節　業者經營的數位轉型策略

 一　行銷決策的科學化

當 COVID-19 的疫情重創美國社會之時，多數實體商店的物資就已被搶購一空。居家限制令的實施，更進一步造成百業幾近蕭條。由於實體通路受到消費者為減少與人接觸的機會而裹足不前，使許多消費者開始自然而然轉向電商平台的採買，以便利、到貨又快速著稱的 Prime Now、Amazon Fresh 等服務瞬時成為消費者的首選。然而，對於電商平台而言的第一個挑戰是：如何保持高效率運用有限的資源以消化吸收如排山倒海般的訂單。龐大的物流需求已讓平台應付不過來，當短期內無法大幅擴增物流配送系統的能量，尤其是固定資產的投資（如倉儲中心、配送貨車等），使得在固定時間內所能服務的顧客或訂單數就變的非常有限。譬如說，假設一天之中，在一個特定區域內有 1,000 筆訂單，但是每天該

註 1　參與複賽的球隊進駐奧蘭多迪士尼，將迪士尼世界體育園區打造有如「泡泡」般的隔離環境，在體育館內進行訓練和熱身賽；除此之外，採取嚴格的防疫措施，像是每天對相關人員進行病毒篩檢，所有工作人員與球員也無法離開複賽場地，外人也無法進入。這種將球員完全隔離的方式被稱為「泡泡聯盟」。

地區配送中心的配送能量最多 200 筆配送訂單，那麼哪 200 位顧客的訂單可以優先在今天獲得配送呢？然後又是哪 200 位顧客可以在第二天拿到貨品呢？依序第三、四、五天的顧客名單順位又是如何排定呢？如果簡單地依照顧客下單時間來決定優先順序（first come first serve）就是最佳解嗎？行銷服務的重心已經不再是「如何爭奪顧客（competing for customers）的問題」，而是「如何排序顧客（prioritize customers）的配送時間與地點」。

圖 11-2-1 所示為 Amazon Fresh 的官網及其訂購配送時間選項的網頁截圖。首先，我們可以看到「配送時間區間」有二個選項：一小時配送窗口（1-hour delivery windows）以及二小時配送窗口（2-hour delivery windows），配送費用分別是 9.99 與 4.99 美元。此種差別訂價係根據顧客的時間成本為基礎所設計的，一如在網站上訂購航班或旅館的報價系統，如果顧客所設定的條件愈多或愈嚴格的時候，價格就會愈高。譬如從洛杉磯飛紐約，如果你指定來回的日期，票價就會很高；如果來回的日期可以各有前後一兩天的彈性，票價就會降低一點；如果不直飛，票價又會再降低。這一切都是按照顧客需求的強弱所反映出對價格敏感程度的低高為基礎所做的訂價決策。此即為「內容行銷」中，針對不同的消費者提供何種「價格內容」的一個很好的典範。

圖片來源：https://www.amazon.com/alm/storefront?almBrandId=QW1hem9uIEZyZXNo

圖 11-2-1 **Amazon Fresh 官網及其訂購配送時間的選項**

除此之外，另一個更值得注意的是在配送時間區間選項的上方，有一個選擇「配送日期」的選項。圖中案例所示為今日（7/3）、明日（7/4）與星期日（7/5）。

然而，重點是如果在當下有不同的消費者在同時先後下單進行採購，他們所看到的相同頁面卻會有不同的選擇。譬如說另一位消費者看到的選項可能是 7/24、7/25 與 7/26。不同於前述的 9.99 與 4.99 美元的配送費用是一體適用於這兩位顧客（端視顧客自己的需求強度或時間成本來選擇），這個日期選項的差別便是在配送資源稀少的限制下，對顧客所做出的優先順序之決策，這種決策的科學化與即時性才是真正可以讓 Amazon 這家公司成功的關鍵因素。決策科學化之精神在於我們如何決定顧客 A 看到的選項是 7/3、7/4、7/5，而顧客 B 看到的選項是 7/24、25、26？簡單的邏輯思維是顧客 A 的價值一定比顧客 B 還要高，因此，業者勢必要將珍貴稀少的資源，優先提供給顧客價值高的客戶。

但是，顧客價值（Customer Value）要如何定義？如何精確地計算？如何快速地計算？這三個問題分別需要行銷理論、統計理論以及資料科學理論的結合。顧客價值的定義可以依據顧客與企業的接觸頻率、顧客對企業營業額（或利潤）的貢獻度、顧客的存活率、客訴服務的問題等來界定。接著是統計模型的問題，因為不同的變數服從不同機率分配，而變數之間的相關或因果關係所建立起來的統計模型，隨著消費行為的複雜度提高而變得艱深。最後，經過這二項縝密的研究之後，要在企業現有的資訊系統之中，經由資料科學家的程式開發，最終才能提供最佳且即時的解決方案給顧客。

 ## 二 接觸形式的多樣性

受到疫情的衝擊，在戴口罩、勤洗手、保持社交距離等防疫新生活運動下，使無接觸送貨、無接觸點餐、無接觸諮商，無接觸學習……等各式各樣的應對策措施形成了所謂低接觸經濟的市場。原本在去年年鑑所探討的「新經濟消費結構與購買行為」中，網路商店與實體商店彼此平行的典範轉換成虛中有實、實中有虛，跳脫傳統的網路及實體通路據點的窠臼，採取以消費者為核心的思維，結合品牌商品的功能，突破通路形式的束縛，使網路商店業者引導顧客進入網路商店的觸點卻存在於實體空間。例如：Amazon 以消費者的痛點為出發點，提供消費者解決方案為目標，將消費決策場景從賣場貨架前，移轉至需求或痛點發生的場景（如在家中洗衣機旁）；同時將購買決策時間點，貼近至需求或痛點發生的當

下，幾近零時差。換句話說，在低接觸經濟環境下，服務的重心已經不再是「顧客在哪裡購物的問題」（接觸地點），而是「如何連結顧客需求發生的時間點」（接觸時點）。因此，低接觸經濟不是指就不接觸了，而更重要的是創造出更多樣式的接觸形式。

自從 COVID-19 疫情席捲全球後，MICE 產業受創極深。MICE 指的是一般會議（Meetings）、獎勵旅遊（Incentives）、大型會議（Conventions）與展覽（Exhibitions）等所構成的一種產業。MICE 的興盛，正足以做為一個國家經濟高度發展的指標。傳統上，MICE 產業的形式都是以吸引人潮匯集，舉辦各項活動的方式進行。從行銷策略的角度，這是典型傳統「被動式行銷」（Reactive Marketing）的手法。如今，吸引人潮聚集的方式已經不可行，至少在短期間之內難望復甦。然而 MICE 產業的復甦對於全球經濟是否能觸底反彈至關重要，因為 MICE 產業的活絡，代表著全球經貿的榮景。在 MICE 之中，獎勵旅遊（Incentives）這方面恐怕只能等待疫情過後，較有復甦的希望；但是一般會議（Meetings）與大型會議（Conventions）則可以透過日漸完善的視訊系統逐漸轉型，且其影響恐怕將是長久的，因為大家發現這將是更有效率的一種溝通模式，即使疫情過後，其面對面聚會的需求將難以恢復到疫情之前的情況。

目前在歐美已經有許多大型企業對內部員工所做的調查亦顯示，即使疫情過後，仍有超過三分之一以上的員工，選擇維持在家上班的方式。甚至像 Twitter 公司更在 2020 年五月中宣布，所有的員工可選擇永久遠端在家工作。這種傳統「跨市區」（cross-city）通勤交通的上班模式，因疫情迫使業者採取遠端上班模式之後，許多員工發現因節省時間增加工作效率，以及因節省油耗增加環保性能等功能終於能夠落實。因此，可預期一般會議（Meetings）與大型會議（Conventions）的產業價值在疫情過後，將縮小很多。尤有甚者，此一現象已經從「跨市區」（cross-city）擴展至「跨州界」（cross-state）、「跨國界」（cross-national）到「跨洲界」（cross-continental）。有些企業因此開始規劃將固有的企業總部大樓資產，予以適當地處分，並將所獲得的資金補助給長期遠距工作的員工，改善其居家辦公（home-office）的環境，如裝潢、視訊設備、網路功能等的升級。當企業工作場所的型態化整為零之後，組織內部上下階層、左右部門間的溝通協作，以及更重要的是與客戶之間的溝通，都需要設計出更多樣的接觸形式，增強效率，以因應低接觸經濟的新工作型態。

　　最後，MICE 中的展覽（Exhibitions）產業在低接觸經濟環境下，各國或各城市應該如何進行產業的轉型升級，以扭轉情勢呢？首先，我們需要把行銷策略思維從傳統的被動式行銷思維，轉換成「主動式行銷」（Proactive Marketing）策略思維。會展之目的在於匯集人潮於：（1）一定空間之內；（2）一定期間之內，以創商機。齊聚參展業者於一堂之目的乃在於提供客戶或消費者一個容易比較、選擇的決策情境。不論是客戶（工業品）或是消費者（消費品），如果手中只有一項產品，是一種「買與不買」的決策，而當面對多品項時，是一種「選擇」的決策。通常基於人的本性，相對性的「選擇」的決策比起絕對性的「買與不買」的決策是較受偏好的。而會展設定展期的功能則是類似「限時促銷」的策略目的，亦即讓客戶或消費者在期限之內，做成決策。最後，匯集人潮於會展除了上述二種效能之外，還可以創造出另一種效能：從眾採購；最簡單的例子就是：排隊。購買決策除了自身偏好（需求面）、產品功能（業者面）之外，第三大因素為第三者（其他消費者、其他競爭業者）的行為；盲從購買的最高境界就是只因大家都買，根本不管自身是否需要或產品是否好壞。

　　然而現實的問題是因為疫情的影響，吸引人潮聚集於特定時空場景的方式既然已經不可行，那麼我們應該化被動為主動，採取「主動式行銷策略」（Proactive Marketing Strategy）思維，將會展進行轉型。與其等待著人潮的聚集，不如將會展帶到每個客戶或消費者的面前。參展業者在原有的會展展場場域中，利用資通訊的新科技，主動地引導、誘發遠端顧客的消費行為，進而重新塑造（reshape）新的消費型態，甚至改變消費決策準則。面對低接觸經濟下之消費行為轉變，業者無不積極進行數位轉型做為應變。虛擬 MICE（Virtual MICE）的數位行銷策略成功關鍵因素，在於業者精準地執行各項告知、提醒、推薦，並觸動消費者的購買欲望與行為。唯有當顧客適時的接收到息息相關的資訊（relevance information）時，才能增強其消費體驗及滿意度。而所謂的「低接觸經濟」之真正挑戰是業者要如何創造出更多樣的接觸形式，亦即除了人與人接觸之外，人機介面的接觸成為重點。因此，過去傳統「體驗行銷」（Experiential Marketing）不斷地強調透過服務人員有溫度地與顧客互動的策略，現在受到疫情的影響之下，業者必須思索如何打造消費過程的新體驗。

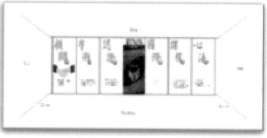

（b）現場直播攤位示意圖

 疫情前後展覽形式的轉變

三　內容行銷的個人化

　　低接觸經濟的消費行為統合了過去幾年所謂的宅經濟、獨身經濟等特性。以前這些屬於市場中一小塊的市場區隔，如今因為疫情的影響，轉成近乎全市場的規模（至少在封城限制令時）。面對所有消費者躲在家中，過去逛街購物的行為，全部轉成手指於螢幕上的滑動。不管是實體還是螢幕背後形形色色的高科技，其實都環繞在「如何連結顧客需求發生的時間與地點」為核心，融合虛實通路於消費觸點。

　　想像一個疫情前的日常生活場景：一位典型的上班族消費者在搭乘捷運中，看見車廂內的健身廣告，刺激她覺得今晚應該來個減肥或健康大餐。於是用手機掃了 QR 碼，獲得業者所推薦的健康大餐的作法與材料，然後連結到超市網頁放入購物籃中。下班後去超市領取已經在網站中採買好的食材，順便買了一瓶紅酒及一些日用品。經過一個月後，根據電子發票累積的交易紀錄，她獲得一份報告指出這個月她卡路里消耗量有降低的趨勢但酒精消費量有遞增的趨勢，而此份報告已轉知她的家庭醫師做為她日常健康報告的參考資訊，年終時系統建議她可以拿這份日常飲食健康報告與保險公司商談壽險保費的調整。

　　以上的觸點包含了捷運、超市、家醫、保險公司，再加上手機、網路、大數據資訊分析系統等，更是連結到許許多多的各項商品的消費行為，這種近似類神經網絡的融合系統，當任一觸點一被激活（activate），隨即產生一連串的連鎖反應。在此種連鎖式行銷典範的思潮下，業者針對各式人事時地物（異質性及

動態性）之消費需求發生觸點，設定十八套顧客交戰策略（Customer engagement strategy）的劇本，向消費者提供即時、相關和個性化的資訊。此與其他行銷策略的區別在於個性化元素，內容的相關性使顧客感覺自己才是消費的主體，各項商品及服務都是解決「我」的需求、「我」的問題，或是提升「我」的生活品質，因此，業者如果仍自吹自擂自家商品或服務，消費個性化之下的「我」會認為與「我」何干。

如今在防疫新生活下的情景會是如何？除了使捷運車廂廣告看的人減少了之外（國外較嚴重，臺灣成功的防疫使得連這一點影響都不大），其餘改變不大。業者對於內容行銷的個人化仍然在於如何抓住消費者隨機自發性需求（Spontaneous Demand）的觸點（contact points）。透過虛擬實境（VR）的技術，在一方螢幕之中，讓消費者似乎身處在實體賣場中，身歷其境般跟所欲購買的商品產生互動，讓原本在實體賣場中才能翻閱（書類）、試穿（衣服）、試戴（珠寶）、試妝（彩妝保養品）、試用（3C 產品）、看屋等等的消費購物體驗，也能在冰冷冷的網路平台上體現出來，以增強消費者對網路的黏著度（customer stickiness）。在這個過程中，電商網路平台的系統不斷地透過各式更有溫度、更精準地告知、提醒、推薦，加以觸動消費者的購買欲望與行為，進而提高其顧客忠誠度（customer loyalty）。

數位行銷之顧客交戰策略的核心在於業者是否真正能以大數據的蒐集（包含瀏覽過的網頁、瀏覽過的商品、停留的時間、搜尋的關鍵字、社群的發文等所謂的網路足跡）系統支持下，發展精良的分析模型（Analytic Models），精準地預測下列問題：

1. 何人？（成百上千萬的消費者是誰最有可能為目標客戶？）
2. 何事？（這名目標客戶正在從事什麼活動？開車？逛街？社交？）
3. 何時？（這名目標客戶需求發生的時間點？現在？一個月後？一年後？）
4. 何地？（這名目標客戶需求發生的地點？線上？線下？家中？通勤？）
5. 何物？（這名目標客戶需求的特性？實用？送禮？享樂？）

個人化內容行銷的預測不僅可以成功地滿足消費者需求，增加銷售績效，還可以進一步地讓整個物流系統、存貨管理、生產效能等，都變得非常有效率，並協助企業大幅降低成本，提升管理績效。然而精良的分析模型（Analytic Models），是目前商業服務發展的一大罩門，亦即預測的準確率仍有待大幅的提

升。尤其是疫情之後，網路雲端科技的發達，使我們蒐集資料及儲存的成本大幅降低。歐美地區由於疫情嚴峻，已經使得歐美企業在數位行銷方面的轉型受到極大的壓力而不斷精進，我國疫情相對輕微，使企業對於數位行銷或數位轉型的力度仍亟待加強，以免疫情過後臺灣產業的競爭力出現落後。

第三節　疫情前後消費行為的動態擺盪

　　基於此次世紀性疫情的大衝擊，消費者行為的轉變造成低接觸經濟的形成。上一節從供給面的角度探討了業者所採行的因應策略，本節將針對需求面的消費者端，探討他們的消費行為又是如何的轉變，形成低接觸經濟下的消費行為特徵。自從 2020 年初開始，消費市場因應疫情的快速變化，變動愈來愈頻繁也愈劇烈，針對這半年多來的發展，我們觀察歸納出至目前為止所呈現的三大特徵為：（1）消費驅動：從欲求消費移轉至需求消費；（2）消費過程：從享樂消費換成精實消費；（3）消費目標：從追求效用極大化的消費目標改而以追求效率極大化為目標。此將是未來商業服務業實務工作者必須特別注意的三個重要特色。

一　驅動：欲求消費與需求消費

　　消費者二項基本的消費型態：需求（Needs）與欲求（Wants）。需求是我需要的；欲求是我想要的。我需要一個包包，我想要一個名牌包包；我需要搭飛機，我想要坐頭等艙；我需要一部車；我想開超跑。行銷策略的宗旨一直以來是滿足消費者需求、創造消費者欲求。根據 PwC 的調查報告，消費者在疫情之後購買更多的產品項目幾乎全是生活上的必需品（見圖 11-3-1）。由於封城或居家限制令的實施，不易腐爛及冷凍食物的採購大幅增加，連帶的是因居家時間的增長，家居清潔用品也顯著地增多。在短期間之內，受到預算的限制（家庭支出）的影響，這些必需品的支出增加，勢必限縮了其他財貨的購買，尤其是欲求消費行為的物品。另外，在此同時，對有些家庭而言，疫情帶來的失業傷害，使家庭

支出的商品組合不僅僅重新分配，在絕對的支出水準上也大幅降低，使得消費更加保守，價格敏感度亦更加提升，以至於從欲求消費行為轉趨需求消費行為的現象益加明顯。

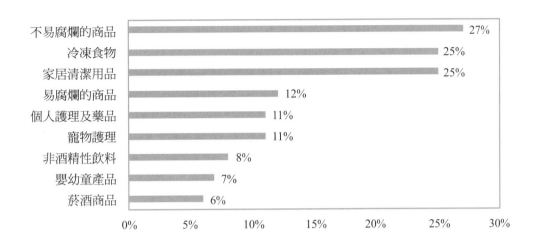

資料來源：Evolving priorities: COVID-19 rapidly reshapes consumer behavior (source: https://www.pwc.com/us/en/industries/consumer-markets/assets/pwc-covid19-rapidly-reshapes-consumer-behavior.pdf)

圖 11-3-1 **疫情衝擊下消費者對各項商品購買增加百分比**

　　上述全球性的調查報告結果，在臺灣地區的情況亦可以得到印證。根據東方線上消費者研究集團（以下簡稱東方線上）針對消費者因為疫情的關係，調查讓他們覺得哪些事情在生活中，「沒有」原來想像中這麼重要？結果排名第一的是「購買名牌精品」（見圖 11-3-2 所示）。顯見疫情的關係，讓消費者從想不想要的欲求行為，轉成我需不需要的需求行為。接續排名在後的購買行為有：逛百貨公司、到電影院看電影、出國採購度假、餐廳的裝潢風格等，這些「沒有」原來想像中這麼重要的消費行為，在疫情的衝擊之下，自然在短期間之內會降低消費者在相關項目的消費支出。然而，更值得觀察的是，就長期而言，這樣的一種「沒有」原來想像中這麼重要，因而降低了消費支出的認知，是否會變成永久性或是一段長時期（三年、五年）的現象呢？也就是說欲求消費與需求消費這兩大市場區隔板塊的消長會持續多久？雖然可預見在未來一至二年內（樂觀）疫情可

能會因疫苗的問世而逐漸趨緩甚至解決，但是從欲求消費轉換成需求消費的現象在疫情過後會不會轉換不回來，而形成需求消費板塊大於欲求消費的現象是很有可能發生的。如果是，則行銷策略發展上碰到的首要挑戰是，創造消費者欲求的路線在疫情衝擊的影響下將會被大幅限縮。因為，一旦消費者認知、知覺、或意識到欲求（Wants）原來沒有想像中這麼重要，則行銷人員未來想要喚醒、改變、或重塑消費者的欲求，就算有可能也需要付出相當的努力才能成功扭轉。

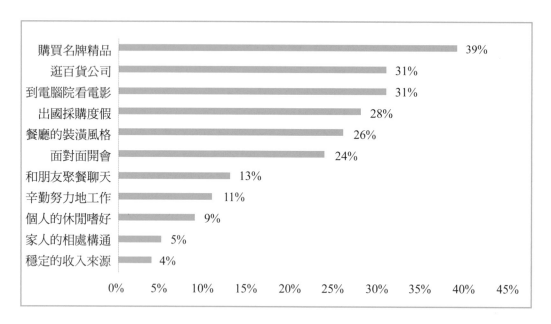

資料來源：東方線上消費者研究集團研究，後疫情時代臺灣消費變化追蹤調查報告（2020 年 08 月 12 日）。

圖 11-3-2 **因為疫情的關係，讓消費者覺得生活中「沒有」原來想像中這麼重要的項目**

根據馬斯洛需求階層的理論，生理需求與安全需求均屬於基本的需求消費行為。如果業者的產品或服務是滿足此基本層級的需求，其品牌策略較不容易創造出太高的價值[2]，不過通常卻可享有較大的市場量。當需求層級往上移動時，代表消費者開始移向欲求消費的行為。社交需求代表消費者的購買決策加入他人（親朋好友）的看法與眼光，這代表著消費本質不再只是單純的基本需求了。

註 2　品牌價值（Brand Value）或品牌權益（Brand Equity）是指在相同的產品或服務條件之下，消費者對於品牌的願付價格。

如果需求層級再往上移動，欲求的程度就愈加強。當業者的產品或服務以消費者自我實現需求為目標市場時，其品牌策略就可以創造出最大的價值。如圖 11-3-3（a）所示，需求層級金字塔的意涵除了從低階的生理需求到高階的自我實現需求之外，每一層的面積代表著市場規模的大小；而倒金字塔的品牌價值代表著每一層級的區隔所能創造出的品牌價值高低。如圖 11-3-3（a）中所示，底層的生理需求雖然享有最大的市場量，但是相對地，業者所能享有的品牌溢價是有限的；反之，最高層的自我實現需求雖然只有小小的一塊市場，但是卻可以讓業者有機會以成功的品牌策略，創造出高價值的品牌權益，進而享有較高的單位利潤。這是傳統的行銷理論，適用於疫情前的正常市場與經濟環境。然而在疫情後的市場經濟環境下，新的行銷策略思維要做如何轉變？

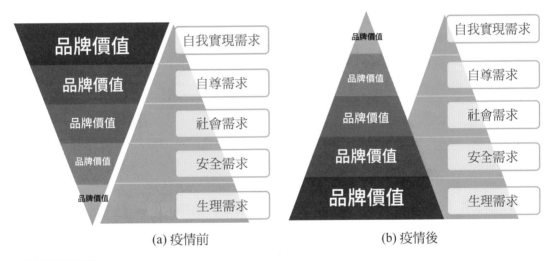

(a) 疫情前　　　　　　　　　　(b) 疫情後

圖 11-3-3 **疫情前後各階層的需求所能創造出的品牌價值變化**

　　圖 11-3-3（b）所示為疫情後，因應低接觸經濟環境下，基於消費者行為之轉變，品牌價值的策略調整。當欲求消費的強度減弱時，消費者對於業者所形塑的品牌價值（如實現消費者對於自我實現或自尊需求的滿足）失去興趣進而不願買單。因此，業者的策略思維應該因勢利導，轉向基本的需求消費市場。在過去的環境中，由於需求消費的板塊本來就大，消費者對於滿足此部分的需求很多，但是在價格敏感度超大的情況下，以至於業者執行低價、競價的策略，使品牌價值不易獲得較高的成果。如今情勢改變，基本需求消費的強度增強，使得消費

者的價格敏感度下滑。價格，不再是唯一的購買決策因素。業者應該利用此一時機，增強品牌在消費者心中的地位，建立有效、獨特的差異化品牌定位策略，創造出具有高溢價的品牌。

圖 11-3-4 為臺灣麥當勞以及美國 Amazon 針對疫情產生之後，消費者對於安全需求的要求程度大增所做的一種策略回應，該兩個例證說明即使是針對消費者的基本需求層級，業者仍可採取適切的溝通策略，確保或進一步提升他們在消費者心中的品牌價值。時時緊抓消費者需求變化的脈動，採取相對應的策略並有效率地執行，正是市場競爭哲理（見圖 11-1-2）理論所揭櫫的不二法則。

 圖 11-3-4 業者對消費者安全需求的承諾以增強其品牌價值

二　過程：享樂消費與精實消費

從消費者進行消費的過程，我們可以將其消費行為分成二大類：（1）享樂型消費（Hedonic Consumption）；（2）精實型消費（Lean Consumption）。追求享樂型價值（Hedonic Value Seeking）體驗的消費者行為，其第一個特徵是對於即使不具功利用途的產品或服務，只要購物的過程非常愉悅，也會進行購買決策，而且有時候會多多益善。譬如在餐廳用餐結束後的甜點消費，如果因為用餐過程的體驗非常愉悅（食物精美、服務到位），消費者通常會點選非常可口、高糖分、高熱量的蛋糕，即使不太健康。如果是在逛街購物時，追求享樂型價值體

驗的消費者亦會對賣場的佈置（動線）、裝潢設計、視覺（色彩）、嗅覺（空氣品質、芬芳氣味）等因素，而產生衝動性購買決策。

享樂型消費者的第二個特徵是消費過程中，其購買決策因在意旁人的眼光而受到影響。所謂的旁人可能是同行消費的親朋好友或是不認識的第三者。為什麼會在意他人的意見或是眼光（甚至一個眼神）呢？因為基於人性的本質，會非常潛意識地喜歡分享自己的愉悅心情，並展現出來讓旁人也感受愉悅的氛圍；或是有意識地展現讓他人忌妒或羨慕，進而更加增添喜悅的心情。所以在決策的當下，往往是為了證實我真的很愉悅、很快樂，而非完全是因為對該產品或服務的偏好。

反之，精實型消費者對於前述這些消費過程的各項因素較不受其影響。對這個市場區隔的消費者而言，他們是屬於比較理性的購物決策者，比較專注於產品或服務的本身所提供的利益（benefits）是否符合其需求，因此，消費的量或次數均有所節制。另外，對於產品的品牌、規格、樣式等等的選擇，精實型消費者的要求相對於享樂型消費者而言，也不會太多。當產品的選項愈多時，享樂型消費者愈能享受從中挑選的樂趣。但是精實型消費者會自動限縮範圍，在少數的方案中做成決策，所以，業者面對此種消費行為的轉變，其最適的回應策略便是精實生產策略，亦即縮小產品線的長度、深度與廣度。

享樂消費	精實消費
☐ 擁有這產品很開心，愈多愈好	☐ 沒有這產品不行，夠用就好
☐ 購買的過程比較重要	☐ 購買的結果比較重要
☐ 在意旁人的眼光	☐ 不在意旁人的眼光
☐ 購買時的罪惡感，容易導致購後後悔行為的發生	☐ 購買時無罪惡感，較不會導致購後後悔行為的發生

圖 11-3-5 疫情前後消費行為過程的變化

最後，享樂型消費的第三個特徵是消費者心中那一絲絲的罪惡感。因為畢竟有些產品（如高熱量的蛋糕）並不是真的那麼需要，只是在購買的過程中，能夠獲得旁人的認同或羨慕，往往比起產品本身的利益來得更重要。然而，就在購

買、消費之後，當消費者一人獨處之際，理性的因子回復腦中，突然之間，原本心中的那一絲絲的罪惡感開始發酵，後悔的情緒油然而生。

網路電商購物平台或是電視購物頻道若以吸引享樂型消費族群為目標市場時，為了滿足消費者希望享受如同逛街購物的樂趣，追求享樂型價值的體驗，電商或電視購物平台業者會利用資通訊的新科技，主動地引導、誘發顧客的消費行為，進而重新塑造（reshape）新的消費型態，甚至改變消費決策準則。此種策略的成功關鍵因素在於網路平台業者以 VR 為核心技術所設計的系統（譬如穿衣、化妝、看屋等等）；電視購物平台則以各種證言、故事、實境秀等方式，在與消費者互動過程中，精準地執行各項告知、提醒、推薦，加以觸動消費者的購買欲望與行為。然而依據享樂型消費行為的理論，消費者因為一時的享樂（亦即因購買的過程非常愉悅，而非真正有需要）所做成的購買決策，往往事後都因為一份罪惡感的產生而後悔。所以，網路電商購物平台或是電視購物頻道在各種零售通路業態中，其退貨率頗高，通常在三、四成左右（有些電商業者甚至可能高達七成）。我們可以預期在低接觸經濟環境中，因為封城、保持社交距離等防疫措施的影響之下，消費者的享樂情緒大受打擊，促使消費者的行為轉向精實消費的區塊移動。如此一來，由於消費者購買時因較無罪惡感，較不會導致購後後悔，因此，同樣的營業額（甚或因疫情而增長）將受惠於退貨率的降低，其所帶來的效應會是營業利潤的提升。

三　準則：效用消費與效率消費

2008 年底的全球金融海嘯發生之後，新聞週刊（Newsweek）的資深編輯葛羅斯（Daniel Gross）幽默地提出國際經濟的「星巴克」（Starbucks）理論。他認為星巴克連鎖店與一國金融資本的關係愈密切，則這個國家遭受金融危機的風險愈大。他觀察之重點在於：若在一個地區之內，其金融、房地產等經濟活動愈活躍時，人們對星巴克所提供的「人與人的互動」與「第三空間」的需求愈依賴，也就是說星巴克所提供給顧客的效用，不是單純的咖啡口味而已。這種多樣性的效用消費在當年金融海嘯時，已見其衝擊威力，如今受到 COVID-19 疫情大爆發的影響，對於大封鎖時受到的重創，星巴克積極轉型以適應後疫情時代的低

接觸經濟商業型態，除了宣布將在未來一年半內，關閉美國及加拿大 400 家傳統門市，但同時一年內也將開設 300 家專門服務外帶的新店面（包括自助無人店、得來速等）。

由以上的案例可以了解到，疫情前「效用消費」（Utility Consumption）的消費決策準則，因受疫情的衝擊而轉變成為「效率消費」（Efficiency Consumption）的消費決策準則，此二種消費決策準則的差異如圖 11-3-6 所示。以效用消費為決策準則的消費者具備了多樣、多型態的效用，這種多樣效用（Multi-utility）的滿足，通常是同時發生且被要求同時具備，除了星巴克的例子之外，健身房、餐廳等也有同樣的消費情境。

效用消費	效率消費
☐ 多樣性效用	☐ 單一性效用
☐ 決策準則多	☐ 決策準則少
☐ 喜歡投入較多的精神	☐ 不想花太多精神的投入
☐ 價格不是唯一因素	☐ 價格是最簡單的指標

圖 11-3-6 **疫情前後消費行為準則的變化**

一般而言，消費者所追求的經濟效用（Economic Utility）可包括：（1）形態效用（Form Utility）：如咖啡種類、運動器材、菜單等的選擇；（2）地點效用（Place Utility）：實體店區位、地點、店內裝潢、音樂等；（3）時間效用（Time Utility）：如購買的時間點以及獲得商品或消費的速度；（4）擁有效用（Possession Utility）：如讓他人知道你在喝星巴克的效用。基於這些多樣的效用形式，消費者此時的消費準則就會變得較為複雜，因為需要多面向的評估是否能夠滿足其多重的效用，所以，消費者會比較喜歡投入較多的精力與資源在決策的過程中；也因為如此，價格往往就不會成為購買決策的唯一考慮因素，隱含低價格敏感度的行為。反之，如果消費者追求的是效率消費，其決策準則較為精簡，決策涉入的程度較低，代表他們不會投入較多的精力與資源在決策的過程中，於是價格往往成為一個重要的指標，以助其達成效率消費之目標。結論是：原先高涉入、低價

格敏感度的「效用消費」市場區隔板塊，在疫情發生後的低接觸經濟下勢必縮小；取而代之的是「效率消費」市場區隔板塊。

第四節 國外經典案例

 Campbell, US

（一）公司簡介

在 COVID-19 期間表現相對亮眼的一間美國公司是 The Campbell Soup Company，也就是眾所周知的坎貝爾（Campbell's）。該公司主要商業模式為加工和銷售各種品牌的罐頭食品以及飲料和零食。坎貝爾（Campbell's）以其同名的濃縮湯系列（見圖 11-4-1）和受歡迎的零食品牌（Goldfish crackers、Pepperidge Farm cookies 和 Cape Cod potato chips）而聞名，更不用說 V8 番茄汁了。這家市值 83 億美元的公司成立於 1869 年，總部位於新澤西州卡姆登市。

圖 11-4-1 坎貝爾的濃縮湯（Campbell's, 2020）

（二）在 COVID-19 期間坎貝爾發生了什麼事？

當 COVID-19 開始流行以及政府開始實施封城時，許多消費者開始囤積衛

生紙、洗手液和清潔用品；同時，他們也囤積了許多不易變質的食品，如麵、米或罐頭食品。因此，當數百萬消費者、工人及其子女突然發現自己困在家中並須自理三餐時，坎貝爾濃縮罐頭湯的需求立即上升 140％；此時，零售商也收到大量且須即時履行的線上取貨訂單。根據麥肯錫（2020）報導，消費者已大量地轉向數位、電子商務，並減少去實體店購物的行為。當坎貝爾必須與通路商和零售商合作以滿足大量線上電商產品需求和傳統商店供貨需求時，這讓坎貝爾感到壓力。

在 COVID-19 的初期，坎貝爾首先必須應付的大挑戰之一就是庫存枯竭。隨之而來供不應求和部分核心商品的短缺，則導致坎貝爾失去了部分市場占額，這也顯示坎貝爾即時食用產品供給模式的應變能力薄弱。另一項在 COVID-19 所顯露的問題是：坎貝爾對產品多樣化的過度投資；在前任 CEO 的領導下，坎貝爾的產品組合增加了 50 種新產品。

（三）公司如何解決這些問題？

2020 年 3 月初，當 COVID-19 正開始流行時，坎貝爾做了一個明智的決定，就是將產能提升並使庫存量最大化。除了提升產能外，坎貝爾的供應鏈部門還迅速調整產線時程表與產品種類，使他們能專注於生產更多核心食品。短時間內，坎貝爾調整產品供應的重心，以確保核心產品和品牌供應無虞。另一方面，這也迫使坎貝爾必須在短期內重新評估其產品種類，並思考日後要如何經營產品的多樣化。

為了在 COVID-19 的影響下，使未來仍能維持一個健康的商業模式，坎貝爾還致力建立一個可永續經營的供應鏈。坎貝爾副總裁 Roma McCaig 說：「在這充滿挑戰的時期，比以往都重要的是，我們必須往永續經營與建造一個更具韌性的供應鏈模式發展，才能夠保護我們稱之為家的社區。」坎貝爾的策略包括四項主要目標：第一項目標是在 2030 年時，將所有產品包裝轉換為 100％可回收或可堆肥的設計和材料；第二項目標是在 2030 年時，使用更多的回收材料，尤其是 PET 瓶；第三項目標是在 2022 年時，為所有產品添加回收說明；第四項目標是透過同行和行業團體建立合作夥伴關係，並進行投資以增加一般的回收基礎設施。這些改變將有助於坎貝爾在未來面對 COVID-19 或其它供應鏈中斷的情況下能更具彈性，且能降低對原材料供應商的依賴性。

二 TRIGEMA, Germany

（一）公司簡介

　　TRIGEMA 成立於 1919 年，是德國最大的運動與休閒服製造商之一。 該公司提供高品質的運動休閒服及家居服給女性、男性、青少年和兒童。TRIGEMA 位於德國 Burladingen 州 Zollernalbkreis 區的 Burladingen。家族企業以獨資經營的形式進行管理（Einzelunternehmen）。該公司稱為 TRIGEMA Inh. W. Grupp e. K，唯一擁有人和董事總經理是 Wolfgang Grupp。值得注意的是，Grupp 強調工作安全是公司理念的一部分，在和員工視訊對談的溝通中，他也重申了諾言並誓言要避免減少工作時間。

（二）在 COVID-19 期間公司發生了什麼事？

　　由於全國啟動 COVID-19 防疫措施， Trigema 所有商店被要求關閉。受疫情影響，零售店的關閉也造成 Trigema 襯衫和上衣的生產大幅度減少，Trigema 因此宣布這意味著公司銷售額將下跌 50％以上。由於德國醫院口罩的匱乏，小型地區醫院缺乏必要的材料來提供適當的措施。該公司在二月份接到了當地一間醫院為了維持員工口罩需求而尋找口罩生產者的商機，雖說醫院對一次性口罩很感興趣，但 Grupp 因生產線安排的考量而拒絕了此需求。

（三）公司如何解決這些問題？

　　如前所述，Trigema 這家德國服裝製造商的總經理被詢問到是否可以協助生產口罩，他讓診所知道他們無法生產一次性產品，但將進行試驗以探索生產多種用途口罩的可能性。因此，他們測試了各種織物的適用性；最後，他們選擇 piqué 做為縫製類型，這在 polo 衫中最為人所知。由於面罩必須可重複使用，因此要能夠煮沸，而這是由一半超級精梳棉和一半聚酯纖維所製成的；當然，醫療設備必須經過標準化和認證，而霍恩海姆大學向公司生產的口罩授予了口鼻保護口罩（MNS）標準認證。經過成功的試驗後，由於 COVID-19 帶來的新商機，他們已將其生產線部分切換為生產口罩和鼻罩，並自 2020 年 3 月 19 日以來開始生產口罩。其總經理在接受 FAZ 採訪時說：「改型機器不是生產口罩所必需的，

經驗才是重點。」Trigema 先前已具有相關法規的知識，該公司一直為老人院的員工生產少量的禮服；從 3 月開始生產到 4 月中旬，Trigema 已交付了約 350,000 個口罩，每天增加 35,000 個。

 ## 三　Think and Learn, Pvt. Ltd., India

（一）公司簡介

Think and Learn Private Limited，簡稱 BYJU'S，是一家由 Byju Raveendran 於 2011 年創立的教學素材科技和線上教學公司。BYJU'S 於 2018 年 3 月加入了著名的獨角獸初創企業聯盟，也成為了世界上最有價值的教學科技公司。BYJU'S 在 2019 年 3 月的市值達到 54 億美元。著名的寶萊塢演員 Shah Rukh Khan 是該公司的品牌大使。

BYJU'S 的主要產品是 2015 年 8 月推出的 APP，APP 的教育內容主要針對 1 至 12 歲的學生。此外，BYJU'S 也針對印度 NEET、CAT、IIT-JEE、IAS 等專業證照開設專攻班；BYJU'S 也有提供想考取國際 GRE 和 GMAT 的學生相關資訊與課程。截至 2019 年，BYJU's 已從騰訊、Sofina、Sequoia Capital India, Chan Zuckerberg Initiative 的投資者獲得總計 7.85 億美元的資金。

（二）在 COVID-19 時公司發生了什麼事？

BYJU'S 的成長故事主要重點在於行銷與業務之間的相互作用。要找到正在說服隔壁鄰居購買相關產品的 BYJU'S 業務並不難，為了增加業務滲透與成功的機率，BYJU'S 業務會結合激烈的銷售手段以及即時互動來促使銷售成功，這也使 BYJU'S 成為印度新創教育科技公司中最成功的案例，並有利於 BYJU'S 邁向獨角獸之路。BYJU'S 目前已投入大量資金來發展強大可靠的銷售隊伍，以維持相較於競爭對手的優勢。

但 COVID-19 的出現造成所有相關部門癱瘓並阻礙了其增長，對依賴直銷方式的 BYJU'S 尤其嚴重，因為該國已實行嚴格的封鎖，必須遵守社會隔離規範。因此，業務無法透過實際的互動模式來增加付費客戶，從而降低了整體收入；而其先前開發的 APP 及免費使用與付費加值的行銷模式則扮演起更重要的角色。

（三）公司如何解決這個問題？

　　COVID-19 的流行對全球學生的教育和學習曲線產生了負面影響，聯合國教科文組織的一份報告指出，COVID-19 將影響 13 個國家的大約 2.9 億學生的學業。為了因應 COVID-19，BYJU'S 的巧妙舉動使該 APP 免費可供任何人下載和瀏覽內容；在此舉之前，消費者必須根據他們所選的產品與內容支付訂閱費用。而現在 1 至 3 級的學生則可以瀏覽數學和英語課程；4 至 12 級的學生則可以瀏覽數學和科學課程。在 COVID-19 後 BYJU'S 開始免費提供課程瀏覽，使學生可不受阻礙地獲得線上學習機會。

　　透過平台上新用戶數量的層面來看，免費使用與付費加值的策略獲得相當好的回饋。截至 2019 年 12 月，BYJU'S 教學 APP 的 280 萬付費用戶增加 60％的新用戶，證明一個新的行銷模式能獲得更多的潛在客戶。這是一種集客式行銷策略，透過吸引人的內容來讓顧客主動找到你且搜尋你的產品，而 BYJU'S 就是一個最好的案例，因為有許多受到 COVID-19 影響而需要家庭學習計畫的需求，使查詢數量大大增加，也因此增加許多潛在的付費用戶。

四　Domino's, France

（一）公司簡介

　　達美樂 Domino's 被視為全球最大的 Pizza 公司之一。達美樂的主要收入來自 Pizza 的外送和外帶服務。達美樂在全球超過 85 個國家 / 地區拓展業務，擁有超過 16,000 個銷售據點。做為一家國際化的大企業，達美樂有許多目標，且這些目標不斷創新，年年提供新產品，一直努力提高產品品質，達美樂的口號是「賣越多 Pizza 就越快樂」；如同達美樂的願景，達美樂的營銷策略也確實很有趣。

（二）在 COVID-19 時公司發生了什麼事？

　　2020 年 3 月 15 日，法國開始進行大規模的封鎖行動，因此大多數餐館都關閉了；儘管如此，外送餐飲業務仍持續在運作。雖然外送服務是達美樂日常業務的一部分，但這次達美樂無法輕鬆地去管理新環境下的送餐服務，在疫情的影響下，消費者將外送 Pizza 的業務員視為感染源，因此造成了達美樂許多困擾。此

外，達美樂也擔心 Pizza 製作過程中會有因為接觸而產生的防疫突破口。

（三）公司如何解決這些問題？

在 COVID-19 爆發期間，法國的達美樂成了企業社會責任的象徵。達美樂在疫情最艱難時提供了大量的免費 Pizza 給疫情的第一線人員，如醫護人員和警察，使達美樂獲得了消費者的信任。此舉得以實現，不僅是因為達美樂是一個大品牌，且有很多人在協助達美樂完成這件事，也因為達美樂在短時間內提出了多元的行銷策略。達美樂在新廣告中強調了 Pizza 的製作過程是完全無菌、安全且沒有任何污染的風險，也強調遠距離傳遞，使消費者在購買服務上不再有疑慮。

第五節　我國指標性個案

 麗寶大數據 HiMirror

麗寶大數據透過領先業界的科技技術，於 2016 年推出全世界第一款智慧美容與健康管理的居家科技產品「HiMirror 美肌科技魔鏡」與「Smart Body Scale 智慧體態魔毯」，透過雲端運算平台之研發、營運、行銷與品牌顧問服務，以及即時智能推薦電子商務、雲端海量數據採集分析、智慧精準行銷系統、IoT 物聯網、內容數位媒體之全通路平台，與現今的美容、健身、時尚產業協同發展出新型態商業模式。

在 COVID-19 的肆虐下，政府與專家開始呼籲降低人與人的接觸來達到防疫的最佳效果，這也催生了非接觸式技術崛起。目前多數企業為了降低員工感染風險，需要安排人力進行溫度檢測，但此舉還是有因近距離接觸而導致感染的風險。因此麗寶的大數據應用結合了原有的臉部辨識技術和紅外線溫度感測技術，開發了 HiMirror「IR 體溫感測器」，提供企業一個能夠降低接觸感染風險、免除耗材成本、不需額外電池或充電程序的智慧防疫機。透過 IR 體溫感測器，企業可結合員工出缺勤系統，讓員工在刷臉上班打卡的同時，直接自動量測溫度，一旦發現溫度異常，即能立即記錄並傳到管理單位，再派人力做進一步確認，解

決企業在疫情期間，測量體溫耗時又耗力問題。

除此之外，麗寶大數據固有的肌膚檢測服務也造就了非接觸式經濟下的商業模式創新。透過 HiMirror Mini（智慧化妝鏡／魔鏡）和 Smart Body Scale 智慧體態魔毯，消費者可以在不用出門的狀況下分析個人臉部肌膚狀況、身形體態狀況等健美體態數據，透過分析結果再到 HiMirror Beauty Box 電子商務平台，挑選與購買由平台根據分析後所推薦的產品，讓分析、推薦、挑選到購買的程序完全能夠在無接觸的狀況下達成。

傳統測溫　　　　　　　　　　　　　　IR 體溫感測器

❌ 需消耗人力進行檢測　　　　　　　✅ 快速測溫，操作1秒簡易上手

❌ 近距離接觸，增加感染風險　　　　✅ 無接觸，免除碰觸感染機會

❌ 人為因素影響測量結果　　　　　　✅ 自動偵測，降低量測距離及角度誤差

❌ 需更換耗材　　　　　　　　　　　✅ 免除耗材成本，不需額外電池或充電程序

❌ 較高誤差值，需多次測量確認　　　✅ 低測量誤差，降低錯誤通報

圖 11-5-1 **無接觸體溫感測**

二　零售數位轉型

自從 2020 年初開始，疫情衝擊下的零售通路不免經歷初期的大震撼，營業額同步大幅降低。但是很快地基於消費者行為的轉變（從欲求消費轉為需求消費），便利商店、超級市場與百貨公司卻開始有不同的命運。根據經濟部統計處資料顯示，最能滿足消費者基本需求消費的便利商店業首受其惠，營業額復原最快，從 2 月開始超越百貨業；其次，超級市場的營業額也逐步因疫情的趨緩，營

業額也超越了百貨公司。因為 COVID-19 影響，欲求消費的縮減，使得民眾前往百貨公司購物的意願降低，再加上疫情導致民眾減少外食，就近採購需求擴增，推升便利商店、超級市場、量販店的營收成長。

對於此波疫情，我國雖然在全體民眾高度防疫的意識與實際行動的配合下，成為全球疫情受害最輕的地區，民眾在臺灣的生活相對於歐美地區較為正常許多，但仍有許多商業服務業受到嚴重影響。其中，百貨公司的專櫃開始尋求「線上直播」的銷售方案；部分連鎖超市則加強設置「自助結帳」設備，減少人與人之間的接觸，讓民眾逐漸習慣新型態的結帳服務。自助結帳服務於 1992 年首度出現在美國砍價超市（Price Chopper），其目的主要為了要有效縮短顧客的結帳時間、收銀員的工作負荷及節省人力成本來設計。然而經過長期的推廣，成效不彰，畢竟節省人力成本的目標沒有想像中的重要或有效；而縮短顧客的結帳時間對於許多享樂型消費者而言，並非他們主要關心的事情。如今情勢大變，疫情使得消費行為的板塊飄移到「需求消費」、「精實消費」、「效率消費」的市場區隔；低接觸經濟的形成，則使自助結帳出現了強烈需求。自助結帳與人工結帳並不是只有結帳螢幕朝向店員還是朝向顧客的差別，而是消費者對此項服務的需求因疫情的影響而增強。

隨著數位科技的發展，自助結帳功能進一步延伸可以讓顧客預先透過手機 APP 掃描條碼，接著用 APP 線上付款或以 QR Code 至自助結帳機完成付款動作。這樣的使用情境，可以讓消費者在挑選商品的同時，就開啟 APP 掃碼功能把想要選購的商品條碼放置到虛擬購物車；結帳時，就可利用特殊通道完成最後的付款後快速通關。APP 掃碼功能記錄著顧客消費旅程，可以明顯看出線上線下整合的零售服務科技應用歷程，並且在購買階段展現線上線下的高度互動，同時也是讓顧客自己在挑選商品時就先完成掃碼動作，甚至是走進結帳區之前，就可以完成結帳作業。

雖然國內疫情並未有嚴重社區傳染，但仍對整體消費零售市場造成衝擊，全家便利商店已與工業發展研究院合作開發無人智慧商店「易取智慧商店」。工研院表示，為了解決未來社會面臨的少子化、高齡化問題，運用科技解決零售業的勞動力不足；更重要的是疫情過後，對於數位轉型、強化產業韌性需求已迫在眉睫。全家便利商店與工研院合作，借助其 AI 人工智慧及大數據研發能力，發展出智慧化、自動化、低接觸的零售技術，再由全家便利商店將店舖做為跨領域、

跨產業的科技實驗平台，積極運用多元數位科技，滿足社會趨勢與消費者需求。後疫情時代也是零售業轉型、突破逆境的最佳時機。業者不僅能運用 AI 人工智慧、大數據及 AIoT 技術提升零售服務品質、簡化人力勞務，加速臺灣各零售業進行數位轉型，打造新零售生態系。

圖 11-5-2 智慧化、自動化、低接觸的自助結帳系統

 三 **外送平台服務**

受 COVID-19 疫情大海嘯的影響，首波受創最深的就是航空旅遊產業，其次就是餐飲業了。這二個標準的服務業，其易逝性（Perish ability），也稱為「不可儲存性」之特徵，因服務無法被保存的特性，使逝去的業績，就算疫情過後，也無法彌補。在餐飲業的寒冬之際，自然助長美食外送平台使用頻率大幅提高，近四成的使用者表示疫情期間比平常更常透過平台訂購餐點。根據凱度洞察與 LifePoints 的調查結果顯示[3]，47％的民眾曾透過外送平台訂購餐點，其中超過三分之一的使用者是在疫情期間首次嘗試外送平台服務，顯示民眾因對疫情的擔

註 3　資料來源：https://www.foodnext.net/news/industry/paper/5111450514。

心，故大多選擇在家或辦公室用餐，間接推動了美食外送平台的成長。

當外送平台服務需求大幅成長之際，美食餐廳面臨的決策是：自建外送服務團隊，還是委外給現有的外送平台？這個問題一如業者要採取「產銷合一」？還是「產銷分離」的體制？根據交易成本理論（Transaction Cost Theory），如果餐廳所提供餐點的客製化程度愈高、對於配送條件要求程度愈高、與顧客之間訊息交換的質量愈高的情況下，則傾向「產銷合一」也就是自建配送團隊；反之，像夜市的攤商，其產品標準化程度高、配送條件較基本、也無需太多與顧客間的互動，則採取「產銷分離」，亦即委外給現有的外送平台，不失為一良策。

除了從交易成本上考慮外送平台的取捨問題之外，也有餐飲業者跳脫這個成本思維，從行銷角度思考，不同市場區隔策略讓外送平台模式另啟新事業，擴張市場，把餅做大。譬如義式餐廳客意直火（Pizza CreAfe'）創立沒有實體店面的「線上品牌」喀義屋，就是靠外送實現內部創業的很好案例。客意直火用既有的廚房、既有的資源，再配合外送的服務，卻能直接提高餐廳的坪效，並且創造用餐離峰時段的收入。藉由行銷策略思維典範的移轉，聚焦消費者需求的意義，就是將餐廳的 location 變成消費者的 location，這個改變將為餐飲產業帶來全新的風貌。中央廚房加外送平台，成為「新餐飲」產業；餐廳品牌的建立不再只是侷促在大街小巷之內，而可以透過外送平台的協助，將品牌推廣至更大範圍的商圈。

最後，當疫情過後的外送平台會否持續在高檔成長？還是回復到疫情前的水準呢？依據疫情前後消費行為的轉變現象，疫情過後的消費行為自然會轉回到原先的欲求消費、享樂消費、與效用消費的狀態，而對於外送平台而言，這三大版塊的消費者並非其目標市場，故外送平台的服務較不能滿足其需求。當回歸正常生活型態之後，外送服務平台的經營模式仍應聚焦消費者隨機自發性需求（Spontaneous Demand）的觸點（contact points）做為 location 的基礎，發展電商平台來滿足並刺激消費者購買行為，繼續吸引餐飲店家願意合作上架，除了平台曝光度有廣告效果之外，如何透過平台提供的附加服務，例如透過大數據分析，做到協助店家提升業績的具體效果才是關鍵。譬如 Uber Eats 透過數據分析，扮演餐飲投資顧問的角色，分析消費者對特定料理的偏好，建議餐廳開發哪些特定料理。另一方面，透過線上客服功能，消費者如果不知道吃什麼，或是想進一步了解，能利用內建的線上通訊系統，與客服人員溝通，精良的客服系統可以根據

消費者個人偏好的特性，給予最即時的推薦服務。

第六節　總結與展望

　　受到 COVID-19 疫情大爆發的影響，「低接觸經濟」之下，消費行為從欲求消費挪移至需求消費；從享樂消費變成精實消費；從效用消費轉為效率消費。依據行銷市場區隔理論，這些不同板塊的消長，不僅僅是因為消費者行為的異質性，更因為消費行為的動態性。就學理的角度而言，異質性的現象是長久的，上述六種消費區塊是長期存在的；動態性的特徵則是短期的，影響的是板塊間的消長。因此，對於因疫情的影響而產生的低接觸經濟現象，這些消費行為的變化應該都是短暫的。就臺灣市場而言，不僅短暫，其消長的幅度，也不似歐美來的大。

　　當洞悉市場消費者端的變化後，並不代表臺灣的業者就可以維持現狀，等待疫情結束。建議業者經營的數位轉型策略必須徹底執行，因為決策的科學化、接觸形式的多樣性，與內容行銷的個人化等策略，不論是有疫情還是沒疫情，也不論是有接觸經濟還是低接觸經濟，都是業者未來必走的道路。面對大數據、人工智慧、AR/VR 等五光十色、炫目奪人的數位科技時，企業千萬不能迷失而落入行銷近視病的陷阱，以為堆疊一些硬體技術，系統就能贏得市場競爭，而是要設法從消費者的情感連結、核心需求，依據市場動態的角度來引進數位科技，有效融合線上、線下及實體、虛擬的服務體驗，要讓顧客在搜索、詢問、評估、下單、付款、送貨、安裝、維修等各種可能的觸點，都能經歷一場令人感動的服務旅程。即使將來不得不生活在防疫新世界裡，唯有將數位企業與數位消費者結合，才能讓市場變成充滿歡喜、快樂、有趣的世界。

CHAPTER 12 ▷ 最新公司法下組織型態之選擇與運用

拓威法律事務所／蕭富庭律師

第一節　前言

　　2018 年財經法大事就是公司法大翻修。揭開大翻修序幕的，是由產官學合作組成的修法委員會提出公司法全盤修法建議[1]，其次是經濟部提出修正草案，然後再召開跨部會修法會議逐條討論。由於公司法乃國家經濟發展之基石，當時修法備受矚目。不論是當時修法委員會提出的修法建議，或是經濟部的修正草案，均強調「大小分流管理」精神，顯見讓中小企業可以有效且容易利用公司法，特別是股份有限公司制度，是公司法的修法目標[2]。

　　令人鼓舞的，2018 年 7 月 6 日立法院終於三讀通過公司法修正草案，總統於 8 月 1 日公布。根據公司法部分修正條文總說明，此次修正要點為：友善創新創業環境、強化公司治理、增加企業經營彈性、保障股東權益、數位電子化及無紙化、建立國際化之環境、閉鎖性股份有限公司更具經營彈性、遵守國際洗錢防制規範，共八項修正重點。

　　關於我國公司組織選擇與運用現況，根據 2020 年 5 月經濟部商業司公司登記現有家數及實收資本額統計[3]，我國公司總計家數為 709,858，其中 9 家無限公司、兩合公司 7 家、有限公司 534,491 家、股份有限公司 169,683 家。以家數來看，選擇設立有限公司者最多，約七成五，其次是股份有限公司，極少數選擇設

註 1　公司法全盤修正修法委員會，修法建議，網址：http://www.scocar.org.tw/，最後瀏覽日期為 2020 年 7 月 16 日。

註 2　陳彥良，我國公司法制之再進化 —— 以二〇一八年公司法修正為中心，財金法學研究，第 1 卷第 2 期，2018 年 9 月，頁 184-187；蕭富庭，為中小企業調整有限公司的預設規定，工商時報，2017 年 3 月 15 日。

註 3　經濟部商業司，公司登記統計資料，網址：https://gcis.nat.gov.tw/mainNew/subclassNAction.do?method=getFile&pk=980，最後瀏覽日期為 2020 年 7 月 16 日。

立無限公司與兩合公司。

在新公司法下如何選擇公司組織型態，以及如何在已設立的公司組織下運用新公司法，為修法後之討論重點。特別是公司章程是規定公司組織及活動的根本規則，在 2018 年修法後，公司章程自治空間因修正規定而大幅調整。如何掌握公司組織型態之差異及運用章程自治空間，為本章之撰寫重點，期能提供創業者、公司經營者與公司股東參考。

本章內容安排為：前言之後，第二節為股份有限公司的彈性靈活運用；第三節為有限公司預設規定的變更運用；第四節為閉鎖性公司的新創與傳承運用；最後為結論與建議。

第二節　股份有限公司的彈性靈活運用

公司法就公司章程規定基本上分為絕對必要記載事項、相對必要記載事項與任意記載事項。所謂絕對必要記載事項，是公司章程一定要寫的事項，如果沒有記載或記載違法，將導致公司章程無效以及公司設立因未具備要件而歸於無效。而相對必要記載事項，就是法律規定的任意記載事項，如果沒有記載，不會影響章程的效力。如果有記載，則產生章程事項的效力[4]。公司法給予股份有限公司章程自主的空間，主要在於任意記載事項，只要不違反強行規定，也是股份有限公司彈性靈活運用的空間[5]。

最新公司法開放章程自治有突破性發展，對於股份有限公司的彈性運用，具有重大意義，尤以下列三項修正重點，給予股份有限公司彈性靈活運用的空間，最為重要：

註 4　王志誠，公司法：第二講—公司之章程與自治，月旦法學教室，第 23 期，2004 年 9 月，頁 65。

註 5　曾宛如，公司法制基礎理論之再建構，元照出版，2017 年 8 月，初版，頁 67-68。

一 非公開發行股票公司發行特別股的彈性靈活運用

　　2018 年公司法第 157 條規定增列非公開發行股票公司可以發行複數表決權或對於特定事項具否決權的特別股，也可於章程訂定特別股股東當選一定名額董事的權利，以及可以規定特別股轉讓的限制。修正理由說明：「增訂第 4 款至第 7 款。按現行第 356 條之 7 規定，閉鎖性股份有限公司為追求符合其企業特質之權利義務規劃及安排，已可於章程中設計相關類型之特別股，以應需要。為提供非公開發行股票公司之特別股更多樣化及允許企業充足之自治空間，爰參酌上開第 356 條之 7 第 3 款後段至第 6 款規定，增列第 4 款至第 7 款。」

　　第 157 條如此修正，讓非公開發行股票公司可以發行以下類型特別股而靈活運用，以掌握董事會及公司營運，並為避免特別股流入外人之手，也可設定轉讓限制：

（一）複數表決權特別股

　　所謂複數表決權特別股，就是一股有數表決權的特別股，不同於普通股一股僅有一表決權[6]。而複數表決權特別股的實務價值，就是讓股份數與表決權數不用劃上等號，透過複數表決權特別股影響股東會結果。

　　複數表決權可以寫多少，可參考經濟部商業司「閉鎖性公司專區」的常見問題回答：「依公司法第 356 條之 7 規定，公司發行特別股時，應就特別股之權利義務事項於章程中定之。特別股複數表決權，所謂複數，不限 1 倍，公司應於章程中明定之[7]。」因此，公司想寫 1 股擁有多少表決權只須於章程中明定。

　　至於實務上怎麼寫，最簡單的寫法是「本公司各特別股股東，每股有 2 表決權。」沒有細分特別股為甲種、乙種等類別，一律規範特別股股東就是每股 2 表決權。稍微細緻的寫法，則寫：「乙種特別股股東於本公司股東會決議時，每 1 股有 10 權之表決權。」這家公司除了寫到複數表決權外，還區分甲種、乙種特別股。

註6　王文宇，公司法論，元照出版，2018 年 10 月，六版，頁 358。
註7　經濟部商業司，閉鎖性公司專區常用問答，網址：https://gcis.nat.gov.tw/mainNew/subclassNAction.do?method=getFile&pk=607，最後瀏覽日期為 2020 年 7 月 16 日。

須注意者，縱使有複數表決權特別股，還是需要普通股股東的配合。公司法第 174 條規定：「股東會之決議，除本法另有規定外，應有代表已發行股份總數過半數股東之出席，以出席股東表決權過半數之同意行之。」其中前段是寫「已發行股份總數」過半數股東之出席，後段才是寫出席股東「表決權」過半數之同意。依照本條規定，股份有限公司的股東會要開得成，必須有已發行股份總數過半數股東的出席，是看已發行股份總數，不是看人頭，也不是看表決權。

假設一家非公開發行股票公司發行 100 股，其中 10 股是每股 100 個表決權的特別股，其他 90 股是每股 1 個表決權的普通股，這樣看起來這家公司的特別股股東似可 1 股可以抵其他 90 股。可是依公司法第 174 條規定，若沒有普通股股東 41 股的配合出席，股東會就開不成。在股東會開不成的情況下，特別股股東就算是 1 股 100 個表決權，依然派不上用場。

（二）對於特定事項具否決權特別股

對於特定事項具否決權特別股俗稱黃金股，在實務上除了可以鞏固創辦人或創業團隊對公司發展有重大決策權外，亦可以使投資人對公司重大決策有相當的控制力，甚至必須取得其同意[8]。

設計對於特定事項具否決權特別股最重要的工作，在於確定何謂特定事項。根據經濟部商業司新修正公司法問答集的回答，所謂「特定事項」係指股東會所得決議事項，尚不包括依公司法規定屬董事會職權事項。例如，委任經理人依公司法第 29 條規定屬董事會職權，特別股股東不得就董事會委任之經理人行使否決權。此外，對董事選舉結果行使否決權，亦非本款規定之特定事項[9]。

經濟部商業司上述回答，是根據我國公司法第 202 條規定：「公司業務之執行，除本法或章程規定應由股東會決議之事項外，均應由董事會決議行之。」即公司法採董事會優位主義，董事會才是公司業務決策的核心，除非依法或章程將特定事項交由股東會決定，否則應由董事會決定。在這樣情況下，研擬黃金股時須確定公司法交由股東會決定之事項，或經由章程擴張股東會權限的規定，以改

註 8　方嘉麟主編，閉鎖股份有限公司逐條釋義，元照出版，2016 年 10 月，初版，頁 92；廖大穎，發行具否決權特別股的實務爭議，月旦法學教室，第 211 期，2020 年 5 月，頁 28-31。

註 9　經濟部商業司，新修正公司法問答集 - 完整版，網址：https://gcis.nat.gov.tw/mainNew/matterAction.do?method=browserFile&fileNo=10903172_qa，最後瀏覽日期為 2020 年 7 月 16 日。

變公司法對董事會與股東會之預設權力配置。

　　至於特別股股東可行使否決權的時間點，依照經濟部商業司新修正公司法問答集的回答，特別股股東應於討論該事項之股東會中行使「否決權」，避免法律關係懸而未決。縱使特別股發行條件另有約定，得於股東會後行使，亦宜限於該次股東會後合理期間內行使，以使法律關係早日確定。具體個案如有爭執，允屬司法機關認事用法範疇[10]。

（三）當選一定名額董事權利之特別股

　　所謂當選一定名額董事權利之特別股，係指該特別股股東享有選舉出一定席次董事的權利。此種類型的特別股，可以達到保障少數股東在公司掌握一定董事席次的目的，鎖住經營權[11]。具體而言，保障特別股股東當選一定董事席次之意義在於強化控制權，創辦人或核心人物可因此掌握公司的實際經營權，創投或天使投資人可以獲得董事席次，確保董事會決議不致對其造成突襲[12]。

　　關於章程明訂保障特別股股東當選一定名額之董事，如何進行選舉？其實經濟部商業司新修正公司法問答集有清楚回答：「以累積投票制選舉進行選舉，保障由該類特別股股東所得選票代表選舉權較多者，依章程所訂名額依序當選為董事。例如，章程明訂置董事 5 人，其中 2 人應由特別股股東選任。股東會以累積投票制選舉進行選舉，依所得選票代表選舉權較多者依序排列，A（50 選舉權票）、B（45 選舉權票）、特別股股東 C（40 選舉權票）、D（35 選舉權票）、E（30 選舉權票）、特別股股東 F（25 選舉權票）……，選舉結果為 A、B、C（特別股股東）、D、F（特別股股東）；E 所得選舉權票雖比特別股股東 F 為多，但特別股股東 F 因章程保障之一定名額而當選[13]。」

註 10　經濟部商業司，新修正公司法問答集 - 完整版，網址：https://gcis.nat.gov.tw/mainNew/matterAction.do?method=browserFile&fileNo=10903172_qa，最後瀏覽日期為 2020 年 7 月 16 日。

註 11　張心悌，閉鎖性股份有限公司特別股股東選舉董監事之權利，月旦法學教室，第 165 期，2016 年 7 月，頁 23-24；陳彥良，同註 2，頁 191-192。

註 12　胡韶雯，家族傳承之股權安排——以公司法特別股之多元化為中心，財產法暨經濟法，第 55 期，2019 年 3 月，頁 61-62。

註 13　經濟部商業司，新修正公司法問答集 - 完整版，網址：https://gcis.nat.gov.tw/mainNew/matterAction.do?method=browserFile&fileNo=10903172_qa，最後瀏覽日期為 2020 年 7 月 16 日。

（四）特別股的轉讓限制

　　既然非公開發行股票公司可以發行上述掌握董事會及公司營運的特別股，為避免此種神兵利器任意外流，可以設定轉讓限制。公司法第 157 條第 1 項第 7 款規定，非公開發行股票公司發行特別股時，就特別股轉讓之限制應於章程中定之。而參照經濟部商業司就閉鎖性公司轉讓限制問答，股份轉讓限制應明定於章程上，章程上尚不得以「詳公司股份轉讓守則」之方式為之。

　　至於公司可不可以絕對禁止股東轉讓該種特別股，因為法條上寫的是特別股轉讓之「限制」，並非特別股轉讓之「禁止」，就是允許章程就特別股轉讓設下不能踰越的一定界限，但是不能絕對不許股東轉讓特別股。

二　非公開發行股票公司股東會的彈性靈活運用

　　今年嚴重特殊性傳染病肺炎（COVID-19）肆虐全球，為了抑制疫情以及降低感染風險，最好避免人與人近距離的接觸和互動，但又必需維持一定的經濟活動，在此背景下開啟了「低接觸經濟時代」（Low Touch Economy）的先河[14]。

　　在低接觸經濟時代下，股份有限公司仍須符合公司法第 170 條第 2 項規定：「前項股東常會應於每會計年度終了後 6 個月內召開。但有正當事由經報請主管機關核准者，不在此限。」為順利召開股東常會，非公開發行股份有限公司除了可向主管機關申請延期召開股東常會[15]、股東以書面或電子方式行使表決權外，還可以於章程規定視訊股東會。

　　視訊股東會規定於公司法 172 條之 2 規定：「公司章程得訂明股東會開會時，以視訊會議或其他經中央主管機關公告之方式為之。股東會開會時，如以視訊會

註 14　陳厚銘，低接觸經濟時代的經營模式與戰略，工商時報，2020 年 5 月 26 日。

註 15　經濟部 109 年 4 月 16 日經商字第 10902015230 號函：「二、次按公司法第 170 條第 2 項規定：『前項股東常會應於每會計年度終了後 6 個月內召開。但有正當事由經報請主管機關核准者，不在此限。』此處所稱『正當事由』，應由主管機關本於客觀合理判斷，以為裁量，例如遭遇天災，非可歸責於當事人之事由，以致無法如期召開（本部 103 年 7 月 24 日經商字第 10302074720 號函釋參照）。如公司股東常會之召開因『嚴重特殊性傳染病肺炎（COVID-19）』疫情期間致召開有困難者，因防疫因素得認屬『正當事由』，可依公司法第 170 條第 2 項規定，向主管機關申請延期召開 109 年股東常會。三、又公開發行股票之公司，證券主管機關另有規定者，應從其規定。」

議為之，其股東以視訊參與會議者，視為親自出席。前二項規定，於公開發行股票之公司，不適用之。」新增本條的理由，是基於科技發達，以視訊會議或其他經中央主管機關公告之方式（例如視公司規模大小公告可採行語音會議）開會，亦可達到相互討論之會議效果，與親自出席無異，故放寬閉鎖性股份有限公司以外之非公開發行股票之公司，其股東會亦得以視訊會議或其他經中央主管機關公告之方式召開並規定其效果。簡言之，非公開發行股票之公司不一定要舉行「實體股東會」，也可以進行「虛擬股東會[16]」。若公司欲採行視訊股東會，則必須於章程規定：「本公司股東會開會時，得以視訊會議或其他經中央主管機關公告之方式為之。」。

 ## 降低董事人數的彈性靈活運用

過去公司法堅持三董一監，縱使一人公司也不例外，導致實務上增加公司人力成本[17]。2018年公司法修正時，則回歸企業自治，開放非公開發行股票之公司得不設董事會，而僅置董事一人或二人，惟應於章程中明定。

參照公司法第192條第1項及第2項規定：「公司董事會，設置董事不得少於三人，由股東會就有行為能力之人選任之。公司得依章程規定不設董事會，置董事一人或二人。置董事一人者，以其為董事長，董事會之職權並由該董事行使，不適用本法有關董事會之規定；置董事二人者，準用本法有關董事會之規定。」可知公司法原則上仍要求股份有限公司必須設三名董事，例外則依公司章程不設董事會，置董事一人或二人。因此，若股份有限公司欲降低董事人數，則必須於章程規定。

至於章程應如何規定，以減少董事人數，經濟部商業司提供的股份有限公司章程範例提供二種方案選擇[18]：方案B公司設董事1人而不設董事會、方案C公司設董事2人而不設董事會。二種方案在章程中均須置入「本公司不設董事會」

註16　王文宇，同註6，頁405；方嘉麟主編，變動中的公司法制：十七堂案例學會公司法，元照出版，2018年10月，初版，頁156。
註17　方嘉麟主編，同前註，頁13。
註18　經濟部商業司，股份有限公司章程（範例），網址：https://gcis.nat.gov.tw/mainNew/matterAction.do?method=showFile&fileNo=t70082_p，最後瀏覽日期為2020年7月16日。

規定。方案 B 須另增章程規定：「本公司設董事 1 人，監察人 ＿ 人，任期三年，由股東會就有行為能力之人選任，連選得連任，並以其為董事長，董事會之職權並由該董事行使，不適用公司法有關董事會之規定。」方案 C 則須於章程寫到：「本公司設董事 2 人，監察人 ＿ 人，任期三年，由股東會就有行為能力之人選任，連選得連任，並準用公司法有關董事會之規定。」

第三節　有限公司預設規定的變更運用

所謂預設規定，是指公司法已經將這些規定預設好內容，但只是預設，仍然允許當事人以章程或特約變更之[19]。現行有限公司制度有些預設規定，例如公司法第 102 條規定，往往是公司內部發生問題，有限公司股東才驚覺這些預設規定和自己想的不一樣，例如股東間意見不合而有股東認為表決應依出資多寡，才發現當初公司章程是依照公司法預設規定，表決權是數人頭，而不是出錢多的人就掌握多數表決權。

要善用有限公司制度，使其運作更符合己身之想法，至少必須掌握一種有限公司預設規定的變更使用，即公司法第 102 條數人頭表決預設規定的變更使用。

有限公司股東數人頭表決規定於公司法第 102 條，本條規定：「每一股東不問出資多寡，均有一表決權。但得以章程訂定按出資多寡比例分配表決權。政府或法人為股東時，準用第 181 條之規定。」本條規定預設不管股東出多少錢，就是一位股東一個表決權。而實務上常見等到股東對真的想投票表決重大事項時，才發現當初公司章程直接使用公司法的預設規定，並未以章程設定不同條款。

再者，實際上有限公司股東對公司債務，是就其出資額負間接有限責任，出錢越多，責任越大。但是，如果有限公司股東沒有經過一番討論，於章程訂定按出資多寡比例分配表決權，就是不問出錢出資多寡，用數人頭來決定。

如果有限公司股東認為這樣預設規定違反期待，就必須翻轉預設規定，改成原則上有限公司股東按出資多寡比例分配表決權。如果股東間不計較彼此出錢多

註 19　王文宇，論契約法預設規定的功能：以衍生損害的賠償規定為例，國立臺灣大學法學論叢，第 31 卷第 5 期，2002 年 9 月，頁 87-120；邵慶平，公司法：第二講—組織與契約之間—經濟分析觀點，月旦法學教室，第 62 期，2007 年 12 月，頁 40。

少，希望每位股東在每個決定上都有平等地位，則回歸不問出資多寡均有一表決權，按人頭算。

其實，經濟部商業司提供的有限公司章程範例就提供了預設規定與變更預設規定的選項。經濟部有限公司章程範例第 9 條規定為[20]：「本公司每一股東不問出資多寡，均有一表決權（或本公司每一股東按出資額比例分配表決權）。」並註解說明：「依公司法第 102 條第 1 項規定：『每一股東不問出資多寡，均有一表決權。但得以章程訂定按出資多寡比例分配表決權。』請擇一。」此章程範例已貼心提醒有限公司設立者關於有限公司表決權選項，若能好好的利用，就能創造符合己身想法的公司運作空間。

第四節　閉鎖性公司的新創與傳承運用

所謂閉鎖性公司，依照公司法第 356 條之 1 規定，係指股東人數不超過五十人且章程定有股份轉讓限制的非公開發行股票公司。2018 年修正公司法時，將不少原閉鎖性公司的規定，新增至非公開發行股票公司的規定，因此閉鎖性股份有限公司與非公開發行股票的股份有限公司的差異變少了。例如閉鎖性公司與非公開發行股票公司都可以發行複數表決權特別股、對於特定事項具否決權特別股，以及當選一定名額之董事特別股。

因此，在選擇運用閉鎖性公司與非公開發行股票公司前，必須先掌握二者有何不同，再根據其需求選擇適合之公司類型。根據現行公司法架構，閉鎖性公司與非公開發行股票公司主要有九項不同：閉鎖性公司允許監察人選舉不受一股一權的限制、閉鎖性公司得以章程排除累積投票制、閉鎖性公司排除保留員工承購及原股東優先認購權的規定、閉鎖性公司可以發行保障一定席次監察人的特別股、閉鎖性公司可以限制普通股股份轉讓及股東人數五十人之限制、閉鎖性公司表決權信託之受託人原則上限於股東、閉鎖性公司股東得以勞務出資、閉鎖性公司股東會得採用書面決議而不實際集會，以及閉鎖性公司章程可以規定可轉換公

註 20　經濟部商業司，有限公司章程（範例），網址：https://gcis.nat.gov.tw/mainNew/matterAction.do?method=showFile&fileNo=t70125_p，最後瀏覽日期為 2020 年 7 月 16 日。

司債及附認股權公司債得經董事會決議發行[21]。

上述閉鎖性公司與與非公開發行股票公司的不同之處，可創造符合新創事業經營模式之公司型態，並有利家族傳承規劃及確保經營權，說明如下：

 一　從滿足新創到傳承運用

根據 2015 年公司法部分條文修正草案總說明：「為建構我國成為適合全球投資之環境，促使我國商業環境更有利於新創產業，吸引更多國內外創業者在我國設立公司，另因應科技新創事業之需求，賦予企業有較大自治空間與多元化籌資工具及更具彈性之股權安排，引進英、美等國之閉鎖性公司制度，增訂『閉鎖性股份有限公司』專節，爰擬具『公司法』部分條文修正草案。」所以我國當初新增閉鎖性公司的目的，主要是為了滿足新創事業的需求，特別是科技新創事業[22]。

有趣的是，近年家族企業傳承常選擇設立閉鎖性公司，來穩固家族經營權[23]。另從經濟部商業司之「閉鎖性公司專區」中可知，截至 2020 年 7 月止，閉鎖性公司已有 2,391 家。觀察其中最新設立的 140 家的公司名稱與公司登記所營事業，有 35 家為投資公司，可以發現近來閉鎖性公司用於投資公司的比例不低。

至於閉鎖性公司為何有利於家族企業傳承？以及是否僅有利於家族企業傳承？經濟部商業司閉鎖性公司專區常用問答有畫龍點睛的回答：「本部為因應產業環境，鼓勵新創事業之發展，於公司法增訂閉鎖性股份有限公司專節，以滿足其從事商業行為與股權運作之彈性需求，提供經營者從事商業活動新態樣之選擇，鬆綁現行股份有限公司相關限制，包括容許一定比例信用勞務出資、擴大特別股範圍、可選擇無面額股票、鬆綁發行新股或公司債限制及簡化公司治理機構

註 21　方嘉麟主編，同註 16，頁 367-371。

註 22　邵慶平，閉鎖性股份有限公司與家族傳承：無心插柳或成人之美，月旦法學教室，第 205 期，2019 年 11 月，頁 55。

註 23　譚淑珍，家族閉鎖經營「複數表決權特別股」防經營權被稀釋，工商時報，2016 年 4 月 8 日；張文川，鞏固家族事業經營權 閉鎖性公司有妙用，自由時報，2019 年 12 月 2 日；程士華，閉鎖性控股家族傳承利器，經濟日報，2020 年 6 月 2 日；程士華，善用閉鎖股權防家族紛爭，經濟日報，2020 年 6 月 19 日。

之運作等規定，期藉此創造符合新創事業經營模式之公司型態，俾利我國創新與創業之發展。而所謂家族企業（例如股東多為親戚或朋友，彼此關係緊密）則可利用閉鎖性股份有限公司之不能公開募集、公開發行及股份轉讓受有限制等特點，有利其規劃家族傳承及確保經營權。此一全新制度，不論新、舊事業均可善用本制度之特點，設計出適合自身企業需求及特性之公司組織型態，正所謂戲法人人會變，巧妙各有不同，並無只有利家族企業之情事[24]。」

比較閉鎖性公司與非公開發行股票公司規定，閉鎖性公司與非公開發行股票公司最大的不同，應是閉鎖性公司須設定股份轉讓限制的章程規定，因此可運用股份轉讓限制來維持股東同舟共濟，以及避免不速之客成為公司股東[25]，此亦為新創企業與家族企業共同所需。

 ## 二　鎖住股東的股份轉讓限制運用

公司法第 356 條之 5 規定：「公司股份轉讓之限制，應於章程載明。前項股份轉讓之限制，公司印製股票者，應於股票以明顯文字註記；不發行股票者，讓與人應於交付受讓人之相關書面文件中載明。前項股份轉讓之受讓人得請求公司給與章程影本。」為了維持新創團隊與家族成員風雨同舟，讓股東不會半路跳船或亂拉外人進來，必須運用本條閉鎖性公司股份轉讓限制的規定。

依照本條規定，閉鎖性公司要限制股東轉讓股份，必須先寫在章程裡，然後在股票上明顯註記。若閉鎖性公司股東無視章程股份轉讓限制的規定，隨意轉讓股份，會產生什麼樣的法律效果？這部分如經濟部商業司的說明：「閉鎖性公司最大特色即在於股份轉讓受到限制，倘違反章程限制，自屬無效，具體個案如有爭議，應由當事人循司法途徑解決[26]。」

實務上股份轉讓限制的章程規定怎麼寫？只要寫在章程裡，任何限制都可以嗎？有什麼限制比較沒有問題？其他閉鎖性公司是怎麼寫的？以下分別說明。

註 24　經濟部商業司，閉鎖性公司專區常用問答，網址：https://gcis.nat.gov.tw/mainNew/subclassNAction.do?method=getFile&pk=607，最後瀏覽日期為 2020 年 7 月 16 日。
註 25　邵慶平，同註 22，頁 55。
註 26　經濟部商業司，閉鎖性公司專區常用問答，網址：https://gcis.nat.gov.tw/mainNew/subclassNAction.do?method=getFile&pk=607，最後瀏覽日期為 2020 年 7 月 16 日。

（一）股份轉讓限制的界線

　　閉鎖性公司股份轉讓限制的界線同前述股份有限公司特別股轉讓限制，由於公司法第 356 條之 5 是規定公司股份轉讓之「限制」，既稱「限制」，就是章程可以規定股東轉讓股份時有「一定的界線或約束」，但是不能禁止股東轉讓股份。因此，如果章程裡寫「股東不得轉讓股份」，或寫「絕對禁止股東轉讓股份」，就不被公司法允許，這樣的股份轉讓限制的章程規定就是無效。

　　經濟部商業司閉鎖性公司專區的常見問答另舉了一個不被允許的寫法，就是不可以寫「詳公司股份轉讓守則」，因為股份轉讓限制必須明定於章程上[27]。

（二）經濟部商業司舉例的股份轉讓限制

　　怎麼在章程寫股份轉讓限制？這部分可以參考經濟部商業司閉鎖性公司專區的常見問答之問題 Q3.1：「股份轉讓限制及方式如何訂定？是否有規定還是可由公司自行訂製？違反之法律效果？」經濟部商業司回答：「閉鎖性股份有限公司股份轉讓限制方式，由公司自行訂定，並定於章程中，例如：限制股份轉讓須經其他全體股東或一定比例股東之同意。而閉鎖性公司最大特色即在於股份轉讓受到限制，倘違反章程限制（例如全體股東同意），自屬無效，具體個案如有爭議，應由當事人循司法途徑解決[28]。」

　　經濟部商業司回答中的「例如」提到「限制股份轉讓須經其他全體股東或一定比例股東之同意。」因此，在閉鎖性公司章程裡寫「股東轉讓股份時，應得其他股東過半數事前之同意」，或寫「股東轉讓股份時，應得其他全體股東事前之同意」、「股東轉讓股份時，應得其他股東三分之二以上之同意」，是可以參考的寫法。

（三）實務上常見股份轉讓限制規定

　　實務上常見閉鎖性公司章程規定股份轉讓限制，是寫「股東轉讓股份時，應得其他股東事前之同意。」但是，「其他股東」是指其他全體股東嗎？還是其他

註 27　經濟部商業司，閉鎖性公司專區常用問答，網址：https://gcis.nat.gov.tw/mainNew/subclassNAction.do?method=getFile&pk=607，最後瀏覽日期為 2020 年 7 月 16 日。

註 28　經濟部商業司，閉鎖性公司專區常用問答，網址：https://gcis.nat.gov.tw/mainNew/subclassNAction.do?method=getFile&pk=607，最後瀏覽日期為 2020 年 7 月 16 日。

股東三分之二以上同意？只寫「其他股東」日後可能會產生爭議，建議明確寫出比例或股東數。

另外實務上有閉鎖性公司章程規定股份轉讓限制為：「股東轉讓股份時，應得其他全體股東過半數之表決權事前同意。前項轉讓，不同意之股東有優先承購權；如不承受，視為同意轉讓。」除了寫到其他股東過半數的同意外，還有寫了不同意的股東有優先承購權。

此外，亦有見閉鎖性公司章程規定將股份轉讓同意權交給公司，例如「股份轉讓應事前取得公司之同意」，或是「本公司股東轉讓股份時，應於事前取得董事會決議之書面核准，始得為之。」如此章程規定應仍在章程自治空間範圍內。

 三 **不同角色的特別股運用**

（一）運用特別股保持主導權

無論新創團隊或家族企業，均會面臨如何確保核心團隊或成員對公司的主導性。首先，公司法第 356 條之 7 規定允許閉鎖性公司發行複數表決權特別股、特定事項否決權特別股、當選一定名額董監等不同類型特別股，以方便閉鎖性公司接受外來資金投資時擁有更彈性的股權設計空間。進階可搭配訂定表決權拘束契約方式[29]，確保核心團隊與成員仍能保持主導權，以上特別股的功能與設計已於第二節說明，茲不贅述。

（二）運用特別股握有監督權

公司法第 356 條之 7 第 4 款規定為「特別股股東被選舉為董事、監察人之禁止或限制，或當選一定名額之權利」，所稱「當選一定名額」，係指當選一定名額之董事或監察人。本條不同於第 157 條第 1 項第 5 款之「當選一定名額董事」。根據公司法第 157 條的修正理由，閉鎖性公司與非公開發行股票公司為如此區別規定，是基於監察人為公司之監督機關，為落實監察權之行使及公司治理之需求，故未允許非公開發行股票公司以章程保障特別股股東當選一定名額之監

註 29　陳彥良，公開發行公司表決權拘束契約之問題，月旦法學教室，第 208 期，2020 年 2 月，頁 15-19。

察人。

　　此外，依公司法第 356 條之 7 第 2 項規定：「第 157 條第 2 項規定[30]，於前項第三款複數表決權特別股股東不適用之。」因此閉鎖性公司中具複數表決權特別股的股東，於選舉監察人時，仍享有複數表決權，相較於公司法第 157 條第 2 項規定非公開發行股票公司複數表決權特別股之股東，限制其於選舉監察人時，表決權應與普通股股東之表決權相同，原則上回復為一股一權，有所不同。

 四　多樣選舉制度的運用

　　為讓閉鎖性公司於設立登記後，股東會選舉董事及監察人之方式，更具彈性，增訂第 356 條之 3 第 7 項規定，不強制閉鎖性公司採累積投票制，而允許閉鎖性公司得以章程另定選舉方式，惟所謂章程另有規定，僅限章程就選舉方式為不同於累積投票制之訂定。章程另訂之選舉方式，例如對於累積投票制可採不累積之方式，如每股僅有一個選舉權；或採全額連記法[31]；或參照內政部頒訂之會議規範訂定選舉方式，例如單記法、連記法或限制連記法[32]，均無不可。

第五節　結論與建議

　　公司法給予公司的章程自治範圍，過去因為解釋產生爭議。近來則因 2018 年公司法修法與經濟部函釋，給予公司相當的自治空間。特別在公司法大幅開放

註 30　公司法第 157 條第 2 項規定：「前項第 4 款複數表決權特別股股東，於監察人選舉，與普通股股東之表決權同。」

註 31　依學者說明：「所謂全額連記法，舉例以言，某股東有 1000 股，本次改選之董事有 7 席，該股東雖有 7000 之選舉權數，得將 7000 之選舉權數分別投予各候選人，惟每名候選人僅可投 1000 選舉權數。」劉連煜，未准延召開之股東會及章程變更效力—公司經營權爭奪的脫序，月旦法學教室，第 61 期，2007 年 11 月，頁 22。

註 32　請參照人民團體選舉罷免辦法第 4 條規定：「人民團體之選舉，其應選出名額為一名時，採用無記名單記法；二名以上時，採用無記名連記法。但以集會方式選舉者，得經出席會議人數三分之一以上之同意，採用無記名限制連記法。前項無記名限制連記法，其限制連記額數為應選出名額之二分之一以內，並不得再作限制名額之主張。」

章程自治空間，讓企業家或律師展現靈活多變的能力，使其可以在現行的法律規定下設計出一套符合自己需求的公司組織及活動的遊戲規則。

特別是非公開發行股票公司須熟悉公司法第 157 條規定，以善用章程自治空間，透過發行複數表決權特別股、當選一定名額董事權利之特別股，以掌握董事會及公司營運，並設計特別股轉讓限制，避免特別股流入外人之手。

由於 2018 年修正公司法時，將不少原閉鎖性公司的規定，新增至非公開發行股票公司的規定，因此閉鎖性股份有限公司與非公開發行股票的股份有限公司的差異變少了。在此情況下，新創或家族企業究係應利用閉鎖性股份有限公司的特點，規劃主導權之掌握、經營權之傳承，抑或考量公司規模、股權結構及未來發展等，選擇非公開發行股票公司，須視具體個案審慎評估，無法給出一個明確的選擇標準[33]。

若公司有鎖住股東的需求，則可以選擇有限公司或閉鎖性公司，前者限制股東轉讓出資，而閉鎖性公司則強制章程規定股份轉讓限制，二者有異曲同工之妙[34]。然而，閉鎖性公司股份較有限公司出資更為清楚明確，在修法後也可以僅設董事一人，且閉鎖性公司規範較為完備，並給予高度章程自治空間，企業宜思考二者組織類型之選擇與運用。

若現在屬有限公司的企業想運用股份有限公司彈性靈活之處，或屬閉鎖性公司的企業想讓更多投資人加入，則可以轉換組織為股份有限公司。過去有限公司變更其組織為股份有限公司，須經全體股東同意。2018 年修正公司法時，則降低變更組織的同意門檻為股東表決權過半數之同意，即有限公司依公司法第 106 條第 3 項規定，取得過半數股東表決權的同意，就可以轉換為股份有限公司。而閉鎖性公司依照公司法第 356 條之 13 條第 1 項與第 2 項規定，除了章程有較高規定者外，經有代表已發行股份總數三分之二以上股東出席之股東會，以出席股東表決權過半數之同意，就可以變更為非閉鎖性股份有限公司。現在屬有限公司或閉鎖性公司的企業，可於面臨需調整時，再選擇轉換。

註 33　胡韶雯，同註 12，頁 48。
註 34　曾宛如，公司法制之重塑與挑戰，月旦法學雜誌，第 300 期，2020 年 5 月，頁 139-140。

參考文獻

 第一章

國家發展委員會，2020，「世界各國為因應新冠肺炎之衝擊，採取對策對我國財政、金融、經濟整體環境所造成之影響與政府因應之道」專案報告，參考取自 https://ws.ndc.gov.tw/001/administrator/10/relfile/6889/34038/c93a36fa-8d85-4782-95c9-a7552e44426c.pdf，最後閱覽日期：2020/08/11。

Cisco, 2020, Consumer 2020, retrieved from https://www.cisco.com/c/dam/en_us/solutions/industries/retail/consumer-2020-final.pdf, 最後閱覽日期：2020/07/20。

Euromonitor, 2020, Top 10 Global Consumer Trends 2020, retrieved from https://go.euromonitor.com/white-paper-EC-2020-Top-10-Global-Consumer-Trends.html, 最後閱覽日期：2020/07/20。

International Monetary Fund, 2020, World Economic Outlook, retrieved from, 最後閱覽日期：2020/07/20。

International Trade Centre, 2020,International trade statistics,retrieved from http://www.intracen.org/itc/market-info-tools/trade-statistics/,

World Bank, 2020, World Development Indicators Databank, retrieved from http://databank.worldbank.org/data/reports.aspx?source=World-Development-Indicators, 最後閱覽日期：2020/07/11。

 第二章

中央銀行，2020，中央銀行統計資料庫，取自：http://www.pxweb.cbc.gov.tw/dialog/statfile9.asp，最後閱覽日期：2020/07/01。

行政院主計總處，2020a，107 年度產值勞動生產力趨勢分析報告，取自：http://www.dgbas. gov.tw/ct.asp?xItem=16975&ctNode=3103，最後閱覽日期：2020/07/01。

_____，2020b，就業失業統計資料查詢系統，取自：http://www.stat.gov.tw/

ct.asp?xI tem=32985&CtNode=4944&mp=4，最後閱覽日期：2020/07/01。

＿＿＿＿＿＿＿，2020c，歷年各季國內生產毛額依行業分，取自：http://www.stat.gov. tw/ np.asp?ctNode=3564，最後閱覽日期：2020/07/01。

＿＿＿＿＿＿＿，2020d，薪資及生產力統計資料，取自：http://win.dgbas.gov.tw/dgbas04/ bc5/ EarningAndProductivity/QueryPages/More.aspx，最後閱覽日期：2020/07/01。

行政院科技部，2020，全國科技動態調查 — 科學技術統計要覽，取自：https:// ap0512.most. gov.tw/WAS2/technology/AsTechnologyDataIndex.aspx，最後閱覽日期：2020/07/01。

財政部，2020，財政統計月報民國 109 年，取自：https://www.mof.gov.tw/Pages/ Detail. aspx?nodeid=285&pid=57474，最後閱覽日期：2020/07/01。

經濟部投資審議委員會，2020，108 年統計月報，取自：http://www.moeaic.gov.tw/ system_ external/ctlr?PRO=PubsCateLoad，最後閱覽日期：2020/07/01。

國發會，2018，中華民國人口推估（2018 至 2065 年）報告，取自 https://pop-proj. ndc.gov.tw/download.aspx?uid=70&pid=70，最後閱覽日期：2019/08/15。

PwC，2018b，Experience is everything，取自：https://www.pwc.com/future-of-cx，最後閱覽日期：2019/08/20。

＿＿＿＿＿＿＿，2019，Global Consumer Insights Survey 2019，取自：https://www. pwc.com/consumerinsights，最後閱覽日期：2019/08/15。

第三章

日本經產省，2019，商業動態統計書，取自 http://www.meti.go.jp/statistics/tyo/ syoudou/h2sosirase20170928.html，最後閱覽日期：2020/4/20。

日本經產省，2019，勞動力調查書，取自 http://www.meti.go.jp/statistics/index.html， 最後閱覽日期：2020/4/20。

日本經產省，2019，基本工資結構統計調查書，取自 http://www.meti.go.jp/statistics/ index.html，最後閱覽日期：2020/4/20。

中國大陸統計局，2020，國家統計數據庫，取自 http://data.stats.gov.cn/easyquery. htm?cn=C01，最後閱覽日期：2020/4/20。

行政院主計總處，2016，中華民國行業標準分類第 10 次修訂（105 年 1 月）。

行政院主計總處，2020，國民所得統計摘要（109 年 5 月更新），取自 https://www.dgbas.gov.tw/public/data/dgbas03/bs4/nis93/ni.pdf，最後閱覽日期：2020/04/20。

經濟部統計處，2019，批發、零售及餐飲業經營實況調查報告，取自 https://www.moea.gov.tw/Mns/dos/content/ContentLink.aspx?menu_id=9431，最後閱覽日期：2020/04/20。

Data USA, 2020, Wholesale Trade Report, retrieved from https://datausa.io/profile/naics/42/#intro，最後閱覽日期：2020/4/20。

United States Census Bureau, 2020, Monthly Wholesale Trade, retrieved from https://www.census.gov/wholesale/pdf/mwts/currentwhl.pdf，最後閱覽日期：2020/4/20。

 第四章

今周刊編輯團隊，2020，疫情下的電商大贏家 momo！富邦旗下毫不起眼的小公司，如何「轉大人」？，取自 https://www.businesstoday.com.tw/article/category/80392/post/202003180022/%E7%96%AB%E6%83%85%E4%B8%8B%E7%9A%84%E9%9B%BB%E5%95%86%E5%A4%A7%E8%B4%8F%E5%AE%B6momo%EF%BC%81%E3%80%80%E5%AF%8C%E9%82%A6%E6%97%97%E4%B8%8B%E6%AF%AB%E4%B8%8D%E8%B5%B7%E7%9C%BC%E7%9A%84%E5%B0%8F%E5%85%AC%E5%8F%B8%EF%BC%8C%E5%A6%82%E4%BD%95%E3%80%8C%E8%BD%89%E5%A4%A7%E4%BA%BA%E3%80%8D%EF%BC%9F，最後閱覽日期：2020/06/30。

全家便利商店，2020，2019 全家便利商店年報，取自 https://www.family.com.tw/Web_EnterPrise/page/meeting.aspx，最後閱覽日期：2020/06/30。

行政院主計總處，2020，108 年薪資與生產力統計年報，取自 https://www.dgbas.gov.tw/ct.asp?xItem=17170&ctNode=3103&mp=1，最後閱覽日期：2020/06/30。

若水編輯團隊，2020，為了活下去，全球最大的零售商沃爾瑪變身數據公司，取自 https://ai-blog.flow.tw/walmart-ai-data-retail，最後閱覽日期：2020/06/30。

財政部統計資料庫查詢，2020，第八次修訂（6 碼）及地區別，取自 http://web02.mof.gov.tw/njswww/WebMain.aspx?sys=100&funid=defjspf2，最後閱覽日期：2020/06/30。

陳冠榮，2020，富邦媒 2019 全年營收破 500 億元再攀高峰，每股獲利 9.95 元，取自 https://finance.technews.tw/2020/02/12/momo-2019-q4-earnings/，最後閱覽日期：2020/06/30。

楊孟軒，2020，兩位數成長、否則淘汰！momo 出貨神速，關鍵在一個倉儲，取自 https://www.cw.com.tw/article/5095045?template=transformers，最後閱覽日期：2020/06/30。

經濟部統計處，2020，批發、零售及餐飲業營業額統計，取自 https://www.moea.gov.tw/Mns/dos/bulletin/Bulletin.aspx?kind=8&html=1&menu_id=6727&bull_id=7552，最後閱覽日期：2020/07/24。

經濟部統計處，2020，當前經濟情勢概況，取自 https://www.moea.gov.tw/Mns/dos/bulletin/Bulletin.aspx?kind=23&html=1&menu_id=10212&bull_id=7572，最後閱覽日期：2020/06/30。

雷鋒網，2019，沃爾瑪開設智慧零售實驗室，正面對上 Amazon Go，取自 https://technews.tw/2019/04/30/walmart-launches-the-intelligent-retail-lab-an-ai-powered-concept-store/#more-457917，最後閱覽日期：2020/06/30。

億恩網，2020，Schwarz Gruppe 收購在線平台 real.de，取自 https://twgreatdaily.com/12F44HIBd4Bm1__YAiLg.html，最後閱覽日期：2020/06/30。

數位時代採訪中心，2020，林啟峰致股東信：momo 做對 4 件事，從「一站式購足」升級「包辦生活大小事」，取自 https://www.bnext.com.tw/article/57398/momo-shareholder-2020-letter，最後閱覽日期：2020/06/30。

Deloitte，2020，Global Powers of Retailing 2020，取自 https://www2.deloitte.com/tw/tc/pages/consumer-business/articles/rp200428-2020-retail-industry-trend.html，最後閱覽日期：2020/06/30。

eMarketer，2020，Global Ecommerce 2020，取自 https://www.emarketer.com/content/global-ecommerce-2020，最後閱覽日期：2020/06/30。

eMarketer，2020，The Future of Retail 2020，取自 https://www.digitalmarketingcommunity.com/researches/the-future-of-retail/

KPMG，2020，Global retail trends 2020，取自 https://home.kpmg/xx/en/home/insights/2020/05/global-retail-trends-2020-preparing-for-new-reality.html，最後閱覽日期：2020/06/30。

Saarbrücken，2019，SCHWARZ GROUP TO WORK MORE CLOSELY WITH THE GERMAN

RESEARCH CENTER FOR ARTIFICIAL INTELLIGENCE IN THE FUTURE，取自 https://www.dfki.de/en/web/news/schwarz-group-new-dfki-shareholder/，最後閱覽日期：2020/06/30。

 第五章

Bureau of Labor Statistics（2019），Employment, Hours, and Earnings from the Current Employment Statistics survey（National），取自 https://data.bls.gov/timeseries/CES7072200001?amp%253bdata_tool=XGtable&output_view=data&include_graphs=true，最後瀏覽日期：2020/5/19。

e-Stat（2019a），產業，從業上の地位別就業者數（2011 年～）- 第 12、13 回改定產業分類による，產業分類：飲食店，取自 https://www.e-stat.go.jp/dbview?sid=0003037311，最後瀏覽日期：2020/5/19。

e-Stat（2019b），產業大分類、中分類（全国），產業分類：飲食店、民・公區分：民營事業所，取自 https://www.e-stat.go.jp/dbview?sid=0003084009，最後瀏覽日期：2020/5/19。

e-Stat（2019c），サービス產業動向調查統計表：事業活動の產業（中分類），事業從事者規模別年間売上高，取自 https://www.e-stat.go.jp/stat-search/files?page=1&layout=datalist&toukei=00200544&bunya_l=06&tstat=000001033747&cycle=7&year=20170&month=0&tclass1=000001059028&tclass2=000001063601&tclass3=000001066095&result_back=1，最後瀏覽日期：2020/5/19。

ETtoday 新聞雲（2019），歐洲兩大外送平台宣布合併！組成全球最大外送業者對抗 Uber Eats 和亞馬遜競爭，取自 https://www.ettoday.net/news/20190730/1501932.htm，最後瀏覽日期：2020/5/29。

FINDIT（2019），爸媽罷工了，不怕！我有外送 App －餐飲外送新創 DoorDash，取自 https://findit.org.tw/researchPageV2.aspx?pageId=927，最後瀏覽日期：2020/5/29。

FC 未來商務（2019），外送 App 全球十強是誰？經濟規模多大？一圖看美食外送市場的未來，取自 https://www.managertoday.com.tw/articles/view/58594，最後瀏覽日期：2020/5/29。

MILOBAL（2019），歐洲外賣領域大整合——英國 Just Eat 與荷蘭 Takeaway.com 合併，取自 https://kknews.cc/finance/639lpkl.html，最後瀏覽日期：2020/5/29

Money DJ（2019），外送市場熱，餐飲業者攜手平台商搶進，https://technews.tw/2019/05/29/catering-industry-food-delivery-platform/，最後瀏覽日期：2020/5/29。

Statista（2019a），eServices Report 2019-Online Food Delivery。

Statista（2019b），Food & Beverages，取自 https://www.statista.com/outlook/253/100/food-beverages/worldwide，最後瀏覽日期：2020/5/19。

TechNews 科技新報（2019），美食外送平台 foodomo 五大貼心服務，導入 LINE Pay 最高 17% 回饋，取自 https://kknews.cc/zh-tw/tech/4n5ezyx.html，最後瀏覽日期：2020/5/29。

TechNews 科技新報（2020），外送平台搶當餐飲新霸主，催生兩大商機，取自 https://technews.tw/2020/03/22/delivery-platform-competition-creates-two-major-business-opportunities/，最後瀏覽日期：2020/6/12。

TechNews 財經新報（2019），歐洲兩大外送平台合併，交易金額達 100 億美元，取自 https://finance.technews.tw/2019/07/30/just-eat-takeaway-com/，最後瀏覽日期：2020/5/29。

TechNews 財經新報（2020），傳 Uber 將收購東南亞外送服務 Grubhub，取自 https://finance.technews.tw/2020/05/13/uber-technologies-makes-takeover-approach-to-grubhub/，最後瀏覽日期：2020/5/29。

United States Census Bureau（2019），Annual Revision of Monthly Retail and Food Services: Sales and Inventories—January 1992 Through May 2019，NAICS Code：722，取自 https://www.census.gov/retail/mrts/www/benchmark/2019/html/annrev19.html，最後瀏覽日期：2020/5/19。

自由財經（2018），荷包縮水！逾 5 成的日本餐飲店要漲價了，取自 https://ec.ltn.com.tw/article/breakingnews/2798434，最後瀏覽日期：2020/5/29。

行政院主計總處資料庫（2020），薪情平台，取自 https://earnings.dgbas.gov.tw/，最後瀏覽日期：2020/6/20。

行政院主計總處（2019），中華民國行業標準分類第 10 次修訂（105 年 1 月），取自 https://www.dgbas.gov.tw/ct.asp?xItem=38933&ctNode=3111&mp=1，最後瀏覽日期：2020/6/20。

林之飛（2020），網路下單夯，兩岸虛擬餐廳趁勢崛起，取自 https://newtalk.tw/news/view/2020-02-16/366684，最後瀏覽日期：2020/5/29。

吳元熙（2020），外送平台產值上看 6 兆元！全球餐飲瘋科技，4 大趨勢延燒中，

取自 https://www.bnext.com.tw/article/56881/catering-trending，最後瀏覽日期：2020/5/29。

吳元熙（2020），外送國家隊成軍挺 1.1 萬間餐廳，有哪些業者加入？影響是什麼？，取自 https://www.bnext.com.tw/article/57284/taiwan-food-delivery-team，最後瀏覽日期：2020/6/12。

直學院（2020），疫情衝擊下，餐飲業的未來思考，取自 http://ontologyacademy.tw/2020/03/23/%E6%96%B0%E5%86%A0%E8%82%BA%E7%82%8E%E7%96%AB%E6%83%85%E5%B0%8D%E9%A4%90%E9%A3%B2%E7%94%A2%E6%A5%AD%E7%9A%84%E5%BD%B1%E9%9F%BF/，最後瀏覽日期：2020/6/12。

品牌志（2020），【品牌策略】疫情下，餐飲業的未來思考，取自 https://www.expbravo.com/8921/%E7%96%AB%E6%83%85%E4%B8%8B%E9%A4%90%E9%A3%B2%E6%A5%AD%E7%9A%84%E6%9C%AA%E4%BE%86%E6%80%9D%E8%80%83.html，最後瀏覽日期：2020/5/9。

食力（2019），【食安特企】餐飲外送平台要做好食安，先從餐廳登錄列管做起！，取自 https://www.foodnext.net/news/newssafe/paper/5098302525，最後瀏覽日期：2020/5/29。

食力（2020），因為疫情，你也成為外送愛用者嗎？美食外送平台市場在疫情間逆勢成長！，取自 https://www.foodnext.net/news/industry/paper/5111450514，最後瀏覽日期：2020/5/29。

食力（2020），疫情影響害怕共食與自取，自助餐、合菜餐廳嚴重受創，取自 https://newtalk.tw/news/view/2020-04-13/389167，最後瀏覽日期：2020/6/12。

食力（2020），餐飲業得認清：即便疫情消散，消費者也可能回不來了！，取自 https://www.foodnext.net/news/newstrack/paper/5111434110，最後瀏覽日期：2020/5/29。

前瞻產業研究院（2020），2019 年全年中國餐飲行業市場現狀及發展前景分析預計明年市場規模將突破 5 萬億，取自 https://bg.qianzhan.com/report/detail/300/200122-3f97efcb.html，最後瀏覽日期：2020/5/29。

前瞻經濟學（2019），美團 VS 餓了麼，究竟誰才是中國的外賣之王？，取自 https://kknews.cc/zh-tw/invest/ljzabk9.html，最後瀏覽日期：2020/5/29。

財政部統計資料庫（2020），銷售額及營利事業家數第 7 次、第 8 次修訂（6 碼）及地區別，取自 http://web02.mof.gov.tw/njswww/WebProxy.aspx?sys= 100&funid=defjspf2，最後瀏覽日期：2020/6/20。

料理‧臺灣（2016），數位浪潮翻動連鎖餐飲業，智慧化經營科技創新趨勢，取自 https://ryoritaiwan.fcdc.org.tw:8443/article.aspx?websn=6&id=2111，最後瀏覽日期：2020/5/29。

郭曼忻（2019），產業分析：餐飲業發展趨勢，取自 http://www.twtrend.com/share_cont.php?id=77，最後瀏覽日期：2020/5/29。

陳君毅（2020），顧客不來，那就我過去！餐飲業搶灘外送、外帶服務，面臨哪些兩難？，取自 https://www.bnext.com.tw/article/57364/covid-19-survive-restaurant，最後瀏覽日期：2020/6/12。

陳曉莉（2020），北美食物外送平台 DoorDash 申請 IPO，取自 https://www.ithome.com.tw/news/136068，最後瀏覽日期：2020/5/29

張宜珊（2019），歐洲外送兩大平台合併，對決 Uber Eats、亞馬遜拚最大，取自 https://fairmedia.tw/2019/07/%E6%AD%90%E6%B4%B2%E5%A4%96%E9%80%81%E5%85%A9%E5%A4%A7%E5%B9%B3%E5%8F%B0%E5%90%88%E4%BD%B5%E5%B0%8D%E6%B1%BAubereats%E3%80%81%E4%BA%9E%E9%A6%AC%E9%81%9C%E6%8B%9A%E6%9C%80%E5%A4%A7/，最後瀏覽日期：2020/5/29。

揚晨欣（2019），餐飲外送 App 一次看，全球 10 強你認識幾個？，取自 https://fc.bnext.com.tw/food-delivery-apps-best-10-in-the-world/，最後瀏覽日期：2020/5/29。

經理人（2019），外送熱，正在改變餐飲業！只有廚房、專做外送的「虛擬餐廳」來了，取自 https://www.managertoday.com.tw/articles/view/58593，最後瀏覽日期：2020/6/12。

經濟部統計處（2020），108 年 5 月批發、零售及餐飲業營業額統計，取自 https://www.moea.gov.tw/MNS/populace/news/News.aspx?kind=1&menu_id=40&news_id=90327，最後閱覽日期：2020/6/24。

經濟部統計處（2020），108 年 12 月批發、零售及餐飲業營業額統計，取自 https://www.moea.gov.tw/MNS/populace/news/News.aspx?kind=1&menu_id=40&news_id=88533，最後閱覽日期：2020/5/29。

經濟部統計處（2019），108 年批發、零售及餐飲業經營實況調查，取自 https://www.moea.gov.tw/Mns/dos/bulletin/Bulletin.aspx?kind=28&html=1&menu_id=16959&bull_id=6384，最後閱覽日期：2020/6/20。

廖育武（2020），直擊疫情下的品牌機會點 宅餐飲面面觀，取自 https://twncarat.

wordpress.com/2020/05/14/%E7%9B%B4%E6%93%8A%E7%96%AB%E6%83%85
%E4%B8%8B%E7%9A%84%E5%93%81%E7%89%8C%E6%A9%9F%E6%9C%83
%E9%BB%9E-%E3%80%8C%E5%AE%85%E9%A4%90%E9%A3%B2%E3%80
%8D%E9%9D%A2%E9%9D%A2%E8%A7%80/，最後瀏覽日期：2020/6/12。

數位時代（2020），5 張圖看疫情對臺灣餐飲業影響！iCHEF 用 400 萬筆數據解析店家「反敗為勝」機會，取自 https://www.bnext.com.tw/article/56638/ichef-2020-report-for-covid-19，最後瀏覽日期：2020/6/12。

數位時代（2018），虛擬餐廳反而更賺？Uber Eats 正在翻轉餐飲業，取自 https://www.bnext.com.tw/article/51370/uber-s-secret-empire-of-virtual-restaurants，最後瀏覽日期：2020/6/12。

藍孝威（2019），大陸餐飲產業規模 居世界第二，取自 https://www.chinatimes.com/realtimenews/20190725001526-260409?chdtv，最後瀏覽日期：2020/5/29。

 ## 第六章

天下雜誌，2019，PChome 自己養黑貓，新物流大戰開打，關鍵「最後一哩路」換人？，取自 https://www.cw.com.tw/article/5098084?template=transformers

未來商務 Future Commerce，2019，爭奪物流最後一哩商機，全臺 3,000 座智慧櫃大出擊。取自 https://fc.bnext.com.tw/parcel-locker/

行政院主計總處，2016，中華民國行業標準分類第 10 次修訂（105 年 1 月）。

行政院財政部，2020，財政統計資料庫，http://web02.mof.gov.tw/njswww/WebMain.aspx?sys=100&funid=defjspf2。

財訊雙週刊，2018，「櫃到櫃」力戰「店到店」：智能櫃搶物流大餅，好戲還在後頭，取自 https://www.thenewslens.com/article/88114。

經濟日報，2019，PChome 布局冷鏈，預計 2021 年自建低溫倉庫，https://money.udn.com/money/story/5612/4152848。

經濟日報，2019，網家物流新布局，攜手中華郵政推「i 郵箱取貨」，取自 https://udn.com/news/story/7241/4012861。

數位時代，2018，預見 2020 出現大缺口，看電商巨人樂天如何開展物流布局，取自 https://www.bnext.com.tw/article/50840/rakuten-logistic-strategy。

數位時代，2019，3 年內成全美最大物流業者！亞馬遜為什麼連貨都要自己送？，取

自 https://www.bnext.com.tw/article/55920/amazon-delivery-fedex-ups。

數位時代，2019，取代 FedEx？亞馬遜想成為物流業巨頭，專家：不太可能，取自 https://www.bnext.com.tw/article/54661/amazon-logistics-industry。

遠見華人精英論壇，2019，電商大戰背後是物流倉儲大戰！輕資產電商如何逆轉勝？，取自 https://gvlf.gvm.com.tw/article.html?id=68277。

樂天集團新聞稿，2019，電商物流大戰！日本樂天建全球第一條「無人機配送高速公路」搶進商用配送 1,100 億美元商機，取自 https://www.rakuten.com.tw/info/release/2019/0827/。

ETtoday 新聞雲，2018，日本樂天自建物流車隊，宅配彈性連洗衣機可以指定放置，取自 https://www.ettoday.net/news/20181004/1273324.htm。

第七章

天下雜誌，2020 年，荷美台 3 國連線，艾司摩爾如何運用混合實境，幫半導體龍頭遠距裝機？。

勤業眾信，2020 年，新冠肺炎疫情對高科技、媒體與電信產業的影響。

歐宜佩，2020 年，科技防疫急先鋒 - 數位科技於疫情管理應用議題研析，取自 https://findit.org.tw/researchPageV2.aspx?pageId=1397。

第八章

胡自立，2016，行動支付發展動態與趨勢前瞻，財團法人資訊工業策進會 MIC AISP。

胡自立，2018，從國際主要業者布局看行動支付未來發展 —— 以商務和用戶端為例，財團法人資訊工業策進會 MIC AISP。

胡自立，2019，從國際大廠布局看行動支付發展趨勢與應用情境分析，財團法人資訊工業策進會 MIC AISP。

胡自立，2020，從國際大廠布局看 2020 行動支付趨勢與應用情境，財團法人資訊工業策進會 MIC AISP。

胡自立，2020，2020 上半年 2500 大調查，財團法人資訊工業策進會 MIC AISP。

林信亨，2020，疫情之下的遠距科技應用商機，財團法人資訊工業策進會 MIC AISP。

陳子昂，2020，解析新冠肺炎疫情對中國大陸經濟發展的「危」與「機」，財團法人資訊工業策進會 MIC AISP。

許加政，2020，新冠肺炎疫情當道──將打通中國大陸「數字中國」的任督二脈？。

韓揚銘，2020，2020 年人工智慧技術及產業趨勢觀測，財團法人資訊工業策進會 MIC AISP。

 第九章

李晉豪，亞馬遜如何在網路泡沫危機中，由書商轉型服務商，有物報告，2015 年 10 月 30 日，取自 https://yowureport.com/23990/，最後瀏覽日期：2020/07/20。

World Economic Forum（2016），World Economic Forum White Paper Digital Transformation of Industries: Logistics，取自 http://reports.weforum.org/digital-transformation/wp-content/blogs.dir/94/mp/files/pages/files/dti-logistics-industry-white-paper.pdf，最後瀏覽日期：2020/07/20。

Hayley Peterson，An unsettling new restaurant chain learns your preferences and serves your food with zero human interaction，Business Insider India，2016 年 02 月 03 日，取自 https://www.businessinsider.in/An-unsettling-new-restaurant-chain-learns-your-preferences-and-serves-your-food-with-zero-human-interaction/articleshow/51099575.cms，最後瀏覽日期：2020/07/20。

夠酷數碼，實拍，亞馬遜第八代物流中心運轉流程，3000 個機器人伺候，每日頭條，2016 年 11 月 02 日，取自 https://kknews.cc/tech/2aapx8y.html，最後瀏覽日期：2020/07/20。

Wolfgang Kersten, Mischa Seiter, Birgit von See, Niels Hackius, Timo Maurer，Trends and Strategies in Logistics and Supply Chain Management - Digital Transformation Opportunities, Bremen, 2017，BVL International, 取自 https://www.researchgate.net/publication/317567258，最後瀏覽日期：2020/07/20。

華爾街見聞，中看不中用？美國「無人餐廳」標杆 Eatsa 大規模關店，每日頭條，2017 年 10 月 24 日，取自 https://kknews.cc/food/pe8myez.html，最後瀏覽日期：2020/07/20。

餐飲 o2o，無人店真的完美嗎？美國無人餐廳 Eatsa 關了超半數的店，每日頭條，2017 年 10 月 27 日，取自 https://kknews.cc/finance/bk2l4pj.html，最後瀏覽日期：2020/07/20。

陳君毅，又有機器人來搶工作啦！Walmart 新掃描機器人，五秒掃完整面貨架速度狂虐人類，科技橘報 TechOrange，2017 年 11 月 07 日，取自 https://buzzorange.com/techorange/2017/11/01/walmart-robots/，最後瀏覽日期：2020/07/20。

何佩珊，無人店很酷，但這真的是 7-11 要的嗎？，數位時代，2018 年 01 月 30 日，取自 https://www.bnext.com.tw/article/47993/why-cvs-7-11-launch-unmanned-store，最後瀏覽日期：2020/07/20。

黃仲宏，倉儲系統智慧揀貨技術的突破，工研院產科國際所，IEK 產業情報網智慧製造、自動化與機器人模組，2018 年 06 月 08 日，取自 https://ieknet.iek.org.tw/iekrpt/rpt_more.aspx?actiontype=rpt&indu_idno=15&domain=52&rpt_idno=459258949，最後瀏覽日期：2020/07/20。

由子，無人機進駐沃爾瑪助購物，顧客尋貨自主不求人，Drones Player，2018 年 06 月 22 日，取自 https://dronesplayer.com/drone-use/，最後瀏覽日期：2020/07/20。

余至浩，深度直擊全球 Amazon 首家無人商店，Amazon Go 維運關鍵大公開，iThome，2018 年 06 月 27 日，取自 https://www.ithome.com.tw/news/124133，最後瀏覽日期：2020/07/20。

林子鈞，被亞馬遜霸凌到撐不住！Walmart 找上微軟結盟，決心「全面數位轉型」，科技橘報 TechOrange，2018 年 07 月 18 日，取自 https://buzzorange.com/techorange/2018/07/18/walmart-microsoft/，最後瀏覽日期：2020/07/20。

精誠資訊，智慧零售白皮書，精誠資訊，2018 年 07 月 24 日，取自 https://tw.systex.com › uploads › sites › ai-Retail-v7.1_20180724.pdf，最後瀏覽日期：2020/07/20。

蕭閔云，與 7-11 X-Store 互別苗頭，台灣大車隊投資無人商店 Bingo Store 年底衝 60 家，數位時代，2018 年 08 月 16 日，取自 https://www.bnext.com.tw/article/50269/bingo-store，最後瀏覽日期：2020/07/20。

憶恩網，沃爾瑪再出新招！用自動化機器人 Alphabot 來幫顧客揀貨，新網路科技，2018 年 08 月 19 日，取自 https://www.smartm.com.tw/article/35323534cea3，最後瀏覽日期：2020/07/20。

青木，老牌零售巨頭 Walmart，這樣追趕亞馬遜：買下全球大小電商平台，科技橘報 TechOrange，2018 年 10 月 09 日，取自 https://buzzorange.com/techorange/2018/10/09/walmart-chase-after-amazon/，最後瀏覽日期：2020/07/20。

綺思，海底撈斥資 1.5 億打造的「智慧餐廳」來啦！無人服務究竟體驗如何？，尋夢園，2018 年 11 月 06 日，取自 https://ek21.com/news/2/2453/，最後瀏覽日期：2020/07/20。

36 氪，無人商店 Amazon Go 開進機場，亞馬遜展店面臨了哪些挑戰？，數位時代，2018 年 12 月 10 日，取自 https://www.bnext.com.tw/article/51600/amazon-go-challenge，最後瀏覽日期：2020/07/20。

陳君毅，重新定義未來賣場！大潤發推新店型 Life Store，要讓購物變成一趟旅程，數位時代，2018 年 12 月 18 日，取自 https://www.bnext.com.tw/article/51701/rt-mart-life-store?fbclid=IwAR01UD84a7ymipknD4CMbnI8ME-mQPVZRZtKyFuAFw4-EiuuHjDtAUi9RXgI，最後瀏覽日期：2020/07/20。

鄭淑方，智慧超商變革：台灣四大便利商店技術應用布局，IEK 產業情報網，2018 年 12 月 12 日，取自 https://ieknet.iek.org.tw/iekrpt/rpt_detail.aspx?indu_idno=1&domain=0&rpt_idno=616303667，最後瀏覽日期：2020/07/20。

愛范兒 ifanr，亞馬遜倉庫的「小革命」：服務好機器人，才能讓人類更安全，科技新報，2019 年 01 月 25 日，取自 http://technews.tw/2019/01/25/amazon-built-an-electronic-vest-to-improve-worker-robot-interactions/，最後瀏覽日期：2020/07/20。

Day One Staff，The story behind Amazon's next generation robot，Amazon 官網，2019 年 03 月 11 日，取自 https://blog.aboutamazon.com/innovation/the-story-behind-amazons-next-generation-robot，最後瀏覽日期：2020/07/20。

高敬原，不走無人店、不玩新科技，全家眼中的未來超商長怎樣？，數位時代，2019 年 04 月 18 日，取自 https://www.bnext.com.tw/article/52969/familymart-tech-strategy，最後瀏覽日期：2020/07/20。

黃穗懷，馬雲：「新零售會取代電子商務」，那為什麼盒馬鮮生成軍 3 年要關店？，中央社，2019 年 05 月 02 日，取自 https://buzzorange.com/techorange/2019/05/02/freshhema/，最後瀏覽日期：2020/07/20。

Masa Chen，Walmart-Digital Transformation of the retail giant，OOSGA，2019 年 05 月 06 日，取自 https://oosga.com/en/thinking/digital-transformation-of-the-retail-giant-walmart/，最後瀏覽日期：2020/07/20。

新零售圈，盒馬鮮生 2018 年銷售 140 億，每日頭條，2019 年 05 月 21 日，取自 https://kknews.cc/zh-tw/tech/9gv64mq.html，最後瀏覽日期：2020/07/20。

CYBERBIZ 新零售學堂，智慧商店助力品牌新零售轉型，4 大應用一窺最新技術！，CYBERBIZ，2019 年 05 月 30 日，取自 https://www.cyberbiz.co/blog/，最後瀏覽

日期：2020/07/20。

陳建鈞，自動化導致失業？亞馬遜：機器人讓員工薪水更高，數位時代，2019 年 06 月 06 日，取自 https://www.bnext.com.tw/article/53544/amazon-new-robots-new-works，最後瀏覽日期：2020/07/20。

鄭淑芳，智慧餐廳案例分析，IEK 產業情報網，2019 年 06 月 21 日，取自 https://ieknet.iek.org.tw/iekrpt/rpt_more.aspx?actiontype=rpt&indu_idno=14&domain=44&rpt_idno=119152236，最後瀏覽日期：2020/07/20。

尤子彥，5 成營收都給員工！攤開鼎泰豐「佛心」底下關鍵數字，看為何王品、瓦城學不起，商周 .com，2019 年 07 月 12 日，取自 https://today.line.me/tw/article/，最後瀏覽日期：2020/07/20。

張遠，亞馬遜最頭疼的倉庫難題，正在被這家機器人公司突破，新浪科技，2019 年 08 月 16 日，取自 https://tech.sina.cn/i/gj/2019-08-16/detail-ihytcern1291182.d.html?oid=9&vt=4&cid=38712，最後瀏覽日期：2020/07/20。

Waredock，What Is Amazon Robotic Fulfillment Center?，Waredock.com，2019 年 08 月 01 日，取自 https://www.waredock.com/magazine/what-is-amazon-robotic-fulfillment-center/，最後瀏覽日期：2020/07/20。

蔣曜宇，放眼下個十年，台灣智慧物流的萌芽與茁壯，數位時代，2019 年 08 月 22 日，取自 https://www.bnext.com.tw/article/54450/autonomous-blockchain-drone，最後瀏覽日期：2020/07/20。

陳右怡，IEK Topics 2019 —— 科技零售新趨勢 AIoT 應用迎未來，工研院產科國際所，2019 年 09 月，取自 https://ieknet.iek.org.tw/iekrpt/rpt_detail.aspx?indu_idno=1&domain=0&rpt_idno=224372486，最後瀏覽日期：2020/07/20。

郭禹瑄、張敏敏、羅素珍和石育賢，IEK Topics 2019 —— 智慧智動化服務，提升物流產業的新競爭力，工研院服科中心和產科國際所，2019 年 09 月，取自 https://ieknet.iek.org.tw/iekrpt/rpt_detail.aspx?indu_idno=1&domain=0&rpt_idno=229511199，最後瀏覽日期：2020/07/20。

陳俊儒和李易政，2019 IEK Topics - 孕育優質發展環新科技服務業大步向前走，工研院產科國際所，2019 年 09 月，取自 https://ieknet.iek.org.tw/iekrpt/rpt_detail.aspx?indu_idno=1&domain=0&rpt_idno=227765911，最後瀏覽日期：2020/07/20。

葉泳珊，Walmart 完成收購戰略 集中拓自家品牌，香港經濟日報，2019 年 09 月 10 日，取自 https://inews.hket.com/article/2448452//30，最後瀏覽日期：

2020/07/20。

謝明忠，零售新經濟｜O2O 數位全通路模式正當道！，Future Commerce 未來商業，
　2019 年 10 月 07 日，取自 https://fc.bnext.com.tw/o2o-online-offline-retailing/，最
　後瀏覽日期：2020/07/20。

鄭淑芳，外送平台運用 A.I. 發展新商業模式，IEK 產業情報網，2019 年 10 月 16 日，
　取 自 https://ieknet.iek.org.tw/iekrpt/rpt_detail.aspx?indu_idno=14&domain=44&rpt_
　idno=227795452，最後瀏覽日期：2020/07/20。

Christoph Roser，The Inner Workings of Amazon Fulfillment Centers-Part 1，AllAboutLean.
　com，2019 年 10 月 22 日，取自 https://www.allaboutlean.com/amazon-fulfillment-1/，
　最後瀏覽日期：2020/07/20。

程倚華，7-11、全家都導入！四大超商搶攻的「智販機」和自動販賣機有何不同？，
　數 位 時 代，2019 年 10 月 23 日， 取 自 https://www.bnext.com.tw/article/55191/
　smart-vending-machines，最後瀏覽日期：2020/07/20。

《經理人》編輯群，全家科技店玩真的！砸千萬再推 2 號店，導入 3 項新技術服務，
　經理人，2019 年 10 月 26 日，取自 https://fc.bnext.com.tw/family-mart-x-store/，
　最後瀏覽日期：2020/07/20。

Christoph Roser，The Inner Workings of Amazon Fulfillment Centers-Part 2，AllAboutLean.
　com，2019 年 10 月 29 日，取自 https://www.allaboutlean.com/amazon-fulfillment-2/，
　最後瀏覽日期：2020/07/20。

Christoph Roser，The Inner Workings of Amazon Fulfillment Centers-Part 3，
　AllAboutLean.com，2019 年 11 月 05 日，取自 https://www.allaboutlean.com/amazon-
　fulfillment-3/，最後瀏覽日期：2020/07/20。

楊晨欣，專賣鮮食沙拉也能變成獨角獸公司！ Sweetgreen 如何透過 App、大數據、
　區塊鏈創造市場利基，Future Commerce 未來商業，2019 年 11 月 7 日，取自
　https://fc.bnext.com.tw/sweetgreen-blockchain/，最後瀏覽日期：2020/07/20。

李世珍，全家「科技 2 號店」所揭露的新一代零售競爭關鍵，科技應用不是唯一重
　點！，Future Commerce 未來商業，2019 年 11 月 8 日，取自 https://fc.bnext.com.
　tw/family-mart-x-store-experiment/，最後瀏覽日期：2020/07/20。

Christoph Roser，The Inner Workings of Amazon Fulfillment Centers- Part 4，
　AllAboutLean.com，2019 年 11 月 12 日，取自 https://www.allaboutlean.com/amazon-
　fulfillment-4/，最後瀏覽日期：2020/07/20。

沈勤譽，Omni 全通路體驗時代來了！零售業數位升級的 4 套劇本，Future Commerce 未來商業，2019 年 11 月 13 日，取自 https://fc.bnext.com.tw/omni-channel-retailing/?utm_source=dable，最後瀏覽日期：2020/07/20。

沈勤譽，華麗轉身的智慧科技使用書！聽聽全家便利商店、Amazon 台灣怎麼說，Future Commerce 未來商業，2019 年 12 月 5 日，取自 https://fc.bnext.com.tw/omni-channel-retail/?utm_source=dable，最後瀏覽日期：2020/07/20。

盧冠芸，亞馬遜物流自動化布局解析，資策會 MIC，2019 年 12 月 11 日，取自 https://mic.iii.org.tw/industry.aspx?id=373&list=4，最後瀏覽日期：2020/07/20。

程倚華，酒吧、咖啡廳都有！小七 X-STORE 科技店插旗高雄，92 坪空間有哪些亮點？，數位時代，2019 年 12 月 12 日，取自 https://www.bnext.com.tw/article/55887/7-11-x-store-3，最後瀏覽日期：2020/07/20。

Christoph Roser，The Inner Workings of Amazon Fulfillment Centers-Part 5，AllAboutLean.com，2019 年 11 月 19 日，取自 https://www.allaboutlean.com/amazon-fulfillment-5/，最後瀏覽日期：2020/07/20。

Milestone，雲端廚房 — 因美食外送平台而爆發的產業，Medium，2019 年 12 月 26 日，取自 https://medium.com/@miles2020/，最後瀏覽日期：2020/07/20。

愛范兒 ifanr，超商、超市愈來愈智慧化，但購物真的更加便利了嗎？，數位時代，2019 年 12 月 31 日，取自 https://www.bnext.com.tw/article/56044/intellectual-supermarket，最後瀏覽日期：2020/07/20。

郭芝榕，病毒肆虐！零售業布局不能等，5 大趨勢揭露電商、實體店的大混戰，Future Commerce 未來商業，2020 年 02 月 05 日，取自 https://fc.bnext.com.tw/5-trends-retailing-2020/，最後瀏覽日期：2020/07/20。

Hector Sunol，The Future of Warehousing:Warehouse Digitalization，CTZERG Warehouse Technology，2020 年 02 月 18 日，取自 https://articles.cyzerg.com/warehouse-digitalization-the-future-of-warehousing，最後瀏覽日期：2020/07/20。

范仁志，從點餐烹飪到管理，樂雅樂推動全新餐飲自動化服務實驗，大橡股份有限公司（DIGITIMES Inc.），2019 年 02 月 20 日，取自 https://www.digitimes.com.tw/iot/article.asp?cat=158&id=0000553809_8iy9usgklqzfb2lmtarzo，最後瀏覽日期：2020/07/20。

蔡紀眉，【FC 100】轉型最前線：全聯 PX Go 串起的一千家「店商」軍團，如何讓這項商品銷售創下歷史新高？，Future Commerce 未來商業，2020 年 02 月 25 日，取自 https://fc.bnext.com.tw/fc-100-px-go/，最後瀏覽日期：2020/07/20。

Dylan Yeh，佔地 3 千坪！亞馬遜大型無人超市 Amazon Go Grocery 登場，有哪些亮點與挑戰？，數位時代，2020 年 02 月 26 日，取自 https://www.bnext.com.tw/article/56708/amazon-big-go-grocery-store-seattle-cashless，最後瀏覽日期：2020/07/20。

Dylan Yeh，Amazon Go「拿了就走」技術整套賣！超市、零售商都能改造自己的無人店，數位時代，2020 年 03 月 10 日，取自 https://www.bnext.com.tw/article/56852/amazon-launches-business-selling-automated-checkout-to-retailers，最後瀏覽日期：2020/07/20。2020/07/20。

盒馬 2020 將布局百家 mini 店，輕模式成生鮮電商新趨勢，北京新浪網，2020 年 03 月 20 日，取自 https://news.sina.com.tw/article/20200320/34590802.html，最後瀏覽日期：2020/07/20。

鄭家皓、蔡青樺，疫情下，餐飲業的未來思考（基礎篇），直學院，2020 年 03 月 23 日，取自 http://ontologyacademy.tw/2020/03/23/ 疫情下，餐飲業的未來思考，最後瀏覽日期：2020/07/20。

鄭家皓、蔡青樺，疫情下，餐飲產業的數位轉型與體驗升級之路（進階篇），直學院，2020 年 04 月 13 日，取自 http://ontologyacademy.tw/2020/04/13/ 疫情下，餐飲產業的數位轉型與體驗升級之路，最後瀏覽日期：2020/07/20。

科技日報，疫情帶火「非接觸式」服務 產業前景取決于技術成熟度，新華網，2020 年 04 月 17 日， 取 自 http://big5.xinhuanet.com/gate/big5/www.xinhuanet.com/politics/2020-04/17/c_1125867768.htm，最後瀏覽日期：2020/07/20。

謝明忠，勤業眾信發布，2020 零售力量與趨勢展望，勤業眾信新聞稿，2020 年 04 月 18 日，取自 https://www2.deloitte.com/tw/tc/pages/consumer-business/articles/pr200428-2020-retail-industry-trend.html，最後瀏覽日期：2020/07/20。

Veridian（2019），Digital Transformation of Warehousing by Industry: What You Need to Know，2019 年 04 月 29 日，取自 https://veridian.info/digital-transformation-of-warehousing/，最後瀏覽日期：2020/07/20。

張凱喬，Walmart 的數位轉型之路，Medium，2020 年 04 月 26 日，取自 https://medium.com/@weilihmen/walmart 的數位轉型之路，最後瀏覽日期：2020/07/20。

Linli，沃爾瑪電商網站再少一家，33 億美元高溢價收購而來的 Jet.com 已關閉整合，科技新報，2020 年 05 月 20 日，取自 http://technews.tw/2020/05/20/walmart-winds-down-jet-com-four-years-after-3-3-billion-acquisition-of-e-commerce-company/，最後瀏覽日期：2020/07/20。

李易政，新興技術驅動智慧零售轉型 —— 後疫情時期之零售科技消長，IEK 產業情報網，2020 年 05 月 22 日，取自 https://ieknet.iek.org.tw/iekrpt/rpt_detail.aspx?indu_idno=1&domain=0&rpt_idno=148820332，最後瀏覽日期：2020/07/20。

程倚華，放眼下個十年，疫情下的大贏家？阿里巴巴新零售業務翻倍成長，CEO 張勇：將創造新常態，2020 年 05 月 26 日，取自 https://www.bnext.com.tw/article/57839/alibaba-2020-q4，最後瀏覽日期：2020/07/20。

郭怡萍、許瓊華，數位轉型對台灣經濟產業的影響，IEK 產業情報網，2020 年 05 月 27 日，取自 https://ieknet.iek.org.tw/iekrpt/rpt_open.aspx?actiontype=rpt&indu_idno=0&domain=0&rpt_idno=563778786，最後瀏覽日期：2020/07/20。

李世珍，疫情後加速轉型！百貨、超商磨刀霍霍，2 種科技應用可望成新寵，2020 年 06 月 08 日，Future Commerce 未來商業，取自 https://fc.bnext.com.tw/covid-19-retail-transform-convenience-store/，最後瀏覽日期：2020/07/20。

蔡惠芳，後疫情時代，七成零售業謹慎展店，工商時報，2020 年 06 月 09 日，取自 https://www.chinatimes.com/newspapers/20200609000154-260202?utm_source=iii_news&utm_medium=rss&chdtv，最後瀏覽日期：2020/07/20。

Masa Chen，新零售 2.0，OOSGA，取自 osga.com/new-retail/，最後瀏覽日期：2020/07/20。

林奕榮，東南亞雲端廚房愈來愈火，聯合新聞網，2020 年 06 月 29 日，取自 https://udn.com/news/story/6811/4665344，最後瀏覽日期：2020/07/20。

袁顥庭，工研院攜全家打造易取智慧商店，工商時報，2020 年 07 月 03 日，取自 https://www.chinatimes.com/newspapers/20200703000285-260204?utm_source=iii_news&utm_medium=rss&chdtv，最後瀏覽日期：2020/07/20。

About Amazon Staff，What robots do（and don't do）at Amazon fulfillment centers，Amazon 官網，取自 https://www.aboutamazon.com/amazon-fulfillment/our-innovation/what-robots-do-and-dont-do-at-amazon-fulfillment-centers/，最後瀏覽日期：2020/07/20。

About Amazon Staff，Why Amazon warehouses are called fulfillment centers，Amazon 官網，取自 https://www.aboutamazon.com/amazon-fulfillment/our-fulfillment-centers/why-amazon-warehouses-are-called-fulfillment-centers，最後瀏覽日期：2020/07/20。

KPMG. 2018. No Normal is the New Normal。

詹文男、李震華、周維忠、王義智、數位轉型研究團隊，2020，數位轉型力。

World Economic Forum. 2017. Shaping the Future of Retail for Consumer Industries。

查爾斯·韓第，2016，找到你的「第二曲線」！在高峰時想像危機的人，才是贏家，經理人月刊，2016 年 12 月號，取自 https://www.managertoday.com.tw/articles/view/53616。

Salesforce. 2020. What Are Data Silos? At https://www.salesforce.com/blog/2020/03/what-are-data-silos.html。

黃楸晴，2019，穀倉效應 —— 部門之間不願意分享資訊，怎麼辦？跟臉書學跨部門溝通，取自 https://www.businessweekly.com.tw/management/blog/26227。

Deloitte. 2019. Could the Cloud be the Solution to Addressing Technical Debt? At https://www2.deloitte.com/content/dam/Deloitte/xe/Documents/technology/me-consulting_technical-debt.pdf。

阿里雲計算有限公司、KPMG，2019，2020 消費品生態全鏈路數智化轉型白皮書，取自 https://files.alicdn.com/tpsservice/d876aa6b5b060b87b631a011fea3e461.pdf

蘇醒文，2019，從阿里巴巴雲棲大會看零售發展趨勢。

王衍襲，2020，零售業數位轉型案例研析：無印良品。

杜佩圜，2020，數位轉型個案剖析 —— 日本麒麟啤酒（Kirin）。

Amazon Web Services，Swire Coca-Cola 案例研究，取自 https://aws.amazon.com/tw/solutions/case-studies/swire-coca-cola/

林子璿，2019，善用 AI 分析消費偏好 可口可樂要抓住你的心，取自 https://www.digitimes.com.tw/iot/article.asp?cat=158&cat1=20&cat2=80&cat3=40&id=0000559377_5r42abza8isms46oukped。

高敬原，2017，汽水也有 freestyle！可口可樂如何用 AI 驅動銷售？

取自 https://www.bnext.com.tw/article/46399/coca-cola-uses-ai-robots-to-invent-new-sodas-like-cherry-sprite。

廖彥宜，2019，國際智慧零售創新應用觀測前瞻，頁 11，頁 20，頁 37。

第十一章

無

第十二章

王文宇，公司法論，元照出版，2018 年 10 月，六版。

方嘉麟主編，閉鎖股份有限公司逐條釋義，元照出版，2016 年 10 月，初版。

方嘉麟主編，變動中的公司法制：十七堂案例學會公司法，元照出版，2018 年 10 月，初版。

曾宛如，公司法制基礎理論之再建構，元照出版，2017 年 8 月，初版。

廖大穎，契約型商業組織之人合公司論：歐陸法系與英美法系的分歧與調和，正典文化出版，2009 年 11 月，一版。

王文宇，論契約法預設規定的功能：以衍生損害的賠償規定為例，國立臺灣大學法學論叢，第 31 卷第 5 期，2002 年 9 月。

邵慶平，公司法：第二講—組織與契約之間—經濟分析觀點，月旦法學教室，第 62 期，2007 年 12 月。

邵慶平，閉鎖性股份有限公司與家族傳承：無心插柳或成人之美，月旦法學教室，第 205 期，2019 年 11 月。

胡韶雯，家族傳承之股權安排——以公司法特別股之多元化為中心，財產法暨經濟法，第 55 期，2019 年 3 月。

陳彥良，我國公司法制之再進化——以二〇一八年公司法修正為中心，財金法學研究，第 1 卷第 2 期，2018 年 9 月。

陳彥良，公開發行公司表決權拘束契約之問題，月旦法學教室，第 208 期，2002 年 2 月。

曾宛如，公司法制之重塑與挑戰，月旦法學雜誌，第 300 期，2020 年 5 月。

張心悌，閉鎖性股份有限公司特別股股東選舉董監事之權利，月旦法學教室，第 165 期，2016 年 7 月。

廖大穎，發行具否決權特別股的實務爭議，月旦法學教室，第 211 期，2020 年 5 月。

陳厚銘，低接觸經濟時代的經營模式與戰略，工商時報，2020 年 5 月 26 日。

張文川，鞏固家族事業經營權 閉鎖性公司有妙用，自由時報，2019 年 12 月 2 日。

程士華，閉鎖性控股 家族傳承利器，經濟日報，2020 年 6 月 2 日，2020 年 6 月 19 日。

譚淑珍，家族閉鎖經營「複數表決權特別股」防經營權被稀釋，工商時報，2016 年 4 月 8 日。

蕭富庭，為中小企業調整有限公司的預設規定，工商時報，2017 年 3 月 15 日。

蕭富庭，新公司法特別股靈活規劃的界限，工商時報，2018 年 8 月 24 日。

公司法全盤修正修法委員會，修法建議，取自 http://www.scocar.org.tw/，最後瀏覽日期為 2020 年 7 月 16 日。

經濟部商業司，閉鎖性公司專區，取自 https://gcis.nat.gov.tw/mainNew/classNAction.do?method=list&pkGcisClassN=15，最後瀏覽日期為 2020 年 7 月 16 日。

經濟部商業司，公司法修法專區，取自 https://gcis.nat.gov.tw/mainNew/subclassNAction.do?method=getFile&pk=763，最後瀏覽日期為 2020 年 7 月 16 日。

經濟部商業司，公司與有限合夥登記行政書表 & 參考資料，取自 https://gcis.nat.gov.tw/mainNew/subclassNAction.do?method=getFile&pk=702，最後瀏覽日期為 2020 年 7 月 16 日。

附錄

一、商業服務業大事記
二、臺灣商業服務業公協會列表

| 附錄一 | 商業服務業大事記

年份	類別	標題	內容
1932 年	零售	百貨公司興起	第一間百貨公司「菊元百貨」於台北成立，與第二間台南的「林百貨」並稱南北兩大百貨。而後多家業者紛紛成立百貨公司，使得百貨公司此一業種進入戰國時代。
1934 年	餐飲	首間引入現代化管理的餐廳	臺灣最早的西餐廳「波麗路西餐廳」開幕，首度引進西方現代化餐飲管理的營運制度。
1970 年	零售	大型超市興起	在 1970 年代（民國 59 年）初期，西門町出現西門超市及中美超市兩家大型超市，為臺灣大型超市開端。
1973 年	金融	第一次石油危機	在 1973 年（民國 62 年）中東戰爭爆發，阿拉伯石油輸出國家組織實施石油減產與禁運，導致第一次石油危機，我國經濟也因此受到影響，當時行政院長蔣經國決意推動「十大建設」，以大量投資公共建設，解決我國基礎建設不足的問題。在十大建設的帶動之下，1975 年（民國 64 年），我國通貨膨脹率開始下滑，成功改善我國產業的發展環境。
1974 年	物流	物流概念的萌芽	聲寶及日立公司於 1974 年（民國 63 年）投資成立「東源儲運中心」，為我國第一家商業物流服務業者，將物流概念與相關技術引進我國。
	餐飲	第一間在地連鎖餐飲品牌	1974 年（民國 63 年）第一家本土速食餐飲業者「頂呱呱」成立，將速食文化與相關技術引進臺灣。
	商業	塑膠貨幣	1974 年（民國 63 年）國內投資公司發行不具有循環信用功能的「信託信用卡」，臺灣首度出現「簽帳卡」，直至 1988 年（民國 77 年）財政部通過「銀行辦理聯合簽帳卡業務管理要點」，並將「聯合簽帳卡處理中心」改名為「財團法人聯合信用卡處理中心」，臺灣才出現據循環信用功能的信用卡。1989 年（民國 78 年）起開放國際信用卡業務，聯合信用卡中心與信用卡國際組織合作推出「國際信用卡」，開啟我國進入塑膠貨幣時代。

年份	類別	標題	內容
1978 年	物流	便捷交通網絡帶動商業發展	「十大建設」之一的中山高速公路於 1978 年（民國 67 年）全線通車，完善我國交通網絡，不僅帶動整體經濟成長，亦正面影響我國區域發展，我國商業發展獲得更進一步的提升。
	零售	便利不打烊	1978 年（民國 67 年）國內統一集團引進國外新型態零售模式，在國內成立統一便利商店（7-Eleven），改變傳統柑仔店的經營模式。24 小時不打烊的經營型態，服務項目從單純的零售販賣擴張至提供熱食及其他服務，如代收、多元化付款等，貼心而完整的服務使便利商店開始成為民眾生活不可或缺的一部分。
1980 年	物流	北迴鐵路全線通車	1980 年（民國 69 年）北迴鐵路正式通車營運，因此帶動臺灣東西部交流及互動與經濟平衡發展。
	商業	商業法規制定	隨著經濟發展，所得增加帶動消費，進而擴大對服務的需求，修訂公司法、商業會計法等相關規範與制度，為日後商業發展打底。
	零售	國外超市引進	1980 年代初期（民國 69 年），農產運銷公司開始投入超市經營，再加上日本系統的雅客、松青超市等公司陸續導入臺灣市場，使超市經營技術引進有更進一步的發展。
1983 年	餐飲	國內泡沫紅茶與珍珠奶茶的興起	泡沫紅茶於 1983 年（民國 72 年）在臺中問世後，其魅力數年間席捲全臺，在臺灣餐飲史上占據獨特地位。而後創新的珍珠奶茶則掀起更為強勁深遠的龍捲風效應。茶飲品牌近十多年來更進軍海外，包括美國、德國、紐澳、香港、中國、日本、東南亞、甚至中東的杜拜與卡達。
1984 年	餐飲	國際餐飲速食連鎖加盟品牌進駐臺灣	1984 年（民國 73 年）國際速食餐廳「麥當勞」進軍我國，將國際速食餐廳的經營理念以及「發展式特許經營」模式引進國內，為餐飲市場帶來新觀念。
1987 年	零售	超市經營連鎖化與便利商店風潮興起	香港系統的惠康、百佳等公司亦相繼進入市場，使超市經營進入連鎖店時代，更具專業化；同年統一超商開始轉虧為盈，並突破 100 家連鎖店面，也讓國內興起成立便利商店的風潮。

年份	類別	標題	內容
1989 年	物流	臺灣物流革命之序曲	1989 年（民國 78 年），掬盟行銷成立，同年味全與國產企業亦分別成立康國行銷與全臺物流，隨後統一集團之捷盟行銷、泰山集團之彬泰物流、僑泰物流亦分別設立，以迎合市場對配送效率的需求。
	零售	消費型態變革	1989 年（民國 78 年）我國第一家量販店萬客隆成立，同年由法商家樂福與統一集團共同在臺設立家樂福（Carrefour），自此開啟我國量販店的黃金時代。而後陸續出現多個量販店品牌，如：亞太量販、東帝士、大潤發、鴻多利、大買家與愛買。
	零售	大型零售書店之創立	1989 年（民國 78 年）臺灣大型連鎖書店誠品書店正式創立，開啟我國零售店新經營型態。
1990 年	物流	南迴鐵路通車	南迴鐵路通車，環島鐵路網完成，帶動國內環島觀光風氣，進一步活絡我國商業服務業的發展。
1991 年	餐飲	國內餐飲朝向多元體驗發展	來自美國紐約的「T.G.I.Friday's」登台，為我國市場上第一家美式休閒連鎖餐廳，刮起民眾朝聖休閒式主題餐廳的旋風，此時期餐廳著重主題性與文化性。
1992 年	餐飲	創新思維開創手搖飲料風貌	發跡於臺中東海的「休閒小站」首創「封口杯」，用自動封口機取代傳統杯蓋來密封飲料，即使打翻也不易外漏，這讓販賣茶飲有了革命性的改變。專做外帶的茶吧式飲料店，因店面小、租金便宜、人力精簡，如雨後春筍般興起。
	零售	電視購物	1992 年（民國 81 年）「無線快買電視購物頻道」正式成立，以有線電視廣告專用頻道型態經營。1999 年，我國第一家合法電視購物業者東森購物正式成立，直至 2014 年 NCC 委員會將原本管制為 9 個購物頻道放寬至 12 個，目前購物頻道結合網路購物及實體百貨零售市場，仍蓬勃發展中。
	零售	商業自動化	商業自動化和現代化為施政重點，包括：推動資訊流通標準化、商品銷售自動化、商品選配自動化、商品流通自動化及會計記帳標準化，促進產業升級，推升商業發展。

年份	類別	標題	內容
1995 年	電子商務	網路興起	1995 年（民國 84 年）資訊人公司成立，該公司開發搜尋引擎「IQ 搜尋」軟體並發展成商品。1998 年推出中文網路通訊軟體 CICQ，成為 Intel 在我國投資的第一間網路公司。
	商業	商業會計法大幅修訂	1995 年（民國 84 年）5 月 19 日第三次修正，全文增加為八十條，建立現在商業會計法的基本架構。
1996 年	電子商務	網路仲介	1996 年（民國 85 年）我國第一家以網路為平台的人力仲介公司「104 人力銀行」正式成立。人力銀行改變人們找工作或企業找人才的模式，經由網路平台與電子郵件即可撮合人力供需雙方，開創了網路人力仲介商業市場。
	物流	捷運便利生活	臺北捷運木柵線通車，藉由捷運系統建置逐步改變臺北交通運輸方式與生活圈，亦給其他縣市帶來交通發展方向的參考。
1997 年	零售	國際零售品牌進駐	美國第二大零售商、全球第七大零售商以及美國第一大連鎖會員制倉儲式量販店好事多（Costco）與臺灣大統集團合資成立「好市多股份有限公司」，在高雄市前鎮區設立全臺第一家賣場。好市多為繼萬客隆倒閉之後，國內唯一收取會員費的量販店。
	電子商務	民營化行動通訊	政府於 1997 年（民國 86 年）開放民營業者可提供行動通訊業務，2003 年開放第三代行動通信執照，行動數據傳輸能力大幅增加。配合手機技術與行動應用程式（APP）的開發，讓消費者可以利用更方便快速的方式進行消費。而第四代系統的逐漸普及，以更快速的網路商業服務，進而影響帶動現今行動支付發展。
1988 年	商業	亞洲金融風暴	亞洲金融風暴嚴重影響亞洲各國，加上蔓延效果擴散，導致全球經濟成長趨緩。為因應國際經濟情勢的劇烈變化，避免衝擊國內經濟及金融局勢，我國經建會（現國發會）擴大行政院國家發展基金規模，擴大國內製造業及服務業投資金額，使國發基金成為國內最大的創投，為長期經濟發展提供動能。

年份	類別	標題	內容
1999 年	零售	購物中心興起	國民所得達 12,000 美元，消費者休閒意識抬頭，因此兼顧消費購物與休閒文化功能的大型購物中心順應而生。「台茂購物中心」為全臺第一個大型購物中心，開啟全新的多功能休閒購物體驗，而後的二十年亦隨著國人消費型態與所得提升，國內陸續出現多個購物中心，如：微風廣場、京華城購物中心、臺北 101、寶麗廣場、環球購物中心、林口遠雄三井 Outlet Park、華泰名品城 GLORIA OUTLETS 等大型購物中心。
2000 年	餐飲	國內餐飲邁入高質精緻期	國內餐飲業進入高價精緻料理時期，高價精緻料理成為主流，而後引領乾杯、老四川、漢來美食紛紛興起，迅速展店、規模日益壯大。
	物流	宅配到府	2000 年（民國 89 年）國內第一家戶對戶的宅配服務公司（C2C、B2C、B2B）「台灣宅配通」正式營運，開啟我國宅配產業序幕。宅配也改變了我國物流市場，讓原本的物流業者開始投入宅配服務，銜接上電子商務發展的最後一哩，使電子商務開始蓬勃發展。
	電子商務	電子錢包	民國 89 年（2000 年）悠遊卡正式啟用，是我國第一張非接觸式電子票證系統智慧卡，採用 RFID 技術。除了悠遊卡之外，也結合其他具有 RFID 載具提供服務，如結合信用卡、NFC 手機等。於 2002 年開始進入便利商店體系與公家機關使用小額付款，因此改變我國消費者的消費習慣。此為傳統銷售模式轉為電子商務，新型態商業模式的重要改變。目前臺灣所通行的電子票證，包含了悠遊卡、一卡通、icash、有錢卡等四種系統，讓民眾生活能夠更加便利。
2001 年	電子商務	國內 B2C 與 C2C 電子商務興起	2001 年（民國 90 年）Yahoo 拍賣由雅虎臺灣與奇摩網站合併而成，開啟國內電子商務 B2C 與 C2C 市場商機，並逐漸獨霸了整個臺灣拍賣的市場。

年份	類別	標題	內容
2004 年	物流	國道通車	國道三號全線通車，改善國內物流運輸效率，強化我國商業服務業發展基礎。
	物流	雪山隧道通車	雪山隧道通車，為宜蘭帶來觀光效益，宜蘭的商業服務業者也跟著因此受惠。
	零售	精緻超市引進來台	2006 年（民國 95 年）逐漸發展出頂級超市，港商惠康百貨和遠東集團不約而同先後引進 Jasons Marketplace、c!ty'super 頂級超市。互相較勁的重點，不再是誰家的商品便宜，而是誰家的商品較獨特、稀有，服務較貼心，可以攏絡頂級消費者的心。
2006 年	電子商務	電子商務龍頭爭奪戰開打	PCHome 網路家庭與 eBay 合資成立露天拍賣。為本土第一家無店面零售公司，成為 Yahoo 拍賣的競爭者，這是無店面零售興起的開端。
	商業	「公司登記便民新措施跨轄區收件服務」施行	「公司登記便民新措施跨轄區收件服務」施行，民眾可選擇在經濟部商業司、經濟部中部辦公室、臺北市政府、高雄市政府任一地點提送公司登記申請案件。
	電子商務	雲端運算提出大數據革命	亞馬遜推出彈性運算雲端服務，Google 執行長埃里克·施密特在搜尋引擎大會（SES San Jose 2006）首次提出「雲端計算」概念。雲端運算技術是繼網際網路發明後最具代表性的技術之一，可廣泛應用於政府、教育、經貿、企業等層面，其後各自發展出的不同雲端運算服務，對於產業發展有全面性的改變，為爾後出現的共享經濟型態，提供了堅實的基礎。
	電子商務	跨境電商	2006 年（民國 95 年）美國拍賣平台與國內業者合作推出跨國交易網站。跨境電子商務為出口貿易重要的交易平台，將會為我國廠商的經營模式帶來不一樣的改變。

年份	類別	標題	內容
2007 年	商業	成立商業發展研究院	隨著國內服務業活動發展趨勢已朝向商品精緻化、分工專業化、經營創新化與國際化之模式。因此,依據行政院 2004 年(民國 93 年)核定之「服務業發展綱領暨行動方案」以及 2006 年全國商業發展會議與臺灣經濟永續發展會議之結論,基於「建立服務業發展基石,創造高品質、高附加價值之服務業創新能量並整合資源,加速服務業知識化,提升國際優質競爭力」之成立宗旨,於 2007 年 12 月正式成立財團法人商業發展研究院(簡稱商研院)為國家級服務業研發智庫。
	電子商務	iphone 出現智慧手機元年	iPhone 系列革命性地改變人民的生活型態,帶動了行動商務發展。
	物流	高鐵通車	高速鐵路通車,完成國內一日生活圈的交通概念。
2008 年	商業	美國次級貸款引發金融海嘯	美國次級房貸市場泡沫破滅,引發全球金融流動性風險上升,造成全球經濟大衰退。在這波金融海嘯衝擊下,導致全球消費者行為模式出現改變,樽節支出、去槓桿化效應,及因網路技術的進步和社群網站的出現讓資訊得以更快速的流通,而發展出閒置產能再利用構想的「共享經濟」。此外,銀行在面對信用擔保市場的風險提升下,將提高對企業的融資限制,則「群眾募資」的融資方式將逐漸崛起。
2009 年	電子商務	共享經濟	經濟學人雜誌定義「共享經濟」為「在網路中,任何資源都能出租」。網路成為共享經濟的重要橋樑,大型出租住宿民宿網站 Airbnb 成為共享經濟的重要代表。目前共享經濟概念襲捲全世界、影響消費者的消費模式與服務提供者的新型態經營模式,成為未來重要的商業模式。
2010 年	零售	新型態購物中心 Outlet 興起	義大世界購物廣場開幕,為臺灣首座的名牌折扣商場(Outlet mall)與大型 Outlet 購物中心。

年份	類別	標題	內容
2011 年	餐飲	食安事件	衛生署查獲飲料食品違法添加有毒塑化劑 DEHP（鄰苯二甲酸二〔2-乙基己基〕酯，（Di〔2-ethyl hexyl〕phthalate），政府機關在事件爆發後明定檢驗標準，此一事件對於我國商業服務業營業造成衝擊，並喚起消費者意識抬頭，消費者開始注重食品安全與商品成分標示，亦促使整體食品與飲食文化等產業素質與品質的提升。爾後在 2014 年發生多起食用油廠商使用劣質油違法事件，引起社會輿論對食品安全問題普遍關注，國內知名餐飲連鎖業者也受波及，使國內食品餐飲品牌市占率重新洗牌。
	金融	群眾募資	2009 年 Kickstarter 引領「群眾募資」的概念開啟全球對募資平臺的嚮往，我國於 2011 年（民國 100 年）成立第一個非營利集資平台 weReport，而後營利性質的群眾募資近年在臺灣也因各募資網站的崛起而蓬勃，如 flyingV、HereO（已轉型 PressPlay）、噴噴 zeczec 等。募資平台提供新點子及新創意的商品或商業模式在市場上推出或營運機會，成為商業發展及創意創業重要的管道及方式。
2015 年	電子商務	電商平台行動化	行動商務因智慧型裝置普及，嚴重影響實體通路業績，尤其主打行動拍賣平台與以 C2C 為主要客群的蝦皮拍賣，於 2015 正式進入臺灣，挾免手續費、免刷卡費、再補貼買家運費及全新方便簡約的 App 介面，迅速攻佔了臺灣市場。
2016 年	商業	新修正商業會計法	為接軌國際，修正商業會計法、商業會計處理準則以及企業會計準則，於 2016 年（民國 105 年）年 1 月 1 日正式施行，我國商業會計法規邁入新紀元。
	零售	購物中心遍地開花	Outlet 購物中心崛起的一年新開設六間購物中心，分別為環球購物中心南港車站店、林口遠雄三井 Outlet Park、晶品城購物廣場、大墩食衣購物廣場、嘉義秀泰廣場、大魯閣草衙道。

年份	類別	標題	內容
2017 年	商業	公司法修正	經濟部修正公司法，修正涉及公司的法令鬆綁以及公司治理、洗錢防制的強化，以優化經商環境。本次修正基本有五大原則，分別如下：「不大幅增加企業遵法成本，維持企業運作安定性」、「新創希望速推之事項，優先推動」、「維持閉鎖公司專節，給予微型企業創業者更大運作彈性」、「充分考量公發、非公發公司規模不同，分別有不同的規範」、「適度法規鬆綁，但不逸脫基本法制規範，保障交易安全」。
	餐飲	國內大型餐飲業掀掛牌風	歷經食安風暴，餐飲營收近 5 年來持續穩定成長，各大業者紛紛進入搶食餐飲市場，如漢來美食掛牌上市、及多家正等待上市櫃的餐飲股，興起餐飲掛牌風，於公開資本市場進行募資，有利於籌備更多銀彈，朝向企業多角化經營。
	電子商務	迎戰行動支付元年	新型態電子支付出現，挑戰既有的支付生態系統創造價值。隨著行動通訊設備的出現，更一步地把網路上的一切搬到生活中每個時間點跟角落。也在今年上半年，三大行動支付（Apple Pay、Samsung Pay、Android Pay）登台，這些新創的付款方式，相較過往的支付方式更加便利，對國內的服務業者亦有正向影響。
2018 年	商業	5G 起步，邁向數位時代	5G 將成為物聯網發展的重要基礎，有鑑於在傳輸速度、設備連線能力、級低網路延遲等效益，預期將帶動更多創新應用服務發展。5G 取代 4G，最重要的特性在於低延遲，若能善用，5G 將可加速促成產業數位化及垂直市場的成長。
	零售	第一家無人超商正式營業	臺灣第一家無人超商「X-STORE」於 1 月 31 日在統一超商總部大樓進行初期測試，並於 6 月 25 日開始正式開幕，全程透過人臉辨識進店、採買、結帳。初期 X-STORE 以測試各項智慧型科技及營運模式，蒐集各種大數據做為未來發展的依據，讓臺灣便利商店產業不斷進化。在 X-STORE 開幕一個月後，在台北市信義區開設第二

年份	類別	標題	內容
2018 年			家無人商店，並且額外導入智慧金融功能（X-ATM），提供指靜脈與人臉辨識，並可進行零錢存款與外幣提領功能。而全家便利商店也在 3 月底開立科技概念店，期望減低員工的勞務負擔，並帶給客戶更多的互動體驗。
	商業	智慧手機的普及帶動多元支付方式	因智慧手機的便利性與普及，有愈來愈多行為透過手機進行，加上物聯網科技串聯行動裝置、網路、服務與資訊，帶動商業服務方式的改變。臺灣目前的行動支付分為三種：電子支付、電子票證及第三方支付，而金管會於 6 月發布的報告當中，以歐付寶使用人數最多，在使用總人數約 243 萬人當中，有 72.97 萬人運用歐付寶進行電子支付。
	商業	公司法修正案於 7 月三讀通過，11 月 1 日正式施行	鑒於 10 多年來國內外經商環境變化快速，立法院於 2018 年 7 月 6 日三讀通過公司法修正案，並於 11 月 1 日施行。本次公司法修正重點為：友善創新創業環境、強化公司治理、增加企業經營彈性、保障股東權益、數位電子化及無紙化、建立國際化之環境、閉鎖性公司之經營彈性、遵守國際洗錢防制規範。
	商業	勞動基準法部分條文修正案於 1 月三讀通過，3 月 1 日正式施行；基本工資亦決議於明年 1 月調整	勞基法修正案於 3 月 1 日正式實施，本次修法主要聚焦於鬆綁 7 休 1、加班工時工資核實計算以及加班工時上限、特休假、輪班間隔。另基本工資亦於 2018 年第三季召開基本工資審議委員會，決議將於 2019 年 1 月起調漲基本工資，月薪由現行 $22,000 調漲至 $23,100，漲幅 5%；時薪由 $140 調漲至 $150，漲幅 7.14%。
	餐飲	台北米其林指南公佈，共 20 家餐廳奪星	米其林指南於 3 月 14 日發表首屆台北版名單，共有 110 家餐廳入榜，除了 36 家必比登推薦（Bib Gourmand）名單外，今年共有 20 家餐廳奪星，包含 1 家三星、2 家兩星、17 家一星，其餘為推薦名單。

年份	類別	標題	內容
2018 年	餐飲	連鎖速食餐飲業導入自動點餐與多元支付系統	連鎖速食餐飲業 - 摩斯漢堡與臺灣麥當勞已競相導入自動點餐機。摩斯漢堡的數位自助點餐機已導入 70 餘家門市，預計年底完成 100 家導入的目標。臺灣麥當勞則是除了自助點餐機之外，亦結合多元支付，為國內速食連鎖第一臺可以多元支付的點餐機，目前先規劃在臺北不同商圈的 4 家門市建置。
2019 年	零售	臺灣品牌突破日本零售市場	臺灣誠品成功於日本橋展店，為我國業者進入日本零售業第一家。
	餐飲	外送平台深入國人生活	2019 年外送市場爆量，Foodpanda 訂單成長 25 倍。緊追在後之 Uber Eats，擁有超過 5,000 家餐飲業的外送服務；再加上近期加入英國外送平台 Deliveroo，預期我國餐飲業外送服務將日益競爭。
2020 年	商業	COVID-19（新冠肺炎）疫情爆發	我國 1 月 21 日發現首起 COVID-19（新冠肺炎）確診病例，是由中國大陸湖北省武漢市移入之案例。
	商業	經濟部推出一系列因應嚴重特殊傳染性肺炎的資金紓困及振興措施	經濟部因應嚴重特殊傳染性肺炎，推出一系列資金紓困及振興措施資源，包括薪資及營運資金補貼、防疫千億保、水電費減免、研發固本專案計畫、協助服務業導入數位行銷工具及服務、商圈環境改善、人才培訓、振興三倍券、出口拓銷等來協助業者。
	商業	臺灣完成 5G 釋照與開台	經兩階段競標結果，我國國家通訊傳播委員會（NCC）於 2 月 21 日公布包括中華電信、遠傳電信、台灣大哥大、台灣之星、亞太電信 5 家電信業者，均獲得 5G 執照，並於 6 月 30 日起陸續啟用 5G 服務。

|附錄二| 臺灣商業服務業公協會列表

序號	全國性／產業性	組織名稱	網站	地址	電話／傳真
1	全國性	中華民國全國商業總會	http://www.roccoc.org.tw/web/index/index.jsp	106 臺北市大安區復興南路一段 390 號 6 樓	電話：02-27012671 傳真：02-27555493
2	全國性	中華民國工商協進會	http://www.cnaic.org/zh-tw/	106 臺北市復興南路一段 390 號 13 樓	電話：02-27070111 #160
3	全國性	中華民國全國中小企業總會	http://www.nasme.org.tw/front/bin/home.phtml	106 臺北市大安區羅斯福路二段 95 號 6 樓	電話：02-23660812 傳真：02-23675952
4	產業性	臺灣連鎖暨加盟協會	http://www.tcfa.org.tw/	105 臺北市松山區南京東路四段 180 號 4 樓	電話：02-25796262 傳真：886-2-25791176
5	產業性	臺灣連鎖加盟促進協會	http://www.franchise.org.tw/	104 臺北市中山區中山北路一段 82 號	電話：02-25235118
6	產業性	臺灣全球商貿運籌發展協會	http://www.glct.org.tw/	104 臺北市中山區民權西路 27 號 5 樓	電話：02-25997287
7	產業性	臺灣服務業發展協會	https://www.asit.org.tw/	106 臺北市大安區復興南路一段 259 號 3 樓之 2	電話：02-27555377 傳真：02-27555379
8	產業性	中華民國物流協會	http://www.talm.org.tw/	106 臺北市大安區復興南路一段 137 號 7 樓之 1	電話：02-27785669
9	產業性	臺灣國際物流暨供應鏈協會	http://www.tilagls.org.tw/	104 臺北市中山區南京東路二段 96 號 10 樓	電話：02-25113993
10	產業性	中華民國貨櫃儲運事業協會	http://www.cctta.com.tw/web/guest/index	221 新北市汐止區大同路 3 段 264 號 3 樓	電話：02-86480112 傳真：02-86478295
11	產業性	臺灣冷鏈協會	www.twtcca.org.tw	106 臺北市忠孝東路四段 148 號 11F-5	電話：02-27785255

序號	全國性／產業性	組織名稱	網站	地址	電話／傳真
12	產業性	臺灣省進出口商業同業公會聯合會	paper.tiec.org.tw	104 臺北市中山區復興北路 2 號 14 樓 B 座	電話：02-27731155 傳真：02-27731159
13	產業性	臺灣省汽車貨運商業同業公會聯合會	http://www.t-truck.com.tw/	106 臺北市大安區信義路三段 162 號之 30	電話：02-27556498 傳真：02-27080356
14	產業性	中華貨物通關自動化協會	http://www.t-fla.org/index_c.htm	202 基隆市中正區義二路 72 號 4 樓	電話：02-24246115
15	產業性	中華民國無店面零售商業同業公會	https://www.cnra.org.tw/	106 臺北市大安區復興南路一段 368 號 8 樓	電話：02-27010411 傳真：02-27098757
16	產業性	中華跨境電子商務產業發展協會	http://www.crossborder-ec.org/	104 臺北市長安東路 2 段 142 號 9 樓之 1	電話：02-27491761
17	產業性	臺灣網路暨電子商務產業發展協會	https://tieataiwan.org/	105 臺北市松山區民權東路三段 144 號 12 樓 1221A	電話：02-87126050
18	產業性	中華民國百貨零售企業協會	http://www.ract.org.tw/	220 新北市板橋區新站路 16 號 18 樓	電話：02-77278168 轉 8281 傳真：02-77380790
19	產業性	中華民國購物中心協會	https://www.twtcsc.org.tw/	106 臺北市大安區敦化南路 2 段 97 號 2 樓	電話：02-77111008 傳真：02-66398479
20	產業性	中華美食交流協會	https://www.facebook.com/cgaorg	242 新北市新莊區中榮街 124 號 2 樓（協會）	電話：02-22779596
21	產業性	臺灣蛋糕協會	http://www.cake123.com.tw/	114 臺北市內湖區行善路 48 巷 18 號 6 樓之 2	電話：02-27904268 傳真：02-27948568
22	產業性	臺灣國際年輕廚師協會	https://www.facebook.com/taiwanjuniorchefsassociation/	104 臺北市民生東路二段 147 巷 11 弄 2-1 號	電話：02-27139007

序號	全國性／產業性	組織名稱	網站	地址	電話／傳真
23	產業性	中華民國自動販賣商業同業公會全國聯合會	http://www.gs04.url.tw/vm/index.asp	402 臺中市南區工學路 126 巷 31 號	電話：04-22658733 傳真：04-22656815
24	產業性	中華民國遊藝場商業同業公會全國聯合會		24147 新北市三重區集成路 17 號 3 樓	電話：02-29751896
25	產業性	中華民國臺灣商用電子遊戲機產業協會	http://www.tama.org.tw/cht/about.php	22070 新北市板橋區三民路一段 80 號 3 樓	電話：02-29541608 傳真：02-29541604
26	產業性	臺灣區電機電子工業同業公會	http://www.teema.org.tw/	114 臺北市內湖區民權東路六段 109 號 6 樓	電話：02-87926666 傳真：02-87926088
27	產業性	臺灣智慧自動化與機器人協會	http://www.tairoa.org.tw/	408 臺中市南屯區精科路 26 號 4 樓	電話：04-23581866 傳真：04-23581566
28	產業性	臺灣包裝協會	http://www.pack.org.tw/web/index/index.jsp	110 臺北市信義路五段 5 號 5c12	電話：02-27252585 傳真：02-27255890
29	產業性	中華民國金銀珠寶商業同業公會全國聯合會	http://www.jga.org.tw/	800 高雄市新興區中正三路 80 巷 36 號 2B	電話：07-2350135 傳真：07-2350007
30	產業性	中華民國親子育樂中心發展協會	http://www.panasiagame.com/contact-us/	114 臺北市內湖區新明路 246 巷 7 號	電話：02-27927922 傳真：02-27962850

2020-2021商業服務業年鑑：低接觸經濟下的商業服務業發展
/ 經濟部商業司編著. -- 初版. --
臺北市：時報文化, 2020.11
　面；　公分
ISBN 978-957-13-8379-8(平裝) (Big；344)

1.商業 2.服務業 3.年鑑

480.58　　　　　　　　　　　109014041

BIG 344

2020-2021商業服務業年鑑

出版單位：時報文化出版企業股份有限公司
董 事 長：趙政岷
108019 臺北市和平西路三段二四○號七樓
發行專線—（○二）二三○六六八四二
　　　　　讀者服務專線—○八○○二三一七○五
　　　　　　　　　　　（○二）二三○四七一○三
　　　　　讀者服務傳真—（○二）二三○四六八五八
　　　　　郵撥—一九三四四七二四時報文化出版公司
　　　　　信箱—一○八九九臺北華江橋郵政第九九信箱
時報悅讀網— http://www.readingtimes.com.tw
法律顧問—理律法律事務所 陳長文律師、李念祖律師
缺頁或破損的書，請寄回更換

時報文化出版公司成立於1975年，
並於1999年股票上櫃公開發行，於2008年脫離中時集團非屬旺中，
以「尊重智慧與創意的文化事業」為信念。

編著單位：經濟部商業司
　　　　　地址：臺北市福州街 15 號
　　　　　電話：（02）2321-2200
　　　　　網址：http://www.moea.gov.tw
執行單位：商業發展研究院
　　　　　地址：臺北市復興南路一段 303 號 4 樓
　　　　　電話：(02)7707-4800
　　　　　網址：http://www.cdri.org.tw
總 編 輯：謝龍發
執行編輯：謝佩玲
撰 稿 者：黃兆仁、傅中原、朱浩、謝佩玲、李曉雲、張家瑜、陳世憲、陳信宏
　　　　　陳子昂、張超群、蔡佳宏、任立中、蕭富庭（依章節序排列）
編輯會召集人：許士軍、陳厚銘
　　　委 員：任立中、柯建斌、陳子昂、陳信宏、連科雄、張超群、鍾志明
　　　　　　劉守仁、蔡佳宏（依姓氏筆畫排列）
出版日期：2020 年 11 月
版　　次：初版
定　　價：699 元整
G　P　N：1010901603
Ｉ Ｓ Ｂ Ｎ：978-957-13-8379-8
著作權管理資訊：經濟部商業司保有所有權利，欲利用本書全部或部分內容者，應
徵求經濟部商司同意或書面授權。